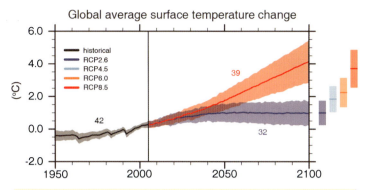

**口絵1**(本文p.6, **図1.6**) 第5次結合モデル相互比較プロジェクト(CMIP5)へ提出された数値気候モデルにより計算された, 1950〜2100年の全球平均地表気温の推移. 1986〜2005年の期間の平均値からのずれで表す. 図中の数字は, 各々の年代やシナリオに対応する実験を行った数値気候モデルの数を示す. CMIP5については本文参照(IPCC-AR5図SPM.6).

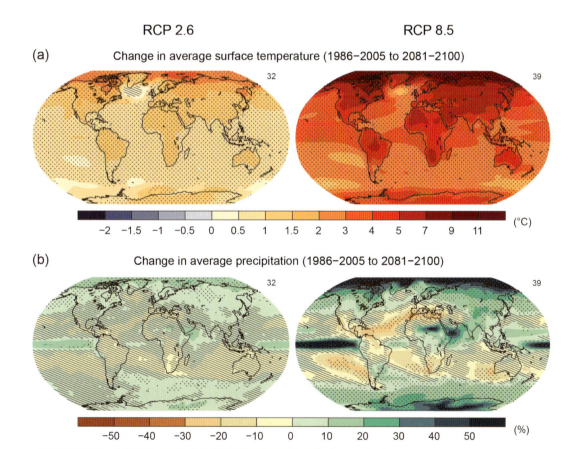

**口絵2**(本文p.6, **図1.7**) RCP2.6(排出量が最も低い), RCP8.5(排出量が最も高い)シナリオの下での, 2081〜2100年における(a)地表気温変化, (b)平均降水量の相対変化の予測分布図. 第5次結合モデル相互比較プロジェクト(CMIP5)に提出された予測結果に基づいた平均値. 各分布図右上の数字は分布図の作成に寄与した数値気候モデルの数を示す. CMIP5については本文参照(IPCC-AR5図SPM.7).

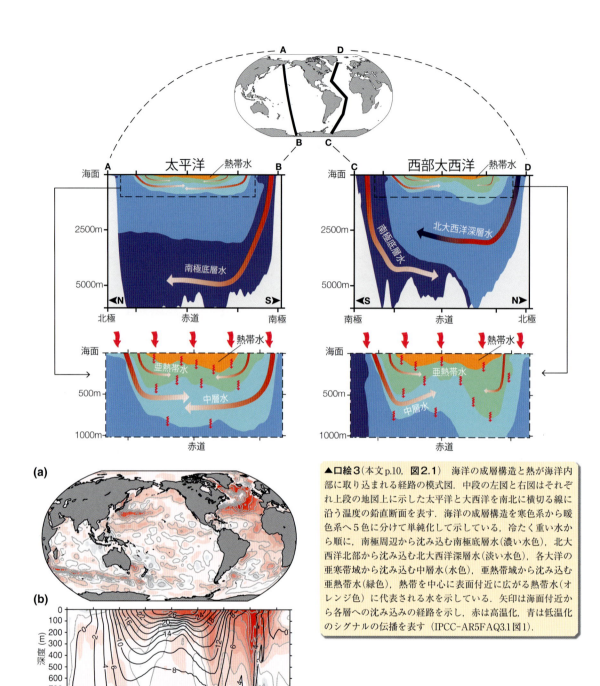

▲口絵3（本文 p.10, 図2.1） 海洋の成層構造と熱が海洋内部に取り込まれる経路の模式図．中段の左図と右図はそれぞれ上段の地図上に示した太平洋と大西洋を南北に横切る線に沿う温度の鉛直断面を表す．海洋の成層構造を寒色系から暖色系へ5色に分けて単純化して示している．冷たく重い水から順に，南極周辺から沈み込む南極底層水（濃い水色），北大西洋北部から沈み込む北大西洋深層水（淡い水色），各大洋の亜寒帯域から沈み込む中層水（水色），亜熱帯域から沈み込む亜熱帯水（緑色），熱帯を中心に表面付近に広がる熱帯水（オレンジ色）に代表される水を示している．矢印は海面付近から各層への沈み込みの経路を示し，赤は高温化，青は低温化のシグナルの伝播を表す（IPCC-AR5FAQ3.1図1）．

◀口絵4（本文 p.11, 図2.2） 1971～2010年の (a) 表層（深度0～700 m）の平均温度の変化傾向（℃/10年）の緯度・経度分布および (b) 東西方向に平均した温度の変化傾向の深度・緯度分布．黒い等値線は東西平均の温度（℃）．(c) 世界の海で平均した温度の鉛直プロファイルの経年変化．各深度の温度は，1971～2010年の平均値からの差で表す．(d) 世界の海で平均した海面と深度200 mの温度差の経年変化．赤い線は5年移動平均値を表す（IPCC-AR5図3.1）．

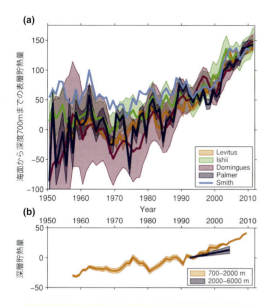

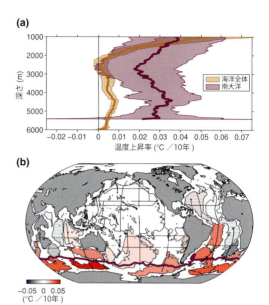

口絵5（本文p.11，図2.3） 5つの異なる研究に基づく表層（0〜700 m）貯熱量の経年変化の比較．Argo観測網により時空間的に均質なサンプリングが実現した2006〜2010年の見積もりが揃うように5つの線をずらした後，1971年における5つの見積もりの平均値に対する相対的な値としてプロットしてある．(b) 深度700〜2000 mの貯熱量の5年移動平均値の経年変化と深度2000〜6000 mの貯熱量の1992〜2005年の増加トレンド．いずれの図も単位はZJ（$1\,\text{ZJ} = 10^{21}\,\text{J}$）で，陰影は不確実性の範囲を表す（IPCC-AR5図3.2）．

口絵6（本文p.12，図2.4） (a) 1992〜2005年における全球平均（オレンジ色）および亜南極前線以南平均（紫色）の各深度の温度上昇率（℃/10年）．温度上昇率の見積もりには誤差があり，陰影の範囲に真の値が入る確率は90％．(b) 1992〜2005年における4000 m以深の海盆ごとの温度上昇率（℃/10年，図中のカラーバー参照）．温度上昇率が誤差の範囲内である海盆には点を付した．黒の細実線は4000 mの等深線を表す（IPCC-AR5図3.3）．

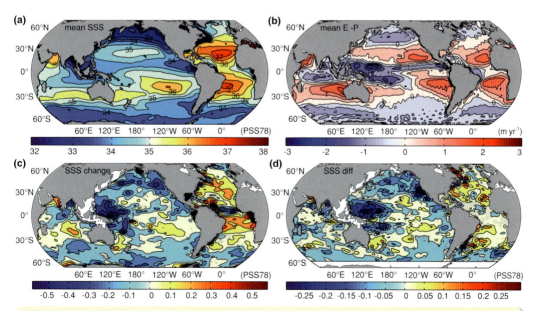

口絵7（本文p.14，図2.6） (a) 1955〜2005年の観測データに基づく海面塩分の気候値．等値線の間隔は0.5．(b) 1950〜2000年で平均した年間の蒸発量と降水量の差．等値線の間隔は0.5 m yr$^{-1}$．(c) 1950〜2008年の58年間の線形トレンドに基づく海面塩分の変化．等値線の間隔は0.116．(d) 2003〜2007年（中心の年は2005年）で平均した海面塩分と1960〜1989年（中心の年は1975年）で平均した海面塩分の差．等値線の間隔は0.06（IPCC-AR5図3.4）．

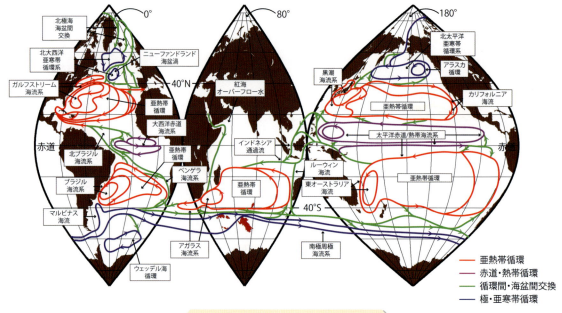

口絵8（本文p.17，図2.9） 表層循環の模式図．

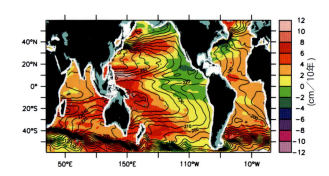

◀口絵9（本文p.19，図2.13） Argo観測網の2004〜2012年のデータを用いて海水の水かさとして見積もった海面の凹凸の分布（等高線，10 cm間隔）と，衛星海面高度計のデータを用いて見積もった1993〜2011年の海面高度の増加率（カラーバー）（IPCC-AR5 図3.10）．

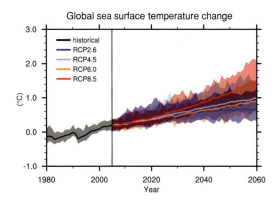

口絵11（本文p.23，図2.17） 気候モデルによる海全体で平均した年平均海面水温の変化．2005年までは観測された大気中温室効果気体濃度などを与えた過去再現実験，2006年以降は各シナリオによる将来予測実験の結果．CMIP5と呼ばれる気候モデル比較プロジェクトに参加した気候モデルのうち12個の大気海洋結合モデルの結果に基づいており，各気候モデルにおいて1986〜2005年の間の平均値を0として，そこからの差を示す．線はそれら異なる気候モデル間の平均（マルチモデルアンサンブル），影は気候モデル間での結果の違いの90%の幅を示す（IPCC-AR5 図11.19）．

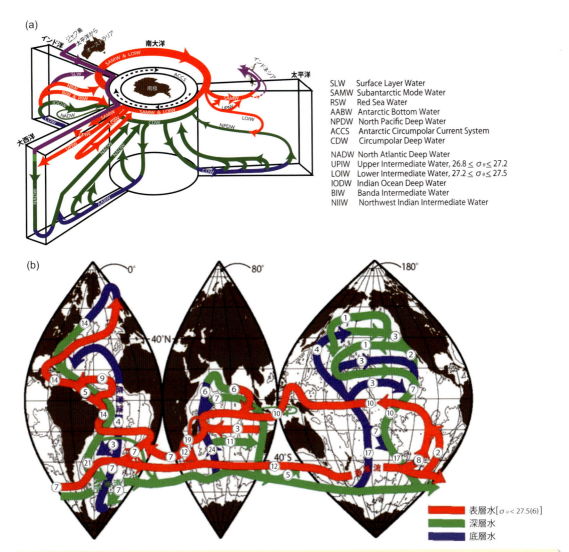

口絵10（本文p.20, 図2.15） 世界の子午面循環の模式図（Schmitz, 1996の図を改変）．(a) 各大洋の循環を子午面内に表示した図．(b) 子午面循環を水平面上に展開した図．図中の数字は各循環経路の輸送量を表す．単位はSv（$1\mathrm{Sv} = 10^6\,\mathrm{m}^3\mathrm{s}^{-1}$）．

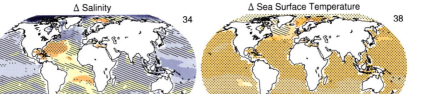

口絵12（本文p.24, 図2.18） 各国研究機関によるシミュレーション予測を平均して得られた海面塩分（左）と海面水温（右）の近未来変化．RCP4.5で1986〜2005年の20年間平均に対して2016〜2035年の20年間平均がどれだけ変化するかを示す．右上の数字は使用した気候モデルの数．斜線をかけた地域は変化幅が自然な気候変動の幅にくらべて小さいことを示す．網掛けした地域は90％以上の気候モデルが同じ符号の変化傾向を持ち，かつ変化幅が自然な気候変動の幅よりも大きいことを示す（IPCC-AR5図11.20）．

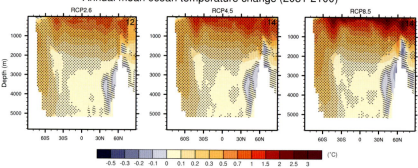

口絵13（本文p.24，図2.19）　各国研究機関によるシミュレーション予測を平均して得られた東西方向に平均した水温の長期変化．RCP2.6, RCP4.5, RCP8.5のそれぞれについて，1986〜2005年の20年間平均に対して2081〜2100年の20年間平均がどれだけ変化するかを示す．斜線と網掛けの意味は口絵12と同じ（IPCC-AR5図12.12）．

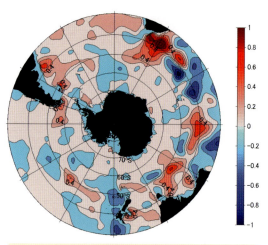

口絵14（本文p.28，図2.23）　1955〜2011年の56年間での水温変化傾向（℃）．コンター間隔は0.2℃．NODCの格子化アノマリーデータにより作図．

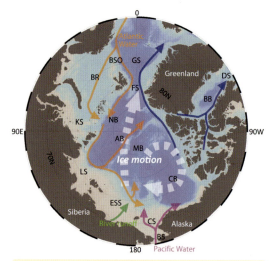

口絵15（本文p.30，図2.24）　北極海の海洋・海氷循環の模式図．橙線，ピンク線，青線，緑線の矢印はそれぞれ，大西洋からの流入水，太平洋からの流入水，北極海からの流出水，陸域からの流入水の流れを示す．また白太点線の矢印は北極海の海氷の流れを示す．地図中の略称は以下の通り．AB：アムンセン海盆，BB：バフィン湾，BR：バレンツ海，BS：ベーリング海峡，BSO：バレンツ海回廊，CS：チュクチ海，CB：カナダ海盆，DS：デービス海峡，EES：東シベリア海，FS：フラム海峡，GS：グリーンランド海，KS：カラ海，LS：ラプテフ海，MB：マカロフ海盆，NB：ナンセン海盆．

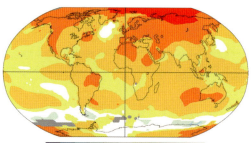

口絵16（本文p.30，図2.26）　1951〜1980年の平均値に対する2011〜2015年の平均気温偏差の分布図．北極域ではすでに2℃以上の気温上昇が起きていることがわかる．GISS Surface Temperature Analysis, NASA（http://data.giss.nasa.gov/gistemp/maps/）から作成（GISTEMP Team, 2016）．

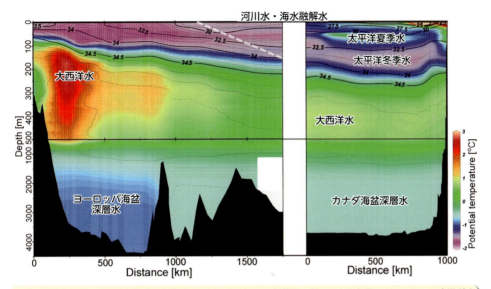

口絵17（本文p.32, 図2.29） 2009年のカナダ・ドイツ砕氷船航海で得られた北極海のポテンシャル水温（色）と塩分（等値線）の断面図．左側が大西洋側で，右側が太平洋側（カナダ海盆）．白点線は，太平洋水と大西洋水の境界を示している．

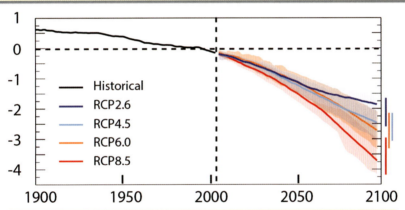

口絵18（本文p.47, 図3.4） 1990年代を基準にした溶存酸素濃度の2100年までの変化（IPCC-AR5図6.30a：CMIP3地球システムモデルのRCPシナリオシミュレーションによる）．実線は複数のモデル実験の平均値，陰影は数値の幅を示す．

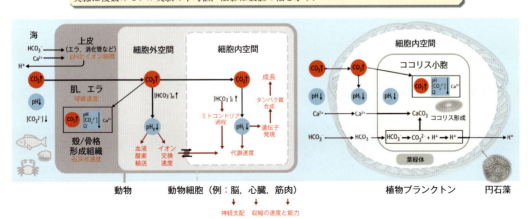

口絵19（本文p.64, 図4.1） 海洋酸性化に対する海洋生物の応答機構を動物（左）と植物（右）に分けて要約した概略図（Pörtner et al., 2014のFigure 6-10aより改変）．

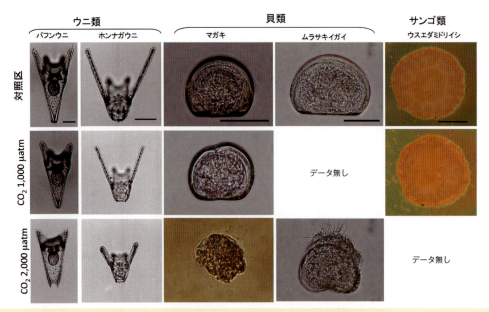

口絵20（本文 p.66，図4.3） ウニ類や貝類の幼生の炭酸カルシウム骨格や殻の形成は海水中の$CO_2$濃度と共に阻害され，形態異常を引き起こされる．さらにサンゴ類では，$CO_2$濃度が増加すると着底直後の骨格形成に異常が観察される．図内のウニ類，貝類のスケールバーは$50\,\mu m$．サンゴ類のスケールバーは$500\,\mu m$（Kurihara, 2008より改変）．

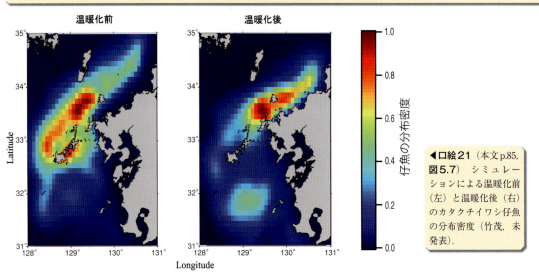

◀口絵21（本文 p.85，図5.7） シミュレーションによる温暖化前（左）と温暖化後（右）のカタクチイワシ仔魚の分布密度（竹茂，未発表）．

口絵22（本文 P.106，図5.16） 伊豆の海を彩る死滅回遊魚．(a)：フタイロハナゴイ（ハタ科），KPM-NR 79024, 宇久須，10.1～16.4 m, 1998年12月12日；(b)：トゲチョウチョウウオ（チョウチョウウオ科），KPM-NR 162776, 宇久須，3.3 m, 2015年9月27日；(c)：ツユベラ（ベラ科），KPM-NR 72577, 宇佐美，5m, 2010年11月14日（写真は神奈川県立生命の星・地球博物館魚類写真資料データベースより．いずれも内野啓道氏撮影）．

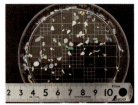

口絵23（本文 p.133，図7.11） 山陰沖日本海で2014年に採集したマイクロプラスチック．

# 海の温暖化

### 変わりゆく海と人間活動の影響

日本海洋学会

[編集]

朝倉書店

# はじめに

　地球温暖化の影響が顕在化している，と考える研究者が増えている．近年における集中豪雨の激化や猛暑の頻発に対する原因について，地球温暖化が，少なくとも一つの要素として考えられる，というわけである．

　影響の深刻化を避けようと，国際社会も動き出している．2015年末に締結されたパリ協定では，各国が排出削減目標を自主制定し，2023年を皮切りに5年ごとにこうした排出削減スキームの効果について，最新の科学的成果に基づいた評価を行うこととなっている．また国内でも，環境省を中心に温暖化への適応計画がまとめられるなど，温暖化対策の戦略作りが進んでいる．

　社会の動きにあわせて，地球温暖化の予測と影響評価に関する科学的知見の蓄積が急速に進んでいる．特に海洋関連分野に関しては，自動観測フロートによる海洋観測計画（Argo計画）が進展し，また上記適応計画の策定などを受けて国内外で水産業への影響評価が活発になるなど，発展著しい印象がある．

　本書はこうした背景のもと，2014年末に刊行された『地球温暖化』（日本気象学会地球環境問題委員会編，朝倉書店）の姉妹書として日本海洋学会により編まれた．上記既刊書では，地球温暖化をもたらす物理的しくみや予測手法，また大気圏や雪氷圏，海洋圏など，気候の形成要素の変化などが記述の中心であった．本書では対象とした海洋に関するより詳細な記述に加え，温暖化が水産業に与える影響など，市民生活に直結する問題にも言及している点や，海洋酸性化やマイクロプラスチックなど温暖化以外の海洋環境問題も扱っている点が特徴となっている．

　本書の第1章では，人間活動により排出された二酸化炭素（$CO_2$）の温室効果により地球表層の平均気温が上昇するしくみを簡単に説明している．続いて，読者が現状を把握する助けとなるよう，第2章では水温，塩分や海流など海の物理的特性について，第3章では化学組成や生物生産など生物学・化学的特性について，温暖化による変化を概観している．第4章では，「もう一つの$CO_2$問題」として近年報道などでも取り上げられるようになった海洋酸性化について解説している．海洋酸性化に対する認識を深め，温暖化との複合影響を考慮に入れることが，地球規模の海洋環境問題に取り組む際には必須となっている．第5章では，温暖化による海洋生態系への影響予測について，漁獲対象として重要な魚種を含め記述している．一般社会においても関心の高い話題であり，世界的に研究者らの取り組みが盛んになってきている分野であるので，最新の知見をここでまとめることは時宜を得たものといえよう．第6章は，地質学的データに基づいた過去の気候変動，すなわち古気候についての章である．一見，温暖化とは縁遠いようにも思えるが，過去に起こった大規模気候変動の様子を調べることは，地球温暖化の予測にも深い示唆を与える．第7章は，放射性物質の海洋拡散や沿岸，特に瀬戸内海での海洋環境変化，マイクロプラスチックの問題など，近年取り沙汰されるようになった温暖化以外の海洋環境問題の概説である．人間活動による海洋への影響を包括的に評価するためには，温暖化や酸性化と同じくこれらの問

# はじめに

題も考慮に入れ複眼的にアプローチしていく必要があろう．

海洋学という分野は，科学的興味に基づいて海の物理，生物，化学的特性を調べる純粋科学の側面と，海況予測や水産資源管理など人間社会との関連が深い事柄を扱う応用科学の側面とを持ち合わせている．その意味において，人間活動による海洋への影響を総合的，体系的に記載した本書は，応用科学としての海洋学の教科書としての役割も担っている．本書が，人間活動に起因する海洋環境問題への社会の関心を喚起し対策につながることを期待するとともに，海洋学を志す学徒への指針ともなることを願っている．

2017年6月

編集委員会を代表して　河宮未知生

## 編 集 委 員

〔委員長〕河宮未知生　海洋研究開発機構本部
石井雅男　気象庁気象研究所
木村伸吾　東京大学大学院新領域創成科学研究科/大気海洋研究所
鈴木立郎　海洋研究開発機構統合的気候変動予測研究分野
原田尚美　海洋研究開発機構地球環境観測研究開発センター
藤井賢彦　北海道大学大学院地球環境科学研究院

## 執　筆　者

| | | | |
|---|---|---|---|
| 青木　茂 | 北海道大学低温科学研究所 | 鈴木立郎 | 海洋研究開発機構統合的気候変動予測研究分野 |
| 石井雅男 | 気象庁気象研究所 | 諏訪僚太 | 沖縄科学技術大学院大学 |
| 磯辺篤彦 | 九州大学応用力学研究所 | 関　宰 | 北海道大学低温科学研究所 |
| 板井啓明 | 環境省・国立水俣病総合研究センター | 瀬能　宏 | 神奈川県立生命の星・地球博物館 |
| 伊藤進一 | 東京大学大気海洋研究所 | 高田秀重 | 東京農工大学農学研究院 |
| 岩田容子 | 東京大学大気海洋研究所 | 竹茂愛吾 | 水産研究・教育機構国際水産資源研究所 |
| 大島慶一郎 | 北海道大学低温科学研究所 | 多田邦尚 | 香川大学農学部 |
| 岡崎裕典 | 九州大学大学院理学研究院 | 近本めぐみ | ハワイ大学国際太平洋研究センター |
| 亀山宗彦 | 北海道大学大学院地球環境科学研究院 | 中岡慎一郎 | 国立環境研究所地球環境研究センター |
| 川合美千代 | 東京海洋大学学術研究院海洋環境科学部門 | 羽角博康 | 東京大学大気海洋研究所 |
| 川幡穂高 | 東京大学大気海洋研究所 | 原田尚美 | 海洋研究開発機構地球環境観測研究開発センター |
| 河宮未知生 | 海洋研究開発機構本部 | 藤井賢彦 | 北海道大学大学院地球環境科学研究院 |
| 菊地　隆 | 海洋研究開発機構北極環境変動総合研究センター | 升本順夫 | 東京大学大学院理学系研究科 |
| 木村伸吾 | 東京大学大学院新領域創成科学研究科/大気海洋研究所 | 三宅陽一 | 東京大学大学院新領域創成科学研究科/大気海洋研究所 |
| 栗原晴子 | 琉球大学理学部 | 安田珠幾 | 気象庁気象研究所 |
| 小杉如央 | 気象庁気象研究所 | 吉江直樹 | 愛媛大学沿岸環境科学研究センター |
| 笹野大輔 | 気象庁地球環境・海洋部 | 良永知義 | 東京大学大学院農学生命科学研究科 |
| 須賀利雄 | 東北大学大学院理学研究科 | 渡邊良朗 | 東京大学大気海洋研究所 |

（五十音順）

# 目　　次

1. **地球温暖化の現状と課題** 〔河宮未知生〕… 1
   - 1.1 地球温暖化のしくみ … 1
   - 1.2 二酸化炭素濃度の上昇 … 2
     - 1.2.1 二酸化炭素濃度の観測 … 2
     - 1.2.2 人間活動による二酸化炭素排出と自然の炭素循環 … 3
   - 1.3 地球温暖化の現状 … 4
   - 1.4 気候の将来予測 … 5
     - 1.4.1 予測の手法 … 5
     - 1.4.2 数値気候モデルによる予測結果 … 5
   - 1.5 温暖化予測の問題点 … 7

2. **海洋物理** … 9
   - 2.1 観測された海の変化 〔須賀利雄〕… 9
     - 2.1.1 温度と貯熱量 … 9
     - 2.1.2 塩分と淡水収支 … 13
     - 2.1.3 風成循環 … 16
     - 2.1.4 深層循環 … 21
   - 2.2 将来の海の変化 〔羽角博康〕… 22
     - 2.2.1 温度と塩分 … 22
     - 2.2.2 風成循環 … 25
     - 2.2.3 深層循環 … 25
   - 2.3 極域の変化 … 26
     - 2.3.1 南大洋 〔青木　茂〕… 26
     - 2.3.2 北極 〔菊地　隆〕… 29
   - 2.4 海面水位変化 〔鈴木立郎・安田珠幾〕… 34
     - 2.4.1 海面水位はなぜ変化するのか … 34
     - 2.4.2 現在までの海面水位変化 … 36
     - 2.4.3 今後予測される海面水位変化 … 37
   - コラム1　オホーツク海の変化 〔大島慶一郎〕… 41

3. **海の物質循環の変化** … 42
   - 3.1 海の炭素循環 〔石井雅男〕… 42
     - 3.1.1 生物活動と物質循環 … 42
     - 3.1.2 生物ポンプ … 42
     - 3.1.3 人為的に排出された二酸化炭素のゆくえ … 43
   - 3.2 海の貧酸素化 〔笹野大輔〕… 44

# 目　次

　　3.2.1　外洋域の貧酸素化 …………………………………………………………… 44
　　3.2.2　沿岸域の貧酸素化 …………………………………………………………… 46
　　3.2.3　貧酸素化の影響 ……………………………………………………………… 46
　　3.2.4　貧酸素化の今後の動向 ……………………………………………………… 47
　3.3　二酸化炭素を吸収する海 ………………………………………………………… 47
　　3.3.1　二酸化炭素の溶液化学 ………………………………………〔石井雅男〕… 47
　　3.3.2　海と大気の二酸化炭素交換 …………………………………〔中岡慎一郎〕… 49
　　3.3.3　海の二酸化炭素増加と酸性化 ………………………………〔石井雅男〕… 52
　　3.3.4　河川から海洋への炭素流入 …………………………………〔小杉如央〕… 54
　3.4　海の生物活動に由来する短寿命微量気体と気候のかかわり ………〔亀山宗彦〕… 55
　　3.4.1　CLAW仮説とDMSを中心とした硫黄循環 ……………………………… 55
　　3.4.2　ハロカーボン ………………………………………………………………… 57
　　3.4.3　非メタン炭化水素 …………………………………………………………… 57
　　3.4.4　含酸素揮発性有機化合物 …………………………………………………… 58
　3.5　北極海における物質循環の変化 ………………………………〔川合美千代〕… 59
　　3.5.1　一次生産量の変化 …………………………………………………………… 59
　　3.5.2　沿岸域での物質循環の変化 ………………………………………………… 60
　　3.5.3　海洋酸性化 …………………………………………………………………… 60

# 4.　海洋酸性化 …………………………………………………………………………… 63
　4.1　海洋生物への影響 ………………………………………………〔諏訪僚太〕… 63
　　4.1.1　植物プランクトン ……………………………………………〔栗原晴子〕… 65
　　4.1.2　海藻・海草類 …………………………………………………〔栗原晴子〕… 65
　　4.1.3　動物プランクトン ……………………………………………〔栗原晴子〕… 66
　　4.1.4　底生生物 ………………………………………………………〔諏訪僚太〕… 67
　　4.1.5　魚　類 …………………………………………………………〔諏訪僚太〕… 67
　4.2　海洋生態系への影響 ……………………………………………〔栗原晴子〕… 68
　　4.2.1　外　洋　域 …………………………………………………………………… 69
　　4.2.2　沿　岸　域 …………………………………………………………………… 69
　　4.2.3　極　域 ………………………………………………………………………… 71
　4.3　人間社会への影響 ……………………………………〔栗原晴子・藤井賢彦〕… 72
　4.4　海洋酸性化の将来予測 …………………………………………〔藤井賢彦〕… 73
　4.5　対　策 …………………………………………………………〔藤井賢彦〕… 74

# 5.　海洋生態系への影響 ………………………………………………………………… 77
　5.1　魚類の回遊の生理・生態に与える影響の概念 …………………〔木村伸吾〕… 77
　　5.1.1　顕在化する温暖化の影響 …………………………………………………… 77
　　5.1.2　温暖化の影響の攪乱要因 …………………………………………………… 77
　　5.1.3　関連する変動メカニズム …………………………………………………… 78
　　5.1.4　温暖化研究の意義 …………………………………………………………… 79

5.2 タラ・サケ類などの国際的な魚類資源の動向と予測 〔伊藤進一〕… 79
　5.2.1 国際的な魚類資源の動向 … 79
　5.2.2 タラ類の動向 … 79
　5.2.3 タラ類への地球温暖化の影響評価 … 82
　5.2.4 サケ類への地球温暖化の影響 … 83
5.3 日本にとって重要な魚類資源の動向と予測 … 84
　5.3.1 マイワシ・カタクチイワシ資源 〔竹茂愛吾〕… 84
　5.3.2 サンマ資源 〔渡邊良朗〕… 87
　5.3.3 マグロ類資源 〔木村伸吾〕… 89
　5.3.4 イカ類資源 〔岩田容子〕… 91
　5.3.5 岩礁資源 〔三宅陽一〕… 93
5.4 温暖化と海洋動物の感染症 〔良永知義〕… 96
　5.4.1 海外の事例 … 96
　5.4.2 国内の潜在的リスク―養殖 … 97
　5.4.3 潜在的リスク―野生動物 … 99
　5.4.4 ヒトの健康へのリスク … 100
　5.4.5 感染症という観点からみた海洋温暖化への対応 … 100
5.5 サンゴ礁域における影響 〔川幡穂高〕… 101
　5.5.1 二酸化炭素上昇による海洋環境の変化 … 101
　5.5.2 サンゴ礁への影響 … 101
　5.5.3 エルニーニョによる影響 … 102
　5.5.4 温暖化する日本近海 … 102
　5.5.5 複合ストレスによる影響 … 103
コラム2 死滅回遊魚―地球温暖化の代弁者? 〔瀬能　宏〕… 106

# 6. 古気候・古海洋環境変動　〔岡崎裕典・関　宰・近本めぐみ・原田尚美〕…108

6.1 地球史における現在気候の位置づけ―新生代氷河時代 … 108
6.2 異なる時間スケールにおける気候変動と海 … 109
　6.2.1 プレートテクトニクスが支配する100万年スケールの変動 … 109
　6.2.2 地球の軌道要素が支配する数万年～10万年スケールの変動 … 112
　6.2.3 海洋循環が支配する1000年スケールの変動 … 113
6.3 過去の顕著な温暖化 … 115
　6.3.1 PETM（5600万年前）… 115
　6.3.2 中期鮮新世の温暖期（330万～300万年前）… 116
　6.3.3 最終退氷期（2万～1万年前）… 117
6.4 人類活動と地質記録 … 118
　6.4.1 Anthropocene―人類の時代 … 118
　6.4.2 人類が排出した二酸化炭素のゆくえ … 119
　6.4.3 人類が利用している資源の素性 … 119

目　次

## 7. 海洋環境問題 ……………………………………………………………………………121
### 7.1　福島─放射性物質の挙動 ……………………………………〔升本順夫〕…121
#### 7.1.1　海洋への放射性物質の流入経路と漏洩量・流入量の見積もり ………122
#### 7.1.2　事故後数か月の福島付近での挙動 …………………………………………123
#### 7.1.3　北太平洋の広域での広がり …………………………………………………125
#### 7.1.4　さらに考えなければならないこと …………………………………………126
### 7.2　瀬戸内海の栄養塩異変 ………………………………………〔多田邦尚〕…126
#### 7.2.1　瀬戸内海，その過去と現在 …………………………………………………126
#### 7.2.2　瀬戸内海の栄養塩濃度減少 …………………………………………………127
#### 7.2.3　瀬戸内海の栄養塩濃度減少がもたらすもの ………………………………128
### 7.3　瀬戸内海西部における赤潮の変遷 …………………………〔吉江直樹〕…129
#### 7.3.1　瀬戸内海における赤潮と栄養塩の長期変動 ………………………………129
#### 7.3.2　豊後水道におけるカレニア赤潮の影響とカレニアの生理特性 …………131
#### 7.3.3　豊後水道東岸におけるカレニア赤潮の時空間変動と環境要因との関連性 …131
### 7.4　マイクロプラスチック …………………………………………………………132
#### 7.4.1　汚染の現状 ……………………………………………〔磯辺篤彦〕…132
#### 7.4.2　有害化学物質の輸送媒体としてのマイクロプラスチック …〔高田秀重〕…135
### コラム3　温暖化と重金属 ……………………………………………〔板井啓明〕…140

参 考 文 献 ………………………………………………………………………………141
索　　　引 ………………………………………………………………………………151

# 1 地球温暖化の現状と課題

　地球温暖化が国際的な問題として認知され，社会的に大きな問題として取り扱われるようになって久しい．「気候変動に関する政府間パネル」(Intergovernmental Panel on Climate Change：IPCC)が2013年に公表した第5次報告書(IPCC-AR5)によれば，地球全体で平均した地上気温は，最近150年ほどで約0.9℃上昇しており，さらにこれからの約100年間で0.3〜4.8℃上昇すると予測されている．こうした急激な気候変化は，世界の環境や生態系のバランスを崩し，地球全体にさまざまな影響をもたらすものと懸念されている．近年の研究では，異常気象の発生や水産物，農作物の不漁，不作などといった一般社会への直接的な悪影響の可能性も指摘されている．本章では，まず地球温暖化をもたらす物理的なメカニズムについて述べ，さらに地球温暖化予測モデルの構造や予測結果などについて説明し，他の章を深く理解するための導入としたい．

## 1.1　地球温暖化のしくみ

　簡単にいうと，地球温暖化は，人間が燃料を燃やすときに出す$CO_2$などが地球全体を覆う毛布のような役目を果たし，地面を暖めることによって起こる．このしくみをもう少し詳しくみるために，我々をとりまく空気，すなわち大気のもつ温室効果についてはじめに説明することにしよう．

　図1.1(a)のように，太陽が地表面を暖めているところを考える．この場合，地表面から何らかの形で熱が放出されずにいると，太陽から熱を受け続け限りなく温度が上がってしまうことになる．実際にはそうならないのは，地表面が赤外線の形で熱を放出しているためである[*1]．ここで，もし地球に大気がなかったとすると，地表面が赤外線として出す熱はそのまま宇宙へ抜け出ていく（図1.1(a)）．このように，地表面が効率よく熱を放出できるとすると，地球全体の平均気温は-18℃と非常に低くなってしまうことがわかっている．

　ところが現実には，地球の大気が地表から赤外線として放出される熱の一部を吸収してしまう（図1.1(b)）．そして，吸収した熱をもう一度，上下両方向に向かって放出する（このときも，やはり赤外線として熱を放出する）．地表面からみると，自分が放出した熱がもう一度戻ってくることになる．大気のない図1.1(a)のときと比べ，図1.1(b)のときのほうが地表面の受け取る熱が多いことがわかる．このように，地表が出す赤外線を大気が吸収し，一部を下に戻して地表を暖める効果のことを，大気の温室効果と呼んでいる．この温室効果があるため，地球全体の平均気温は15℃というすごしやすいものに保たれているわけであ

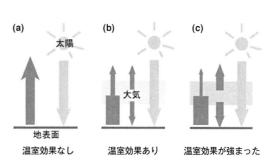

図1.1　大気の温室効果．

---

[*1] 実は人間の体も赤外線を出している．暗闇でも人の発する熱を感じて映し出す赤外線カメラの映像をテレビなどでみたことがおありだろう．このとき赤外線カメラがとらえているのは人の体から出る赤外線である．

# 1 地球温暖化の現状と課題

る．

　大気が温室効果をもつのは，水蒸気や$CO_2$などの温室効果気体と呼ばれる気体が大気中に含まれているためである．$CO_2$は大気中に0.04%しか含まれていないが，地表面の温度を快適に保つために，大切な役割を果たしているわけである．ここで大気中の$CO_2$濃度が増えると，温室効果も大きくなる（図1.1(c)）．つまり，地表面から出る赤外線を大気がより多く吸収するようになり，大気から地表面に向かって赤外線として放出される熱もまた多くなるわけである．大気の温室効果がそれほど大きくなかった場合（図1.1(b)）に比べ，地表面が受け取る熱が多くなり，地表面がより暖められる．これが，地球温暖化が起こったときに当たる．

　なお，人間活動によって増加しているわけではないため地球温暖化を取りざたする際にはあまり注目されないが，現在の状態で最も大きな温室効果を地球表層にもたらしているのは水蒸気であることにはふれておきたい．大気中の温室効果気体全部を合わせた効果のうち，8～9割程度は水蒸気がもたらしている．人間活動により$CO_2$濃度が増大して気温が上がれば，大気中に含むことのできる水蒸気量も増えるので，ますます温暖化が促進される．このように，ある現象（この場合は温暖化）に対する反応（この場合は大気中水蒸気の増大）が，元の現象を増幅するプロセスを，正のフィードバックと呼ぶ．水蒸気は，温暖化に対する正のフィードバックをもたらすとともに，日射を反射し赤外線を吸収，放出する雲の生成にもかかわっており，後の節で説明する数値気候モデルでも詳細に取り扱われている．

　物体から放出される赤外線は，温度の4乗に比例して増大する．そのため，こうして地表面気温が上昇すると，そこから放出される赤外放射も多くなっていき，ついには宇宙空間に到達する分が，太陽から受け取る熱とバランスすることになり，平衡を保つための新しい地表面平均気温が決まる．ここで注意すべきなのは，地表面気温が新しい平衡温度に達した後でも，太陽から受け取る熱は変わっていないのであるから，宇宙空間からみたときの黒体としての地球の平均気温も$-18$℃で変わらないということである．温室効果気体の増加に対し，宇宙空間へ放出する熱を一定に保つため気温の鉛直構造を変化させるという応答が，地球温暖化という現象の本質といえる．

## 1.2　二酸化炭素濃度の上昇

###  二酸化炭素濃度の観測

　図1.2は，20世紀後半から現在まで，ハワイのマウナロア山の山頂で，大気中の$CO_2$濃度を続けて測ってきた結果をグラフにしたものである．グラフは1年のサイクルでギザギザしながらも，全体としては$CO_2$濃度が増え続け，現在では400 ppmを超えていることを示している．この増加は，人間が石油を燃やすなどしたときに$CO_2$が放出されるためである（1年サイクルのギザギザは，陸地の多い北半球の夏に植物の光合成が活発になり冬に不活発になることに対応している）．

　図1.2は，大気の$CO_2$濃度を直接測る方法ができあがってから後の変化を表している．では，それより前の時代の大気の成分はどのように調べればよいのだろうか．実は，南極やグリーンランドに雪が降り積もってできた巨大な氷の塊（氷床）に閉じ込められた空気の泡を分析することにより，昔の大気の成分を知ることができる．そのようにして測った1000年以上前からの$CO_2$濃度は，およそ1000年前には280 ppmv（0.028%）であり，1800年頃を境に急に増えていることがわかってきている．この時期は，ちょうど人間が石油・石炭といった燃料をさかんに利用し始めた頃と一致している．

　同様に氷床中の泡を分析することで1000年よ

## 1.2 二酸化炭素濃度の上昇

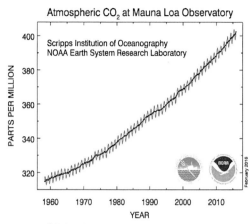

図1.2 CO₂濃度の変化．ハワイ，マウナロアでの観測に基づく（http://esrl.noaa.gov/gmd/ccgg/trends/2016年2月27日閲覧）．

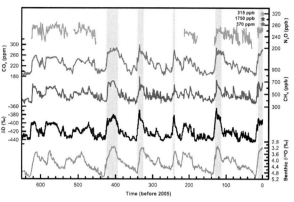

図1.3 南極アイスコアに捉えられた空気の測定から得られた，重水素（下から2番目，気温の指標となる）および温室効果気体の一酸化二窒素（いちばん上），CO₂（上から2番目），メタン（同3番目）．海洋堆積物の分析から得られ，気温の指標となる ¹⁸O（いちばん下）も同時に示した．縦にのびる網掛けは間氷期を示す（IPCC-AR4図TS.1）．

りずっと前，数十万年も昔までのCO₂濃度を知ることができる．図1.3はそうした分析から得られた時系列であり，気温の指標となる重水素や，CO₂を含む温室効果気体の地質学的な時間スケールにおいておよそ10万年程度の周期で変動していたことがわかる．こうした研究と比較して，現在の大気中のCO₂濃度は過去数十万年の間の変動の幅を超えて，例をみないほど短時間で高い濃度になっていることがわかってきた．人間の活動が，過去何十万年にもわたって保たれてきた地球のリズムを乱し始めているのである．なお，図1.3に示されたCO₂濃度の変動がなぜ起こるのかは，よくわかっているわけではない．ただわかっているのは，海洋のCO₂貯留量の変化が重要だ，という点で，陸域の植生は，氷期はあまりCO₂を吸収せず，むしろ大気中に放出したであろう，ということがいわれている．海洋がどのようなメカニズムで図1.3にみられるような大気中CO₂濃度の変化をもたらしていたのか，さまざまな説が提案されているがどれも決め手に欠けている．現在のところはいろいろな説で提案されている要因が重なって，このような変動につながったのだろう，といわれている．

なお，ここで詳しくはふれないが，CO₂以外にもメタン，一酸化二窒素，オゾン，フロンなど，温室効果気体と呼ばれるものがいくつか存在する．これらの気体のいずれも，最近大気中での濃度が増えてきていることがわかっている．地球の気候が将来どのようになっていくかを知るには，CO₂だけでなくこうした気体の振る舞いを調べることも重要である．

###  人間活動による二酸化炭素排出と自然の炭素循環

地球の気候を決めるのに重要なCO₂は，大気の流れに乗って世界中をめぐり，また海に溶け海流によって海底近くにまで達する．一方，光合成をはじめとする生物活動によってCO₂はその姿をさまざまに変え，有機物として生物の体をつくったり，落ち葉や枯れ枝として土のなかに蓄えられたり，また海底で堆積物になったりする．一度土のなかに蓄えられた落ち葉や枯れ枝も，大部分は微生物の働きでもとのCO₂に戻り大気中に放出される．

地球大気のCO₂濃度がどのように決まっているかを知るためには，CO₂が姿を変えながらどのように地球上をめぐっているかを理解する必要がある．CO₂の分子を構成する炭素原子と酸素原子のうち，炭素のほうが地球表層付近で比較的珍しい元素であるので，炭素の循環を追っていくことで，大気中のCO₂濃度が決まる様子を理解することができる．そのおおまかな様子を図1.4に示し

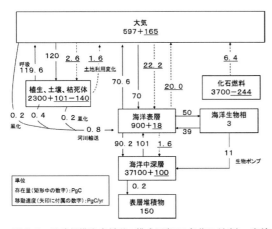

**図1.4** 地球規模炭素循環の模式図（1990年代に対応）．実線の矢印と下線の付いていない数字は産業革命以前の収支を，破線の矢印と下線付きの数字は人間活動による擾乱を示す（IPCC-AR4図7.3）．

た．海洋の中深層は炭素の巨大な貯蔵庫になっており，大気中に$CO_2$の形で存在する炭素の50倍以上の炭素が溶け込んでいることがこの図から読みとれる．さらに，大気中には約7300億tの炭素が$CO_2$（人間活動による増加はこのうちおよそ1650億t）として漂っており，毎年その10分の1程度の量を陸上の植物や海と交換していることがわかる．また，人間が石油を燃やすなどすることで毎年80億tの$CO_2$を大気中に加えており，これは世界中の人間が自分の体重の20倍ほどの炭素を毎年吐き出していることに相当する．現在の大気中の$CO_2$濃度400 ppmという数字は，こうした循環のなかで決まっているものなのである．

## 1.3 地球温暖化の現状

本節では，上で述べたようなしくみで起こる地球温暖化の現状を，データに基づいてみていくことにする．図1.2と図1.3の比較から，近年の$CO_2$濃度上昇が数十万年という地質学的タイムスケールにおいても特異なものであることが理解できる．石炭を含む化石燃料の使用等で排出される$CO_2$の収支解析や，大気中$CO_2$の同位体分析などから，この特異な増加が人間活動によるものであることが明らかになっている．

$CO_2$濃度の上昇に伴い，地表面平均気温も徐々に上昇してきている．図1.5は世界各地で計測されたデータをもとに作成した1850年以降の世界平均表面気温の時系列である．過去100年程度の間で，1℃弱の気温上昇がみられる．IPCC-AR5は，1906～2012年の100年間の気温上昇を0.85℃としている．

この気温上昇の原因としては，上で述べた人間活動による$CO_2$濃度上昇のほかに，太陽活動の変化，気候システムがもつ内部振動，エアロゾルと呼ばれる大気中の微粒子の密度変化（これも原因は人間活動である）なども考えられる．これらの要因を考慮に入れ，次節で説明する数値モデルを複数用いた実験が国際コミュニティにより設計，遂行された．「第3次結合モデル相互比較計画」(CMIP3)と呼ばれるこの国際プロジェクトの結果，人間活動による$CO_2$濃度上昇を考慮に入れなければ図1.5に示された気温上昇は説明できないという結論が得られている（IPCC-AR4）．2007年発行のIPCC第4次評価報告書（IPCC-AR4）では，「20世紀半ば以降に観測された世界平均気温の上昇は，人為起源の温室効果ガスの増加による可能性がかなり高い」との表現で温暖化の原因が人間活動にあることを初めてほぼ断定し社会に衝撃を与えた．IPCCが定めた基準では，「可能性がかなり高い」という表現は，90%以上の確率で記述内容が正しいと判断できる場合に用いること

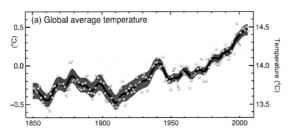

**図1.5** 観測された全球平均表面気温の変化．変化は1961～1990年の平均値に対するもの．なめらかな曲線は10年の移動平均を，円は各年の値を，シェードは不確実性の幅をそれぞれ示す（IPCC-AR4図SPM.1）．

になっている．2013年発行のIPCC-AR5では，「人間による影響が20世紀半ば以降に観測された温暖化の支配的な原因であった可能性が極めて高い」とさらに強い表現をとっている．

## 1.4　気候の将来予測

　**予測の手法**

　人間がこのまま$CO_2$を出し続けていったら，地球の気候はどうなっていくのであろうか？　本章の冒頭で述べたとおり，およそ100年後には地球全体の平均気温が0.3～4.8℃上がると予測されている（IPCC-AR5）．では，どうやってこのような未来のことを予測するのだろうか．

　それには，数値気候モデルという，一種のコンピュータソフトウエアを使う．このソフトウエアには，大気や海水の動き方の法則，大気や海の温度の決まり方の法則，$CO_2$などの温室効果気体が赤外線を吸収・放出するときの法則など，気候を決めるのに重要なさまざまな法則が教え込まれている．そして地球全体を細かい格子に区切って考え，それぞれの格子上でいろいろな法則をもとに風や気温が移り変わっていく様子を計算していく．この格子が小さくなればなるほどきめ細かな計算ができるようになるが，そのぶん格子の数が多くなり，計算にかかる時間は長くなる．

　たとえば，インターネット上にある情報を取得する際に用いる「ブラウザ」もソフトウエアであるが，数値気候モデルはブラウザより桁違いに高いコンピュータの能力を必要とする．数値気候モデルを家庭用のパソコン上で動かすことはあまりなく，たいていは「スーパーコンピュータ」と呼ばれる計算能力の高いコンピュータを使って動かすことになる．最先端の数値気候モデルを用いて2100年までの地球温暖化予測を行う場合，家庭用のパソコンの10万倍程度の計算能力をもつスーパーコンピュータを用いても数か月の時間を要する場合が多い．

　なお，将来の温暖化を予測するためには，$CO_2$をはじめとする温室効果気体濃度の予想データを入力してモデルに与える必要がある．温室効果気体の「排出シナリオ」と呼ばれるこうした予想データについては，人間活動の今後の推移を予想する必要があるため，社会経済分野の研究者が作成する．IPCC-AR5を編集した際には，化石燃料の燃焼とともに，森林伐採などの土地利用変化の地理分布の詳細などを考慮に入れた「代表的濃度経路」（representative concentration pathway：RCP）として$CO_2$排出の低いほうから順にRCP2.6，RCP4.5，RCP6.0とRCP8.5の4種の排出シナリオを新たに採用した．RCP2.6が温暖化に関する国際交渉などでしばしば言及される「2度目標」に対応し，RCP8.5が国際社会で$CO_2$排出抑制策を講じなかった場合に対応すると考えられる．

　**数値気候モデルによる予測結果**

　このようにして作成されたシナリオを入力データとして用い，統一された実験仕様のもとで世界各国の研究機関が予測実験を遂行する第5次結合モデル相互比較計画（CMIP5）の結果に基づいて，IPCCでは21世紀末時点での気温上昇を，現在に比べ0.3～4.8℃の幅で評価している（図1.6）．

　図1.7(a)は，世界各国で開発された数値気候モデルの予測を平均して得られた今世紀末における気温上昇の地理分布である．図をみると，特に北極圏付近で昇温が激しいのが目につく．これは，昇温により積雪が融けやすくなったり海氷が減少したりして，地球表面の白い部分が少なくなって太陽放射が反射されにくくなり，表層大気が正味で受け取る熱が増大し雪氷の融解がさらに促進されるという，「雪氷アルベドフィードバック」と呼ばれる効果によるものである．このように，地球温暖化といっても全球一様に気温が上昇するわけではなく，変化の度合いは場所によりまちまちであることには注意する必要がある．

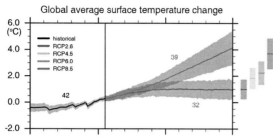

**図1.6** 第5次結合モデル相互比較計画(CMIP5)へ提出された数値気候モデルにより計算された，1950〜2100年の全球平均地表気温の推移．1986〜2005年の期間の平均値からのずれで表す．図中の数字は，各々の年代やシナリオに対応する実験を行った数値気候モデルの数を示す．CMIP5については本文参照（IPCC-AR5図SPM.6）．➡カラー口絵

こうした温度変化は，図1.7(b)にみられるような降水量の変化も引き起こす．全球平均としては，昇温により蒸発が盛んになり大気中に含まれる水蒸気が増えるため，降水量は増加する．しかし，昇温分布のときと同様で一様に増加するわけではなく，一部の地域では降水量が減少する．大まかにいって，もともと蒸発が盛んで降水量が少ない地域ではさらに降水量が減少し，もともと降水が豊富である地域でさらに降水量が増大する傾向にある．すなわち，世界全体でみると，地球温暖化は洪水と渇水のリスクを両方とも増加させる方向に働くことが予想されているわけである．

地球温暖化がもたらす気温の上昇がどの程度深刻なものであるか，感覚的に理解するのは難しいかもしれない．1つわかりやすいかもしれないのは，氷河期と現在気候の気温差を比較してみることであろう．現在は氷期-間氷期サイクルの間氷期に当たっている．地質学的データから復元された過去の海水温や，やはり気候モデルを用いた数値実験の結果などから，氷河期と現在気候の気温差は全球平均で5℃前後といわれている．すなわち，人間活動による気候変化によって，場合によっては氷河期と現在との気温差に匹敵する気温上昇が今世紀末までに急激に起こると予測されているということになる．温暖化の社会への影響の評価は緒に就いたばかりであり，高い精度で温暖

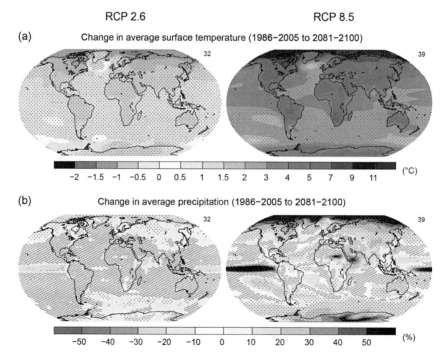

**図1.7** RCP2.6（排出量が最も低い），RCP8.5（排出量が最も高い）シナリオの下での，2081〜2100年における(a)地表気温変化，(b)平均降水量の相対変化の予測分布図．第5次結合モデル相互比較プロジェクト（CMIP5）に提出された予測結果に基づいた平均値．各分布図右上の数字は分布図の作成に寄与した数値気候モデルの数を示す．CMIP5については本文参照（IPCC-AR5図SPM.7）．➡カラー口絵

化の被害や利益を見積もれているとはいえない状況ではあるが，これだけ大きな環境変化をもたらす可能性のある$CO_2$の排出を無計画に継続するのは問題があるといえよう．

## 1.5 温暖化予測の問題点

　地球温暖化は国際政治上の問題にもなっており，政治的な交渉がなかなか進まない面はあるにせよ，放っておくべきではないという認識は多くの人々がもっている．しかし一方，「地球が人間のせいで温暖化するというのは嘘である」といった言説も，根強く残っている．こうした「地球温暖化懐疑論者」は，温暖化問題にかかわる専門家らが「物理法則に基づいたシミュレーションモデルで，温暖化が予測されている」と説明しても，「シミュレーションモデルなど，好きな結果が出るようにつくれる．わざと温暖化が予測されるように調整しているだけ」などと反論される．

　こうしたやりとりをみて，読者が「専門家たちは真摯にシミュレーションモデルを開発してきている．『わざと温暖化が予測されるように調整している』などということはあり得ない」と思ってもらえれば，確かに喜ばしいことではある．が，筆者としては「地球温暖化懐疑論者のいっていることも，一理あるのではないか」という感じ方もあってよいように思う．気候のシミュレーションモデルには，モデルの格子より小さいスケールの現象の効果や，生物などがかかわり，第一原理に基づいた定式化ができない過程を表現するための経験則が多数含まれており，その経験則の立て方はモデルを開発する人によって違ってくる部分も多い．また，経験則のなかで使われる定数の値も，観測を再現するよう後付けで調整することが多くある．とすれば，「温暖化が予測されるように調整する」ことも可能なのではなかろうか？

　こうした問いかけに対して，歯切れよくこうだ，と言い切る回答を示すのは簡単ではない．ただ，$CO_2$に熱をこもらせる効果があることは確立された事実である．このため，「まったく温暖化しない，という主張には無理がある」ということはできる．一方で，「どのように温暖化するか」を正確に答えることは難しい．筆者の経験では，$CO_2$が産業革命以前と比べて2倍の濃度になったとき，シミュレーションモデルの調整次第では10℃近くも気温が上がるような結果が得られてしまうこともある．各国の研究機関によるモデルの多くは2～3℃前後の値を出しており，この程度の値がもっともらしいだろうと言われているが，調整次第で10℃という値が得られてしまうということは，逆に（筆者は経験したことがないが）調整次第で0.1℃，という値も得られてしまうかもしれない．0.1℃でも10℃でもなく，2～3℃という値がもっともらしい，というのはどうしていえるのだろうか．

　それにはやはり，観測データが重要な役割を果たす．過去の気候の移り変わりがシミュレーションモデルで再現されているかといった比較の他にも，現在における気温や降水量の分布が再現されているか，とか，大きな火山噴火が起こったときには地表の平均気温が下がることが確認されているが，その下がり具合が再現されているか，とか，多様な観測データとシミュレーション結果を突き合わせて比較が行われる．こうした比較を行っていくと，10℃，といった極端な温暖化を予測するように調整されたモデルは，やはりどこか観測データと大きくずれたところが出てくることになる．筆者が経験した例では，火山噴火の際の気温低下が大きく出すぎていた．各国の研究機関で開発しているシミュレーションモデルを含め，種々の観測データを比較的よく再現するよう調整をしたモデルでは，2～3℃という値が得られることが多いようである．ただし，「比較的よく再現する」といっても観測データとのずれはどうしても出てきてしまうので，どこまでのずれを許すか，というのは研究者の感覚による部分もある．また，そもそも，「現在の観測データをよく再現で

きるモデルのほうが，将来の予測もよく当たるはずだ」という考え方自体も絶対に正しいとは言い切れず，厳密には「仮定」ということになってしまう．この仮定がどの程度正しいのかということ自体を，シミュレーションを用いながら確かめる研究も進められてはいるが，厳密な意味では，何十年後かの温暖化が十分進んだ時点で確かめるほか方法はない．また，生態系への影響などを考える上では，さらに多くの不確かさを含んでいる．

温暖化予測は，厳密な検証には何十年も待つ必要があるという点で，実験での検証が可能な多くの科学理論とは決定的な違いがある．地球温暖化懐疑論が根強く主張され，なくならないのは，こうした背景のせいもあろう．ただし，地球温暖化は，実証済みの科学理論とはいえないまでも，現在の科学的知識に基づいた一番もっともらしい予想であるとはいえる．地球温暖化は社会問題にもなっており，対応の必要性が叫ばれている．そうした対応は着実に進める一方で，直接の検証ができないためその度合いには不確かさが伴うということは，対策を立てる際にも常に念頭に置く必要がある．

〔河宮未知生〕

## 第1章のポイント

**1.1**
- $CO_2$ や水蒸気などの大気成分は，地球表面から放射される赤外線を吸収しその一部を下方に戻す性質をもっており，温室効果気体と呼ばれる．
- 人間活動により，$CO_2$ などの温室効果気体の大気中での濃度が増加しており，気温の上昇がもたらされる．

**1.2**
- 現在の $CO_2$ 濃度は，過去数十万年にわたる $CO_2$ 濃度の変動幅から大きく逸脱して高いレベルにあり，なお上昇のスピードを速めている．
- $CO_2$ を構成する炭素は，気体や有機物に姿をかえながら大気，海洋，土壌，生物圏を行き来する地球規模の循環を形成しており，そのバランスで大気中 $CO_2$ 濃度が決まる．

**1.3**
- 過去100年の間に，地球表面の平均気温は1℃弱高くなった．この昇温は，人間活動による $CO_2$ 濃度上昇によるものである．

**1.4**
- 数値気候モデルによる地球温暖化予測では，21世紀末時点での気温上昇を平均で 0.3～4.8℃ と予測しているが，昇温や降水量変化の量は場所により異なる．
- 予測される気温上昇の上限である 4.8℃ という値は，氷期−間氷期サイクルにおける気温の変動幅に匹敵するものである．

**1.5**
- 数値気候モデルは観測データに基づいて検証されているが，さまざまな経験則を含み，完璧に地球の気候を模してはいないため予測に不確実性が残ることには注意すべきである．

# 2

# 海洋物理

## 2.1 観測された海の変化

　海は，膨大な熱や物質を蓄え，輸送し，大気との間で交換することを通じて，気候の維持と変化に本質的な役割を果たしている．海の熱容量は大気の約1000倍である．その意味は，海全体の温度を1℃上げるのに必要な熱の量は，大気全体の温度を1℃上昇させるための熱の量の1000倍であるということである．つまり，仮に，大気全体を10℃昇温させるだけの熱が海全体に均等に入ったとすると，海の温度は0.01℃しか上昇しない．逆に，海全体の温度を0.01℃下げ，その分の熱が大気に放出されたとすると大気は10℃昇温する．現実の海や大気の温度の変化はこれほど単純なものではないが，この思考実験は，気候の維持と変化における海の役割の大きさを物語っている．地球温暖化の進行を適切にモニタリングするためにも，海が気候に与える影響を理解し予測するためにも，海を観測し，海の変化を知ることは不可欠なのである．

　しかし，海の観測は人間にとってたやすい営みではない．海は地球表面の7割を占め，平均水深は約4000mに及ぶ．広く深い海の大部分は，通常の人間活動から遠く離れた空間だ．人工衛星なら地球の広い範囲を見渡せるが，測ることができるのは海のごく表面近くだけである．海の内部を測るには，観測装置をその場所までもっていくほかない．さらに，海の特定の場所での変化を知るには，その場所で測り続けなければならない．海の広さと深さを考えたとき，それがいかに困難かは容易に想像がつくだろう．

　近年観測網の整備が進められてきたが，海水の最も基本的な物理量である温度ですら，地球全体の海を継続的に観測するしくみはまだない．したがって，時間的，空間的に不十分なデータから，温度の変化を見積もらざるを得ない．その際には，何らかの仮定に基づく推定を行っている．このため，見積もりには，推定手法に応じた不確実性が伴うのは避けられない．そのような不確実性に細心の注意を払った一連の研究の成果として，近年明らかになった海の物理的側面の変化を温度，塩分，循環の順に述べていく．

### 2.1.1 温度と貯熱量

#### a. 海の温度の分布とその変化

　海への熱の出入りは海面を通して行われる．したがって，地球温暖化に伴い海が徐々に加熱される場合，海面付近ほど温度が上昇し，深い部分はほとんど上昇しないと考える読者も多いだろう．それは半分当たっており，半分ははずれている．海がどのように熱をため込むかを理解するには，重い海水ほど下になるように成層した海の構造と，その構造と一体となった3次元的な循環についての基本的な知識が必要となる（図2.1）．

　海水は冷たいほど重いので，表層から深層に向かって温度は下がっていく．一方，海面の温度は高緯度ほど低くなっている．そのため，下層の冷たい水は高緯度で海面に現れている．図2.1に模式的に示すように，下層の冷たくて重い水は，高緯度で冷やされた水が沈み込んだものである．世界の海の海底上に広がる低温の重い水は南極の

## 2 海洋物理

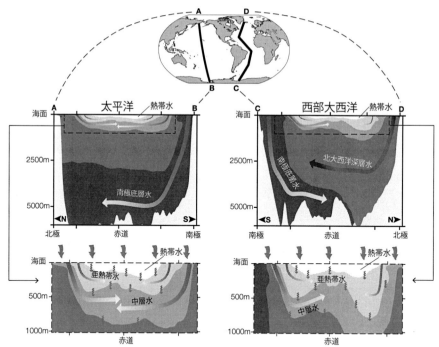

図2.1 海洋の成層構造と熱が海洋内部に取り込まれる経路の模式図．中段の左図と右図はそれぞれ上段の地図上に示した太平洋と大西洋を南北に横切る線に沿う温度の鉛直断面を表す．海洋の成層構造を白からグレーに段階的に分けて単純化して，冷たく重い水から順に，南極周辺から沈み込む南極底層水，北大西洋北部から沈み込む北大西洋深層水，各大洋の亜寒帯域から沈み込む中層水，亜熱帯域から沈み込む亜熱帯水，熱帯を中心に表面付近に広がる熱帯水に代表される水を示している．矢印は海面付近から各層への沈み込みの経路を示し，濃いグレーほど，温度変化のシグナルが強いことを表す（IPCC-AR5FAQ3.1図1）．➡カラー口絵

周りから沈み込んで北向きに広がったもので，南極底層水と呼ばれる．大西洋の北端付近からは，それよりも少し温度の高い北大西洋深層水が沈み込み，南極底層水の上を南向きに広がっている．太平洋の北端付近から深層に沈み込む水はなく，太平洋の深さ約1000mよりも下層の水は南極の周りから沈み込んだ水，またはそれが変質した水である．低中緯度の海面から深さ約1000mまでの表層では，深さとともに急激に温度が下がっている．各大洋の両半球とも，低緯度から高緯度に向かって温度が低くなる各緯度の海面から，その温度，したがって重さに応じた深さに水が沈み込む．その結果，亜寒帯域から沈み込む中層水，亜熱帯域から沈み込む亜熱帯水，最も高温で軽い熱帯水の順に重なった成層構造が形成されている（図2.1の下の図）．

地球温暖化に伴う過剰な熱は海面から拡散によって徐々に下層に伝わるだけでなく，上に述べた海面からの水の沈み込み過程によって，各深さに効果的に運ばれる．表層では，水が沈み込む速さも，沈み込んでから広がる速さも，深層に比べてずっと大きい．したがって，温暖化の進行も深さによって異なる．そこで，海の温度の変化を深さごとに分けてみていこう．

ここでは，海面から深さ700mまでを表層と呼ぶことにする．700mで区切るのは，おおむね上述の海の成層構造の特徴に基づいたものだが，深さ700mまでの観測データが比較的豊富なため，温度変化の見積もりの不確実性が比較的小さいこともその理由である．世界中で海洋の水温が測られるようになったのはここ数十年のことで，2000年ごろまではXBT（eXpendable Bathy-Thermograph）と呼ばれる投げ捨て式水温鉛直プロファイル測定装置による海面から700mまでの観測が中心であった．現在でも世界の海洋の海底までの温度変化を知ることは難しいものの，2000年代に入って構築された，新しい計測機器である自動観測ロボットのプロファイリングフロートを用い

## 2.1 観測された海の変化

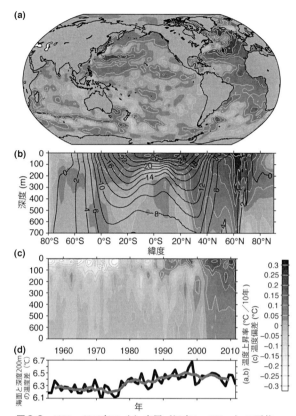

**図2.2** 1971～2010年の (a) 表層（深度0～700 m）の平均温度の変化傾向（℃/10年）の緯度・経度分布および (b) 東西方向に平均した温度の変化傾向の深度・緯度分布．黒い等値線は東西平均の温度（℃）．(c) 世界の海で平均した温度の鉛直プロファイルの経年変化．各深度の温度は，1971～2010年の平均値からの差で表す．(d) 世界の海で平均した海面と深度200 mの温度差の経年変化．灰色の線は5年移動平均値を表す（IPCC-AR5図3.1）．➡カラー口絵

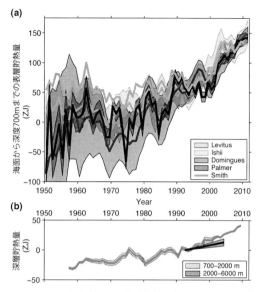

**図2.3** 5つの異なる研究に基づく表層（0～700 m）貯熱量の経年変化の比較．Argo観測網により時空間的に均質なサンプリングが実現した2006～2010年の見積もりが揃うように5つの線をずらした後，1971年における5つの見積もりの平均値に対する相対的な値としてプロットしてある．(b) 深度700～2000 mの貯熱量の5年移動平均値の経年変化と深度2000～6000 mの貯熱量の1992～2005年の増加トレンド．いずれの図も単位はZJ（$1\,ZJ = 10^{21}\,J$）で，陰影は不確実性の範囲を表す（IPCC-AR5図3.2）．➡カラー口絵

たArgo（アルゴ）観測網によって2000 mまでの水温を世界で広く測定できるようになった．

各緯度・経度で，海面から深さ700 mまで深さ方向に平均した温度の1971～2010年の長期変化傾向は，世界の海のほとんどの場所で温度上昇を示している（図2.2(a)）．温度上昇は北半球で顕著であり，特に北大西洋で上昇率が大きい．各緯度・深さで東西方向に平均した温度にも，ほとんどの緯度・深さで上昇傾向がみられる（図2.2(b)）．これらの結果は，世界の海の表層全体で，この期間に温度が上昇していたことを示している．

各緯度の温度の上昇率には，全体としてみれば，深くなるほど小さくなる傾向はあるものの，緯度によってその鉛直分布が異なっており，温度が下降しているところもある．このような特徴の一因は，海面から沈み込む水による過剰な熱の輸送の海域差であるが，それだけでは説明できない．もう1つの要因は，温度の分布パターンの移動である．たとえば，北緯30°付近および北緯60°付近の深さ700 mにまで達する大きな上昇率は，温かい海水の分布が極方向に移動し，等温線のパターンが極向きに動いたことを示唆している．また，赤道から南緯30°付近までの下層にみられる温度の下降傾向も等温線のパターンが極向きに動いたと考えると説明できる．熱の出入りを伴わない温度分布の再配置のみによる温度変化は，正味の熱の蓄積には寄与しない．

世界の海全体で平均した各深さの温度偏差を年代順に並べた時系列（図2.2(c)）は，1950年代から最近まで，海面から700 mまでのすべての深さで温度が上昇していることを示している．ここでいう偏差とは，1971～2010年の平均からの差の

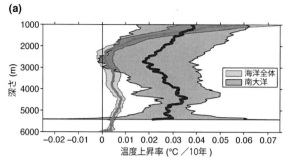

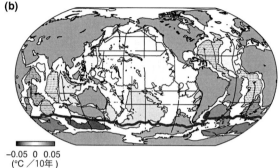

図2.4 (a) 1992～2005年における全球平均および亜南極前線以南平均の各深度の温度上昇率(℃/10年). 温度上昇率の見積もりには誤差があり, 陰影の範囲に真の値が入る確率は90%. (b) 1992～2005年における4000m以深の海盆ごとの温度上昇率(℃/10年). 温度上昇率が誤差の範囲内である海盆には点を付した. 黒の細実線は4000mの等深線を表す (IPCC-AR5 図3.3). ➡カラー口絵

ことである. 温度上昇は海面付近ほど大きく, 海面から75mまでの平均温度の上昇率は10年当たり0.11℃であるのに対して, 深さ700mでは10年当たり0.015℃である. 世界の海で平均した海面と深さ200mの温度差は, 1971～2010年の間に約0.25℃増加しており, 海洋表層の温度成層が強くなっている(図2.2(d)).

### b. 貯熱量の変化

それでは海洋はどのくらい熱を蓄えているのであろうか？ 海面から深さ700mまでに蓄えられた熱を世界の海で積算した表層貯熱量は, 1970年頃から2010年にかけて増加している(図2.3(a)). 貯熱量の時間変動はその見積もり方の違いにより大きなばらつきがある. 古い年代, 特に1970年以前の観測データの空間分布はまばらで, データ空白域も広い. 貯熱量の全海洋積算値を見積もる際には, データ空白域の貯熱量を何らかの方法で推定することになる. その手法の違いや,

異常データの検出・補正方法の違いなどによって, 貯熱量の見積もりは違ってくる. 1970年以前の貯熱量の見積もりに大きなばらつきがあるのはこのためである. 1970年代以降, 観測網が整備されてくるにつれて, 手法の違いによる貯熱量の見積もりのばらつきは小さくなっており, いずれの見積もりも明確な増加傾向を示している. この40年間の貯熱量の増加率はおよそ100TW(テラワット: 1TW=10億kW)であり, これは発電量100万kWの原子力発電所を10万基稼働し続けているのと同等のペースで熱エネルギーを貯め込んでいることに相当する.

海の深さ700mよりも深い部分は観測がまばらで年ごとの貯熱量を見積もることは困難なため, 700～2000mの貯熱量の5年間の平均値の推移を示す(図2.3(b)). 1957～2009年の0～2000mの貯熱量増加の約30%を700～2000mの層が占めていることがわかる. 表層0～700mの貯熱量の増加率が2003年以降小さくなっているが, 深さ700～2000mの層の貯熱量の増加率は弱まっておらず, 全体としての貯熱量増加のペースはそれほど鈍っていない.

深さ2000m以深の観測は時間・空間的にきわめて限られており, 全海洋の貯熱量の見積もりの不確実性はそれより浅い層に比べて大きくなる. 2000～3000mの貯熱量には1992～2005年にかけて, 有意な増加傾向はなさそうである(図2.4(a)). インド洋と太平洋におけるこの層の水は, 深層循環の終着点にあたり, 最後に大気にさらされてからこの場所に到達するまでに, 1000年程度かかるため, 温暖化の影響がまだ現れていないと考えられる. 一方, 深さ3000mから海底までの深層の温度は20世紀末以降上昇していた可能性が高い. 特に最近形成された南極底層水には明確な昇温傾向がみられる. 亜南極前線の南では3000m以深の深層のほとんどの深さで1992～2005年の間に明確な温度上昇が観測された(図2.4(a)). 全海洋平均の深層の温度上昇率は4500m付近で最大となっている. この深さは, たいてい海底の深さに相当しており, 南極底層水

の昇温を示唆している．この影響は北に行くほど小さくなるものの，北太平洋にまで及んでいる（図2.4(b)）．この南極周辺での昇温メカニズムに関しては2.3節で記述する．深層水のもう1つの形成域である北大西洋では，水温・塩分の強い十年スケール変動が，より長期の変動を捉えることを難しくしている．北大西洋における2000 m以深の貯熱量は1955〜1975年にわずかに増加し，1975〜2005年に大きく減少した結果，1955〜2005年の期間では−4 TWの正味の冷却傾向となっていた．海洋全体でみると，南大洋の強い昇温に伴い，1992〜2005年の2000 m以深の貯熱量には35 TWの増加傾向があった．

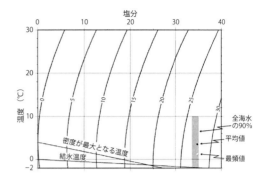

**図2.5** 海水の温度・塩分と重さの関係．重さは海水1 m³あたりの質量（kg），すなわち密度（kg m⁻³）で表す．図中の等値線は密度の値から1000を引いたもの．塩分の値によって，密度が最大となる温度は異なり，真水（塩分0）は4℃だが，塩分が高くなるほど低くなり，塩分約24以上では，結氷温度よりも低くなる．世界の海水の90%が入る水温・塩分の範囲（灰色の領域），平均の温度・塩分（黒点），もっとも多い温度・塩分の組み合わせ（白点）を図示した（Talley et al., 2011）．

 **塩分と淡水収支**

### a. 海の塩分とその分布

海洋学において，海水の塩分は，海水1 kg中に溶けているすべての物質の総重量(g)で定義される．たとえば，塩分が35.0の海水1 kgには35 gの物質が溶けている．海水は温度が低いほど密度が大きく，重い，すなわち冷たい海水ほど下になるように成層していることを先に述べた．より正確にいうと，海水の密度は温度が低く，塩分が高いほど大きい（図2.5）．海水の密度を決める要因であるという点で，塩分は水温と並んで，海水特性の状態を表す基本的な変量といえる．海水の成層が温度と塩分の組み合わせによって決まるという性質は，後述するように，世界の海の成層構造を変化に富んだものにしていると同時に，海の3次元的な循環の性質に大きな影響を与えている．

大まかにいうと，海に溶けている物質の総量は変化しないので，塩分は，海水に淡水を加えるか，海水から淡水が奪われたときにのみ変化する．海と大気の間の淡水のやり取りである降水・蒸発は，世界の海の海面付近の塩分の分布を決めるおもな要因であり，このほか，地理的に限定されているが，河川水の流入や海氷の生成・融解に伴う淡水のやり取りが塩分を大きく左右する．各緯度の海面付近の海水が，その重さに応じた深さに沈み込むことによって，海面付近に生じた温度の変化が海洋内部に運ばれたように，淡水のやり取りによって海面付近に生じた塩分の変化も，海水の沈み込みによって海洋内部に運ばれる．言い換えると，海洋内部の塩分の変化は，海面付近における過去の淡水のやり取りの変化を反映している．海の温度は，高緯度ほど，そして深いほど低いと考えてほぼ間違いないが，海の塩分の分布は，直感的に捉えにくいだろう．地球温暖化に伴う塩分の変化に話を進める前に，世界の海の塩分の分布をみてみよう．

海面付近の塩分の分布には，世界の大洋に共通した特徴がみられる（図2.6(a)）．すなわち，南北両半球の各大洋とも緯度20〜30°を中心とする亜熱帯域で塩分が高く，赤道付近を中心とする熱帯域，緯度約40°より高緯度の亜寒帯域で塩分が低い．この同一大洋内での塩分の南北コントラストは，蒸発と降水の差の分布，つまり海面を通した正味の淡水の出入りの分布ときわめてよく対応している（図2.6(b)）．すなわち，蒸発が勝り，正味淡水が奪われている亜熱帯域で相対的に高塩分，降水が勝り，正味淡水が加えられている熱帯域・亜寒帯域で相対的に低塩分となっている．

海面での淡水の出入りについて，別の観点から考えてみよう．各大洋の亜熱帯域東部では，1年

## 2 海洋物理

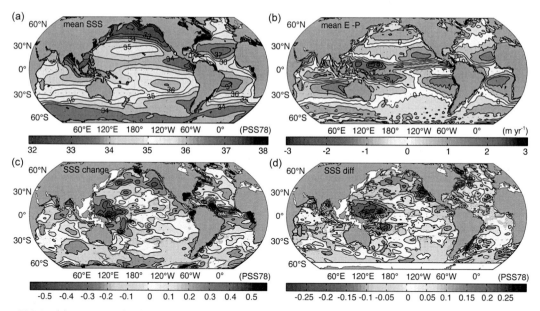

**図2.6** (a) 1955～2005年の観測データに基づく海面塩分の気候値．等値線の間隔は0.5．(b) 1950～2000年で平均した年間の蒸発量と降水量の差．等値線の間隔は0.5 m yr$^{-1}$．(c) 1950～2008年の58年間の線形トレンドに基づく海面塩分の変化．等値線の間隔は0.116．(d) 2003～2007年（中心の年は2005年）で平均した海面塩分と1960～1989年（中心の年は1975年）で平均した海面塩分の差．等値線の間隔は0.06（IPCC-AR5図3.4）．➡カラー口絵

間に最大で2mもの淡水が正味奪われている．一方，熱帯域では多いところで2m以上，亜寒帯域でも1m以上の淡水が加えられている．蒸発が過剰な海域の海面から奪われた淡水は，水蒸気の形で大気によって，降水が過剰な海域に運ばれていると理解できる．過剰な降水によって海に加えられた淡水はどうなるのか？　海が，蒸発が勝っている海域に運んでいるのである．もちろん，海は，これを「海水」の形で運んでいる．大気の水蒸気輸送と海による正味の淡水輸送によって，淡水は大気と海洋の間を巡っている．これに，陸域での蒸発・降水，河川や地下水による輸送が加わって，地球全体の水循環が構成されている．地球全体の蒸発と降水のそれぞれ85％および77％が海で起こっていることから，水循環における海洋の重要性がわかるだろう．

さて，塩分に話を戻そう．もう一度，蒸発と降水の差（図2.6(b)）と海面塩分（図2.6(a)）を比べてみると，単にその場所の蒸発と降水の差の大小だけで，塩分が決まるわけではないことがわかる．たとえば，北太平洋の亜熱帯域東部と北大西洋の亜熱帯域東部の蒸発と降水の差の大きさはほ

ぼ同じなのに，塩分は北大西洋のほうがずっと高い．蒸発が過剰な海域には，常に「相対的に塩分が低い海水」という形で淡水が供給されている．過剰な蒸発とこの淡水の供給が釣り合えば，その場所の塩分は一定に保たれる．北大西洋の亜熱帯域東部に供給される海水は，北太平洋のそれよりも塩分が高く，そのため釣り合いの状態の塩分は北太平洋よりも高いのである．なぜ北大西洋の亜熱帯域東部に供給される海水の塩分は高いのか？北大西洋は全体として蒸発が過剰であり，北大西洋全体として「相対的に塩分が低い海水」という形での淡水の供給を必要としている．北大西洋全体が周囲よりも高い塩分を維持することで，この淡水の供給を実現しているのである．世界の海の海面塩分は，蒸発と降水の差と海による淡水の輸送のバランスによって決まっているといえる．

海の内部の塩分分布を太平洋の例にみてみよう．図2.1に示した太平洋の中央部を南北に横切る温度の深さ・緯度断面に対応する位置での塩分の断面を図2.7に示す．南北両半球の亜熱帯域からの海水の沈み込みによって，高塩分水が100～200mを中心とする深さで赤道向きに延びてい

## 2.1 観測された海の変化

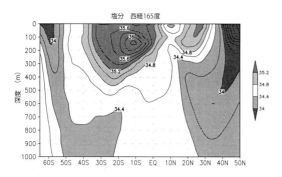

**図2.7** 太平洋のほぼ中央（西経165°）を南北に横切る鉛直断面内の塩分分布．図2.1の左側中段の断面にほぼ対応する（南北が逆であることに注意）(Talley et al., 2011)．

る．一方，南北両半球の亜寒帯域から低塩分の中層水が数百mから1000m以深にまで広がっている．その結果，たとえば北緯20°付近の塩分は海面から鉛直方向にみていくと，深さ約100mまで増加し，そこから約400mまで減少して，それ以深では増加するというように，亜熱帯域起源の高塩分水による極大層や亜寒帯域起源の低塩分水による極小層をなしている．海水の重さは温度と塩分によって決まるが，深さとともに単調に低下する温度の成層によって，重い海水ほど下になるという状況は保たれているのである．

### b. 塩分の変化

塩分の水平分布と鉛直分布の特徴を押さえたところで，塩分の時間変化について話を進めよう．2.1.1節でも述べた2000年から構築が始まったArgo観測網によって，世界の海を万遍なく深さ2000mまで観測することが可能となり，塩分観測の時間的・空間的密度は飛躍的に向上した．また，世界各国で行われてきた過去の観測データの収集・整備や品質管理もいっそう進んできた．これらの要因により，世界の塩分の長期変化の検出精度が近年飛躍的に向上している．

世界の海面塩分の1950～2008年の58年間の変化，および，1975～2005年の30年間の変化をそれぞれ図2.6(c)，図2.6(d)に示す．両者は，変化の検出法も，変化を見積もった期間も異なるが，一部の海域を除いて，よく一致したパターンを示しており，見積もりの妥当性を支持している．この海面塩分の変化を，海面塩分の分布そのもの（図2.6(a)）と見比べてほしい．塩分が高かった海域では増加し，塩分が低かった海域では減少していたことがわかるだろう．つまり，1950年代以降，海面塩分は，同一大洋内では亜熱帯域で高く，熱帯域・亜寒帯域で低いというコントラストを，また大洋間では，大西洋で高く，太平洋で低いというコントラストを，それぞれ強めるように変化していたのである．

このような海面塩分の変化は何を意味しているのだろうか．海面塩分の分布は，蒸発と降水の差の分布とよく対応しており，蒸発が過剰な亜熱帯域で高塩分，降水が過剰な熱帯域・亜寒帯域で低塩分となっていた．また，蒸発と降水がほぼ釣り合う太平洋よりも，蒸発が卓越する大西洋のほうが全体的に高塩分だった．このことから，蒸発と降水の差の分布が，海面塩分の空間的なコントラストの要因であると述べた．これを踏まえると，海面塩分のコントラストを強めるような変化の原因は，蒸発が過剰だった海域ではますます蒸発が強化し，降水が過剰だった海域ではますます降水が強化したことであると推察できる．

海面の塩分の変化には，2.1.1項で述べた温度成層の強化が関係している可能性もある．成層の強化によって，海面付近と下層の海水の交換が妨げられた結果，蒸発と降水の差に変化がなくても，より効果的に海面塩分のコントラストを生むようになったのかもしれない．蒸発と降水の差に正味の変化がなく，成層の強化だけが原因だったとすると，海面の影響を受けにくくなった下層には，海面塩分の変化とは逆の変化が生じるはずである．この可能性を検討する意味でも，海洋内部の塩分の変化をみてみよう．

東西方向に平均した塩分の55年間（1955～2010年）の変化を，各大洋および全海洋について示す（図2.8）．いずれの大洋でも，亜熱帯域に起源をもつ塩分極大に対応する深さで塩分が増加している．また，南大洋と北太平洋の亜寒帯域に起源をもつ塩分極小層に対応する深さで塩分が減少している．さらに，太平洋は全体的に低塩分化傾向にあり，大西洋は高塩分化傾向にある．すな

15

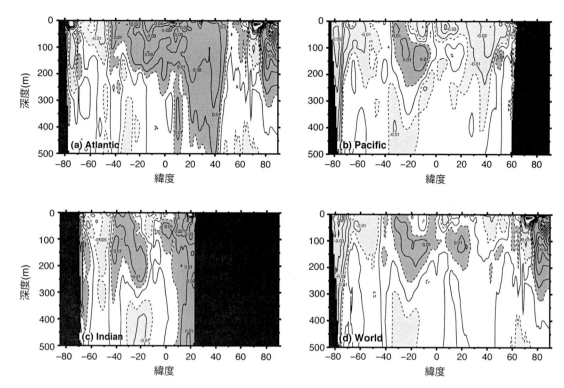

**図2.8** 1955〜2010年の観測に基づく東西平均塩分の変化率. (a) 大西洋, (b) 太平洋, (c) インド洋, (d) 全海洋. 等値線は10年間あたりの変化を表す. 濃いグレーは10年あたり0.05以上増加している部分を, 薄いグレーは10年あたり0.05以上減少している部分をそれぞれ表す (IPCC-AR5図3.5).

わち，海面塩分にみられた変化が，海水の沈み込みによって，海洋内部へと波及していることがはっきりとみて取れる．一方，海面塩分の変化と同じ傾向の変化が下層にみられたことから，温度成層の強化は海面塩分の変化のおもな原因ではないといえる．

さて，以上のように，海面塩分にも，海洋内部の塩分にも，蒸発が卓越する海域ではますます蒸発が盛んになり，降水が卓越する海域ではますます降水が盛んになったことを示唆する変化が検出された．このことは，蒸発が卓越する海域から降水が卓越する海域への，大気による水蒸気輸送が増えたこと，すなわち，地球の水循環が強化されたことを示唆している．大気は温度が1℃上昇するごとに保持できる水蒸気量が約7％増加することが知られている．対流圏内の水蒸気量は1970年代以降，気温上昇に符合する速さで増加していることが観測によって示されている．一方，蒸発と降水の観測は，時間的・空間的にきわめて限定

されており，蒸発と降水の強化を観測から直接示すことは今のところ不可能である．海の塩分は，蒸発と降水の変化に応じて変化する．さらに，広域の塩分変化は，一般に，時間的・空間的に小さなスケールで起こる降水過程や蒸発過程の効果を自然に積算して，長期的な変化の傾向を反映したものになっていると期待される．このような理由で，観測された塩分の変化は，地球温暖化に伴う水循環の強化の重要な証拠であるとみなされている．

### 2.1.3 風成循環

海洋の熱や淡水の輸送は，海洋の3次元的な循環と密接に関係していることを前節までに述べた．海洋の循環はその成因により，風成循環と次節で説明する熱塩循環に分けることができる．海面から深さ約1000mまでの表層では，海上を吹く風が海面に及ぼす摩擦力（風応力）によって大

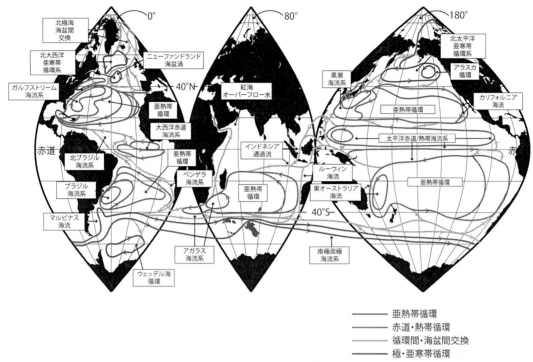

**図2.9** 表層循環の模式図. ➡カラー口絵

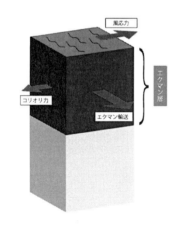

**図2.10** 風応力とエクマン輸送の関係の概念図.

規模な水平循環が引き起こされている。この循環は風成循環と呼ばれる。表層の大規模な流れのほとんどは風応力に駆動されているので、表層の循環は基本的に風成循環であると捉えても大きな間違いではない。世界の大洋の表層循環の模式図を図2.9に示す。表層循環は大洋ごとの閉じた循環系で特徴づけられる。北太平洋と北大西洋の北緯10～40°の時計回りの循環、南太平洋、南大西洋、インド洋の南緯10～40°の反時計回りの循環は、いずれも亜熱帯循環と呼ばれる循環である。一方、北太平洋と北大西洋には、北緯40°以北に反時計回りの循環があり、亜寒帯循環と呼ばれている。また、太平洋と大西洋の低緯度には赤道・熱帯循環がある。例外的に、ほぼ緯度円に沿って流れているのが、南極周極流である。それぞれの閉じた循環において、海洋の西岸域に強い流れが存在し、西岸境界流と呼ばれている。各大洋の亜熱帯循環の西岸境界流は、北太平洋、南太平洋、北大西洋、南大西洋、インド洋の順に、黒潮、東オーストラリア海流、湾流（ガルフストリーム）、ブラジル海流、アガラス海流である。一方、北太平洋亜寒帯循環の西岸境界流が親潮である。

表層に卓越する風成循環の変化について述べる前に、風応力が循環を駆動するしくみを、亜熱帯循環を例にして説明しよう。

風応力が直接及ぶ深さは高々数十mまでであり、この層をエクマン層と呼んでいる。定常的に吹く海上風の下では、エクマン層内の海水に働く風応力と地球の回転の効果によるコリオリの力が

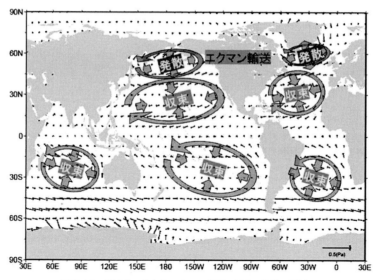

**図2.11** 風応力の分布とエクマン輸送の収束・発散の関係.

バランスして，エクマン層内には定常的な水平流が現れる．この流れの鉛直分布は条件によって異なるが，層内で深さ方向に積算した流れに働くコリオリの力が，風応力と釣り合っている（図2.10）．この深さ方向に積算した流れをエクマン輸送と呼ぶ．北半球の場合，コリオリの力は流れの向きに対して直角右向きに働くので，エクマン輸送の向きは，風応力の向きに対して直角右向きになる．風応力の大きさと向きを与えれば，その場所のエクマン輸送の大きさと向きは一意に決まる．

亜熱帯循環の存在する緯度帯の大規模な風系は，その高緯度側の偏西風と低緯度側の貿易風で特徴づけられ，北半球では時計回り，南半球では反時計回りの風系となっている（図2.11）．エクマン輸送は，偏西風の下では低緯度向きに，貿易風の下では高緯度向きになり，この緯度帯の中央部に海水が収束する．その結果，亜熱帯循環の緯度帯では中心部の海面が盛り上がる．海面の直下の水平面上の圧力分布を考えると，盛り上がりの中心付近で高く，周囲に向かって低くなっていく（図2.12）．すなわち，大規模な風系が大規模な圧力分布を形成したのである．この圧力分布の下で，圧力傾度力（圧力が高いところから低いとこ

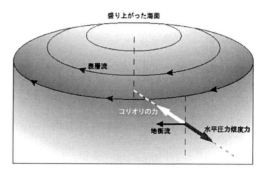

**図2.12** 盛り上がった海面に伴う地衡流の概念図．北半球の場合．

ろに向かう力）とコリオリの力（地球の自転による見かけの力）が釣り合うような流れ，つまり地衡流は図2.12のように風系と同じ向きになり，北半球では時計回りの循環となる．この高気圧性の循環が亜熱帯循環である．

以上の説明から，海面の凹凸の等高線が風成循環の流れのパターンに対応することがわかるだろう．海面の凹凸を精密に測る海面高度計を搭載した人工衛星が1992年から現在まで観測を続けている．そのおかげで，過去20余年の風成循環に関係する海面高度の変化は，それ以前に比べて格段に精度よく見積もられるようになった．一方，風成循環による流れは深層まで及ばないことから，ある深さでは流れがない，つまり圧力が一定

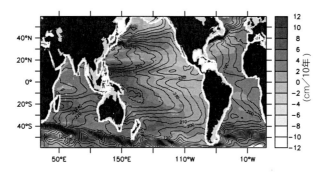

図2.13 Argo観測網の2004〜2012年のデータを用いて海水の水かさとして見積もった海面の凹凸の分布（等高線，10cm間隔）と，衛星海面高度計のデータを用いて見積もった1993〜2011年の海面高度の増加率（灰色の濃淡）（IPCC-AR5図3.10）．➡カラー口絵

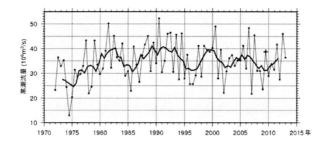

図2.14 東経137°線を横切る正味の黒潮の流量の経年変動（1972年冬〜2012年冬）．夏季と冬季の観測に基づく$1250×10^4$Pa面（深さ約1250m）を基準とした地衡流量で，本州南方における東向き流量からその南側の西向き流量（黒潮反流）を差し引いた正味の黒潮流量を示す．細線は観測値，太線は3年移動平均値を示す（気象庁「海の健康診断表」）．

であるという仮定のもとに，同じ重さの海水の体積は，温度が高いほど，また，塩分が低いほど大きいことを利用して，海の内部の温度と塩分から，海水の「水かさ」として海面の凹凸を求めることもできる．Argo観測網の構築によって，この手法による世界の海面の凹凸の分布の見積もり精度が向上した．これらの方法を組み合わせて用いることで，風成循環の変化が調べられてきた．

Argo観測網による温度と塩分のデータから見積もった海面の等高線と衛星海面高度計で観測された1993〜2011年の海面高度の増加率を図2.13に示す．南北両太平洋の緯度20°度付近を中心とし，およそ緯度10〜40°の範囲にみられる海面の盛り上がりのパターンが亜熱帯循環に相当する．この期間に北太平洋の亜熱帯循環の南縁部では海面高度は著しく増加している．この海面高度の変化は，海洋内部の温度と塩分の分布の変化，および，風応力の分布の変化とも対応していることから，北太平洋亜熱帯循環の南への拡張を捉えているものとみて間違いないだろう．南太平洋の亜熱帯循環における海面高度の変化は，緯度35〜50°の広範囲での増加で特徴づけられる．北太平洋同様，複数のデータによる変化傾向が一致しており，この変化は偏西風の強化によってもたらされたもので，亜熱帯循環の南縁部の強化と南への拡張を捉えたものと考えられる．それでは，このような亜熱帯循環の拡張あるいは強化は地球温暖化によるものなのだろうか？　風応力の分布には，10年程度以上の時間スケールの自然変動が卓越することが知られている．上述の風成循環の変化に関する観測データの期間（約20年）は，地球温暖化による変化と気候の自然変動を識別するに

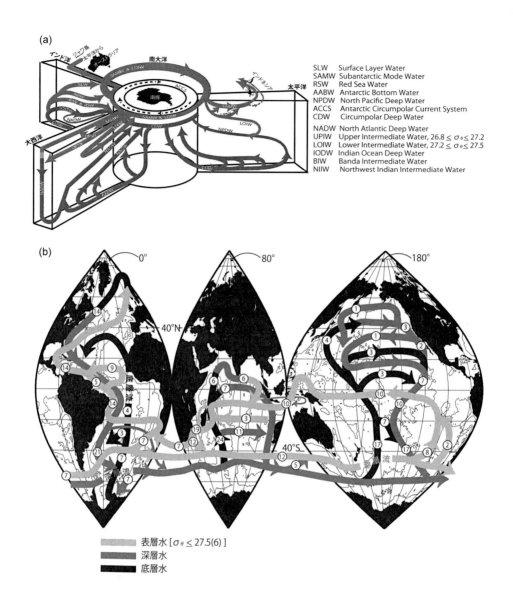

**図2.15** 世界の子午面循環の模式図（Schmitz, 1996の図を改変）．(a) 各大洋の循環を子午面内に表示した図．(b) 子午面循環を水平面上に展開した図．図中の数字は各循環経路の輸送量を表す．単位はSv（$1\mathrm{Sv}=10^6\mathrm{m}^3\mathrm{s}^{-1}$）．➡カラー口絵

は十分とはいえない．北太平洋の風成循環の一部をなす黒潮については，本州南方の東経137°線を横切る輸送量を，気象庁が50年近くにわたりモニタリングしている（図2.14）．その結果によると，黒潮の輸送量は1970年代半ばから1980年代はじめにかけて大きく増加した．2000年頃まで約10年周期で変動しているが，2000年以降周期が短くなっている．近年では2000年頃と2006年頃に極大となり，その後は2010年頃にかけて減少している．このような黒潮流量の経年変動は，北太平洋中央部における風応力の変動と対応しており，風の場の10年程度のタイムスケールの変動によってもたらされていると考えられる．このようなことから，地球温暖化に伴う風成循環の変化を捉えるためには，これまで構築してきた観測網や衛星海面高度計観測を今後も継続することが重要である．

2.1 観測された海の変化

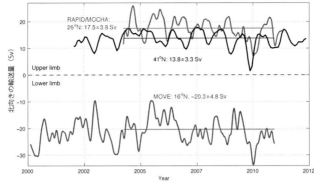

図2.16 大西洋子午面循環（AMOC）の強さに関する時系列．上から順にRAPID/MOCHA（Rapid Climate Change programme / Meridional Ocean Circulation and Heatflux Array）による北緯26.5°におけるAMOCの強さ，Argoデータと衛星海面高度計データによる北緯41°における北向き輸送量（黒線），MOVE（Meridional Overturning Variability Experiment）による北緯16°における北大西洋深層水の南向き輸送量（IPCC-AR5図3.11）．

### 2.1.4 深層循環

　風成循環が大洋ごとのいくつかの閉じた表層の循環で特徴づけられたのに対して，熱塩循環は海洋の深層まで及ぶ地球全体をめぐる循環である．この循環は海水の冷却と加熱による重さ（密度）の変化が原因で生じ，全体として大きな対流を構成している．世界の海洋のごく限られた場所で，表層水が強く冷却されて冷たく重い深層水が形成され，沈み込んで世界中の深層に広がる．沈み込んだ深層水は，形成域以外では押し出されるように上昇しようとする．この際，表層から下層に向かって伝わる熱によって温められながら上昇し，表層水へと変質し，再び深層水の形成域へと戻っていく．この循環は非常にゆっくりで，1000年程度の時間をかけて地球全体を一巡する．深層水が形成されているのは世界でも，北大西洋の北部と南極周辺だけであり，北太平洋の深層水も長い年月をかけそこから運ばれてきたものである．深層循環は，地球全体をめぐる熱塩循環を構成する深層部分の流れであると考えてよい．一方，熱塩循環の表層部分は，一般に，風成循環に比べて無視できるほど弱い．熱塩循環の「塩」は，海水の密度が塩分の変化にも左右されることを反映している．密度の変化に対する温度の効果は，低温になるほど小さくなり，相対的に塩分の効果が重要となる（図2.5）．このため，海水をいくら冷やしても，塩分が低いとある程度以上は重くならない．北太平洋で深層水が形成されないのは表層の塩分が低いためである．

　表層と深層をつなぐ熱塩循環は，海の南北断面（子午面）内での対流とみることができるため，子午面循環（meridional overturning circulation：MOC）と呼ばれる（図2.15）．子午面循環は，海が過剰な熱を熱帯域から中高緯度に運んだり，吸収した二酸化炭素を大気から隔離したりする機能を支えている．ここでは，大西洋北部で形成された北大西洋深層水が深層を南に向かう流れと，表層水が北に向かう流れから構成される大西洋子午面循環（Atlantic MOC：AMOC）を取り上げよう．AMOCは北半球の中緯度域における熱と炭素の輸送の大半を担う主要な子午面循環であり，その循環の強さや北向き熱輸送の長期変化の検出や短期的な変動の把握を目指した観測が行われている．

　さまざまな緯度，さまざまな期間におけるAMOCの観測による見積もりはAMOCが5Sv（$1Sv=10^6 m^3 s^{-1}$）の振幅で経年変動していることを示している（図2.16）．しかし，これらの見積もりは，一方向への長期変化を示してはいない．AMOCの長期変化について確かな知見を得るためには，これまでの観測期間では短すぎ，今後も観測を継続することが重要である．　　　　　〔須賀利雄〕

## 2.2 将来の海の変化

2.1節に述べられているように，地球温暖化の影響はすでに海のさまざまな側面に現れている．その一方で，観測された海の変化の中には，地球温暖化によるものか，あるいは地球温暖化とは関係しない気候の自然変動の一部を捉えたものなのか，区別がつかないものもある．

気候の自然変動とは，気候の状態を変える強制力として働く太陽光入射量や温室効果気体濃度などが一定であっても，気候の中に現れる準周期的な自励振動のことを指す．最近は「エルニーニョ」という言葉が一般に知られるようになったが，これも気候の自然変動の一部である．太平洋熱帯東部の海面水温が通常よりも高い状態がエルニーニョ（El Niño），その逆の状態がラニーニャ（La Niña）と呼ばれ，この2つの状態は数年前後の不定な周期で繰り返されている．この太平洋熱帯東部海面水温の準周期的な変動は大気と海洋が熱交換や運動量交換（海面付近での風と海流の間のやりとり）を通して非線型的に相互作用していることに起因しており，その影響は大気大循環への作用を通して全地球的な気候変動に及ぶ（たとえば，エルニーニョ時には日本は冷夏傾向にある，など）．こうした気候の自然変動は，エルニーニョに伴うもの以外にもいくつかのタイプがあることが知られている．そして，地球温暖化が進行しているといいつつも日本では時として10年ほど前と比べても気温の低い夏を経験することから実感できるように，10年程度の期間で気候の変化傾向をみただけでは地球温暖化によるものかどうかを判別できない場合や，地域的には寒冷化がみられる場合もある．

こうした事情により，IPCC第5次評価報告書（IPCC-AR5）では気候の将来予測に関して「近未来予測」と「長期予測」が別々の章として立てられている．地球温暖化予測においては温室効果気体などの将来変化についていくつかの異なる「シナリオ」[*1]が用意され，それに基づいて世界中の研究機関がそれぞれ独自の気候モデルを用いて予測を行う．そのため，予測結果にはシナリオによる違いと気候モデルによる違いが現れる．どの気候モデルでも主要なタイプの気候の自然変動を再現することは可能であるが，気候の自然変動の幅とタイミングを正確に予測することはきわめて困難であるため，異なる気候モデルによる予測のあいだでは，たとえばどの年にどの程度強いエルニーニョになるかなどに違いが生じる．一方，雲の表現方法など気候モデルの「つくり」によって予測される温暖化の度合いは違ってしまうため，同じシナリオのもとでどの程度の温暖化とそれに伴うさまざまな変化がどのように起こるかは気候モデルごとに違ってくる．近未来予測では，着目する現象のうちの多くにおいて，シナリオの違いや気候モデルによる温暖化の度合いの違いよりも，気候の自然変動の幅やタイミングの違いのほうが大きく現れる．一方，長期予測では，シナリオの違いおよび気候モデルごとの温暖化の度合いの違いのほうが大きく現れることが多い．

### 2.2.1 温度と塩分

将来予測結果において海全体で平均した海面水温の変化をみると（図2.17），予測開始後20〜30年程度にわたっては，異なる気候モデルの予測結果を平均した水温上昇傾向においてシナリオ間の差（図中のRCP 2.6, 4.5, 6.0, 8.5といった線のあいだの違い）は小さく，その気候モデル間平均水温上昇の幅と比べて個々の気候モデルによる予測はほんの少し条件を変えるだけで結果が同じ程度の幅でばらつく．このことはおもに，近未来予測においては全体的な温暖化傾向と同じ程度の幅を

---

[*1] 第5次評価報告書においては温室効果気体に関する「代表的濃度経路」（representative concentration pathways：RCP）という語が用いられているが，ここではわかりやすさのために第4次報告書で用いられていた「シナリオ」という語を用いることにする．

## 2.2 将来の海の変化

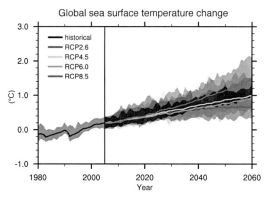

図2.17 気候モデルによる海全体で平均した年平均海面水温の変化．2005年までは観測された大気中温室効果気体濃度などを与えた過去再現実験，2006年以降は各シナリオによる将来予測実験の結果．CMIP5と呼ばれる気候モデル比較プロジェクトに参加した気候モデルのうち12個の大気海洋結合モデルの結果に基づいており，各気候モデルにおいて1986～2005年の間の平均値を0として，そこからの差を示す．線はそれら異なる気候モデル間の平均（マルチモデルアンサンブル），影は気候モデル間での結果の違いの90 %の幅を示す（IPCC-AR5 図11.19）．➡カラー口絵

もって気候の自然変動による海面水温変動が起こることを意味する．それでも，1986～2005年の20年間と2016～2035年の20年間を比べた場合，どの気候モデルの結果をとっても海全体で平均した海面水温は上昇する．また，気候の自然変動の分を除いた長期間平均的な変化の傾向としては，シナリオ間による違いと気候モデル間による違いはともに小さいため，近未来予測の範囲における海の温暖化については，気候モデルが示す長期的温度上昇はその大きさまで含めて，確実性が高いといえる．

ただし，気候の将来予測に含むことができない要素によってはその結論に影響が出る可能性があり，その要素として最も重要なのは火山だと考えられている．火山から噴出される火山灰やエアロゾルのうち対流圏中に存在するものは，自重による落下や雨などによって比較的速やかに大気中から取り除かれる．一方，大規模な噴火ではエアロゾルが成層圏に注入され，それは1年を超える長い期間にわたって成層圏にとどまり，太陽光をはね返すことによって気候を寒冷化する役割を果たす．噴火による成層圏へのエアロゾル注入を仮想的に取り入れた気候モデルシミュレーションによると，たとえば1990年のピナツボ火山噴火の規模であれば2～10年にわたって温暖化傾向を打ち消すことが示されている．

予測された海面水温変化の水平分布をみると，ほぼすべての場所で水温は上昇するが，上昇の大きさは場所によって異なる（図2.18）．この違いの原因としては，大気による海洋の加熱の大きさが場所によって異なることに加えて，海に循環が存在していることが挙げられる．すなわち，海には2.1.1項で述べられているような海面の海水を下方に運ぶ循環が存在し，それによって海面で吸収された熱は海面下へと運ばれる．南大洋の海面から下方に熱を運ぶ循環は強くかつ深くまで達するため，海面水温の上昇は抑えられる．なお，海氷の存在によって特徴づけられる極域海洋の変化に関しては，2.3節を参照されたい．

いずれのシナリオにおいても時間が経つとともに海面水温は上昇傾向をもつが，時間が経てば経つほどシナリオ間で温度上昇の大きさに差が出てくる（図2.17）．また，海面だけでなく深層の水温も上昇していく．東西方向に平均した水温の緯度-深さ分布について，1986～2005年の20年間の平均と2081～2100年の20年間の平均を比べると（図2.19），最も大きな水温上昇がみられるのは亜熱帯循環域の上層数百 mの範囲であり，その特徴は観測されたこれまでの水温上昇と一致する．海面付近の温度上昇の大きさはシナリオ間で大きく違い，最も温暖化が小さいシナリオであるRCP2.6では1℃程度である一方，最も温暖化が大きいシナリオであるRCP8.5では3℃を超える．また，循環や混合の結果として海面から下方に熱が運ばれる結果として，海の上層1000 mの平均水温は今世紀終わりまでに0.5℃（RCP2.6）～1.5℃（RCP8.5）上昇する．より深い部分での水温上昇は南大洋で顕著であるが，これは2.1.1項で述べられている海の循環の特徴を反映したものである．その一方で，北半球中高緯度の深層では温度が低下する領域もみられる．これは後述する深層循環の変化によるものである．

海の温暖化は加熱された海面の熱が下方へ運ば

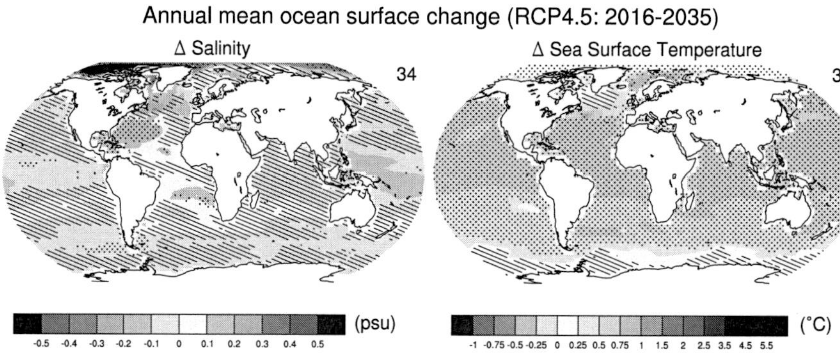

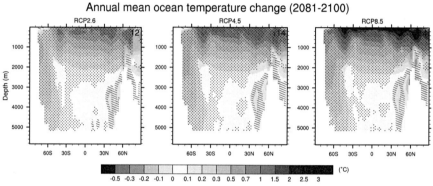

**図 2.18** 各国研究機関によるシミュレーション予測を平均して得られた海面塩分（左）と海面水温（右）の近未来変化．RCP4.5で1986～2005年の20年間平均に対して2016～2035年の20年間平均がどれだけ変化するかを示す．右上の数字は使用した気候モデルの数．斜線をかけた地域は変化幅が自然な気候変動の幅にくらべて小さいことを示す．網掛けした地域は90％以上の気候モデルが同じ符号の変化傾向を持ち，かつ変化幅が自然な気候変動の幅よりも大きいことを示す（IPCC-AR5図11.20）．➡カラー口絵

**図 2.19** 各国研究機関によるシミュレーション予測を平均して得られた東西方向に平均した水温の長期変化．RCP2.6, RCP4.5, RCP8.5のそれぞれについて，1986～2005年の20年間平均に対して2081～2100年の20年間平均がどれだけ変化するかを示す．斜線と網掛けの意味は図2.18と同じ（IPCC-AR5図12.12）．➡カラー口絵

れることで生じているが，深層まで熱を運ぶのには長い時間がかかる．仮に海面水温を急激に上昇させてそのまま一定の状態に保ったとすると，上層数十 m のごく表層付近の水温は数年程度のあいだ上昇し続けた後はほぼ一定になるが，深層の水温は1000年を超える期間をかけてゆっくりと上昇していく．したがって，仮に今ただちに地球温暖化の原因を取り除いたとしても，海は今後も長い時間をかけて変化していくことに大いに留意する必要がある．

2.1.2項で述べられている通り，海面塩分は降水・蒸発・河川水流入による塩分の濃縮・希釈と海の循環による塩分の再分配のバランスで決まっている．したがって，海の循環が将来的にあまり大きく変化しないとすれば，海面塩分の変化は降水・蒸発・河川水流出の変化を反映したものになる．地球全体でみた傾向としては，温暖化によって大気の水循環は活発になるため，もともと蒸発がさかんな地域ではより蒸発がさかんに，もともと降水が多い地域ではより降水が多くなる．したがって，海面塩分の変化の傾向としては，もともと高い海域で上昇し，もともと低い海域では低下する（図2.18）．こうした傾向は2.1節で紹介した，すでに観測されている海面塩分の変化の特徴と一致する．しかし，より詳しい地域性や変化の大きさを考えた場合には，将来の降水変化に関してはさまざまな気候モデルによる予測のあいだにばらつきが大きいため，全体的にみて予測結果に十分な確実性があるとは言い難い．なお，図2.18によると北極海で特に大きな塩分低下が予測されているが，これは後述する深層循環の変化の要因の1つになり得る．

## 2.2 将来の海の変化

### 2.2.2 風成循環

2.1.3項で述べられている通り，気候の自然変動に伴う風成循環の変動幅は大きく，これまでに観測された風成循環の変化のうち地球温暖化が原因であると確実性をもっていえる部分は少ない．これまでに観測されたのと同様の変化傾向（偏西風の移動・強化に伴う北太平洋亜熱帯循環や南大洋亜熱帯循環の拡張・強化など）は将来予測においてもみられるが，気候の自然変動の幅や気候モデル間の違いに照らした場合に，地球温暖化の結果であると高い確実性でいえるわけではない．

地球温暖化による風成循環の変化として，ほとんどの気候モデルによる予測が一致して示している結果に，南極大陸の周りをぐるりと囲んで東向きに流れる南極周極流（2.3.1項参照）の南への移動と強化がある．これはやはり偏西風の南への移動と強化を原因としている．南極周極流は水温前線（深さ-水平断面でみたときに等水温線が水平面に対して大きく傾いている場所）に伴って存在しており，南極周極流の強化はその水温前線の強化も意味する．

ただし，海の循環を考える上で重要な現象のうち，多くの気候モデルにおいて表現されていないものがあることに気をつけなければならない．2.1.3項および2.1.4項で述べられた海流に加えて，海のいたるところには中規模渦と呼ばれる水平数十kmの大きさの渦が存在している．中規模渦は強い海流とそれに伴う強い水温前線が存在する場所で特に多く形成され，その付近における海の水温分布などに大きな影響を及ぼしている．そして，南極周極流は海の中でも最も活発に中規模渦を生じる場所である．南極周極流が強化されるのとともに水温前線が強化されると，中規模渦の形成がより活発になり，その中規模渦は水温前線を弱めて南極周極流の強化を抑制するように働くことが知られている．気候モデルにおいて中規模渦を表現するためには高い水平解像度が必要とされるため，従来の気候モデルでは中規模渦はほとんど表現されていない．地球温暖化による南極周極流の変化の傾向は確実性の高いものであるが，その変化の大きさについては現在の予測結果が確実性の高いものとはいえない．

### 2.2.3 深層循環

水温上昇の場合と同じく，深層循環の変化は長い時間をかけてゆっくりと起こる．2.1.4項で述べられている通り，これまでの観測事実として深層循環には比較的大きな幅の変動が存在しており，これは気候の自然変動によるものと考えてよい．したがって，近未来予測の範囲では深層循環が地球温暖化でどのように変化するのかについて確実性の高いことはあまりいえない．

すべての気候モデルは一致して，地球温暖化の進行とともに高緯度での気温上昇と降水増加が続くことを予測している．これは高緯度の海面付近で海水の密度を下げ，深層循環の起点となる深層水形成を弱めるように働く．その結果として，ごく一部の気候モデルを除いて，大西洋子午面循環（AMOC）は21世紀の終わりにかけては徐々に弱まっていくことが予測されている（図2.20）．変化の大きさはシナリオおよび気候モデルによって異なっており，1986〜2006年の20年間平均と比べた2081〜2100年の20年間平均の弱化の割合

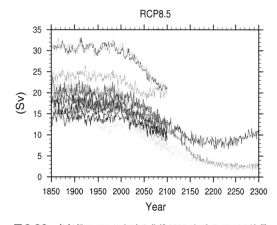

図2.20 各気候モデルにおける北緯30°におけるAMOC流量の時間変化．1850〜2005年は観測された大気中温室効果気体濃度などを与えた過去再現実験，2006〜2100年はRCP8.5シナリオによる将来予測実験，2100年以降はシナリオにおける2100年時点の条件を一定に保って行った延長予測実験の結果（IPCC-AR5図12.35）．

は，RCP2.6で1〜24%，RCP8.5で12〜54%である．21世紀末にかけてAMOCが弱化するという傾向については確実性が高いが，その大きさについてはそれほどはっきりとはいえないという現状である．

先ほども述べた通り，AMOCの変化はゆっくりと起こり，たとえ地球温暖化の原因が取り去られたとしても，その変化が即座に止まるわけではない．気候モデルによっては各シナリオにおける21世紀末以降，温室効果気体濃度は一定となると仮定して2300年まで予測を延長しているものもある．その結果におけるAMOCの変化傾向をみると，さらに100年以上にわたって弱化を予測

するものもあれば，数十年程度での回復を予測するものもある．21世紀を超えてAMOCがどのように変化するのかについては，まだ一致した理解に達していない．

一方，多くの気候モデルでは南極底層水の形成も弱まることが予測されているが，それが深層循環をどのように変えるかについては，21世紀中に限ってもまだ一致した理解に達していない．これに関しては，既存の気候モデルのいずれにおいても南極氷床融解が適切に表現されていないことにもかかわる．その詳細については2.3節に譲る．

〔羽角博康〕

## 2.3 極域の変化

 南大洋

### a. 南大洋の構造

南大洋は，地球の寒極であり氷として膨大な淡水を蓄えている南極大陸を取り囲み，大陸に妨げられずに地球上を周回できる唯一の大洋である．さらに，大西洋・太平洋・インド洋の三大洋をつなぎ，南極域と低・中緯度域のリンクを制御するユニークな特性をもつ．この南大洋を特徴づけるのは東向きに流れる南極周極流（Antarctic Circumpolar Current：ACC）である（図2.21）．流路にして2万5000〜3万kmと世界の他の海流と比べて際立って長く，輸送量にして約150Svと非常に強い流量をもつ．南極周極流は水温と塩分が急激に変化するいくつかの前線を伴って流れる．おもな前線には，亜南極前線（Sub Antarctic Front），極前線（Polar Front），南周極流前線（Southern ACC Front）などがある．南極周極流では，おおまかには偏西風による風強制が東向きの流れを生み出す上で重要であると同時に，活発な渦が運動量を下方へ伝える役割を負っている（図2.22）．南極周極流を中心として，その赤道側には大洋ごとに亜熱帯循環が存在し，その極側には主要な海盆に対応してウェッデル循環

やロス循環（図2.21）といった亜寒帯循環が存在する．さらに極側の南極沿岸の大陸棚斜面には，西向きの南極沿岸流が存在している．

深さ方向をみると，南大洋では大きく2つの子午面循環（MOC）が形成され，海洋深層と表層の間の熱・物質交換に大きな役割を果たしている（図2.22）．2.1節で述べたように，この子午面循環と対応してさまざまな海域から運ばれてきた水が互いに混ざり合うことにより，特徴的な水塊分布が形づくられる．北大西洋で沈み込んだ北大西洋深層水（North Atlantic Deep Water：NADW）

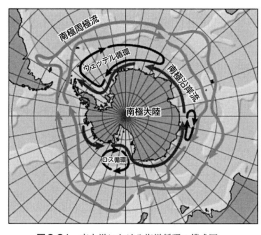

図2.21 南大洋における海洋循環の模式図．

## 2.3 極域の変化

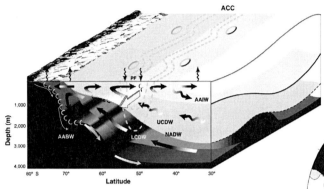

図2.22 南大洋における子午面循環と水塊分布の模式図. AAIW：南極中層水, UCDW：上部周極深層水, LCDW：下部周極深層水, NADW：北大西洋深層水, AABW：南極底層水 (Speer et al., 2000；Olbers and Visbeck, 2005).

図2.23 1955～2011年の56年間での水温変化傾向（℃）. コンター間隔は0.2℃で, 正変化は白抜き, 負変化に影をつけた. NODCの格子化アノマリーデータにより作図. ➡カラー口絵

に起源をもつ高温・高塩の周極深層水（Circumpolar Deep Water：CDW）が湧き上がってくる（図2.1, 図2.22）. このうち, 比較的軽い周極深層水の一部は太平洋とインド洋で変質をうけ, 上部周極深層水（Upper Circumpolar Deep Water：UCDW）として湧き上がる. 湧き上がった水が低緯度に輸送され沈み込むことによって, 低塩分の南極中層水（Antarctic Intermediate Water：AAIW）が形成される（図2.22）. 亜南極前線の北側では亜南極モード水（Sub Antarctic Mode Water：SAMW）が形成される. これらが上側の子午面循環を構成し, たとえば海洋中に存在する人為起源の二酸化炭素の約40％は南緯40°以南で吸収するなどといった重要性をもっている.

一方, 下部周極深層水（Lower Circumpolar Deep Water：LCDW）の一部は, 大陸棚で形成され, 大陸棚斜面を下降する高密度陸棚水と混合して南極底層水（Antarctic Bottom Water：AABW）として沈み込む. これが下側の子午面循環を構成する. 2.1節で述べたように, この循環は南極底層水を全大洋の最深部に供給する役割を果たしている.

南極大陸沿岸で高密度陸棚水が形成される過程には, 大気による冷却に加え, 海氷生産による塩分の排出や棚氷による冷却がかかわっている. そのため深層に沈み込む高密度陸棚水は大陸棚のいたるところでつくられているわけではなく, 巨大な棚氷が発達した場所や海氷生産のさかんな沿岸ポリニヤと呼ばれる海氷に埋め尽くされることのない領域で形成されている.

### b. 南大洋の変化

こうした南大洋の循環・水塊構造は, さまざまな時間スケールで変化している. 近年の観測の蓄積や数値モデルを用いた研究により, 十年以上の長期的なスケールで南大洋各部において海洋構造が変化していることが明らかになってきた.

南緯30°以南では, 1930年代以降, 2000 m以浅で顕著な暖水化がみられる（図2.23）. また, 南極周極流域では1960年代以降の観測と2000年代のArgoの観測の比較から, 2000 m以浅における低塩化が示された（2.1.1項）. 暖水化の特徴は, 平均的な水温場が極向きにシフトしているとすると整合的に説明できる. 南半球では, ここ数十年, 偏西風が顕著に強化するとともに, その強風域が極方向（南）へシフトしている（いわゆる南半球環状モード（Southern Annular Mode：SAM）の正偏差化）. こうした風系の極側シフトに伴って, 亜熱帯循環系や南極周極流といった海洋循環系も極方向（南）にシフトしたことが, この緯度帯に高い昇温率がみられる主たる原因と考えられている. 一方, 低塩化は, 降水-蒸発による水収支において降水過多の傾向が促進し, 表層が低塩

化したとすると説明できる．この緯度帯における降水過多の傾向は，全球的な海面塩分の変化の解析（低塩部はより低塩に，高塩部はより高塩になる傾向）によって推測される淡水循環の強化傾向と整合的である．

南大洋に起源をもつ水塊特性にも長期的な変化がみられる．表層をなす亜南極モード水は全体的に低温・低塩化している．南極中層水のコアは1970年代以降，深度が浅くなり，暖水化しており，全体に密度が低下している．このような中層の水の特性変化には，この海域での降水量の蒸発量に対する超過分が増えて淡水化する影響と，暖水化によって同じ密度の海水の沈み込み位置が過去に比べて極方向に移動する影響の両方がかかわっている可能性が高い．

近年の世界海洋循環実験計画（World Ocean Circulation Experiment：WOCE）の各層観測プログラム（Hydrographic Program）とその再観測（WHP Repeat）といった観測の蓄積から，南極底層水にも変化が現れていることが明らかになってきたことは，近年における目覚しい理解の進展である．2.1節でもふれたように，海洋底層の水温は1980年代から2000年代にかけて暖水化している．特に南極海のウェッデル-エンダービー海盆やアルゼンチン海盆，オーストラリア-南極海盆など，南極底層水の形成域に近い海盆ほど強い暖水化傾向がみられるが，南極底層水の流下方向へ向かって，大西洋西部や北太平洋にも暖水化傾向が及んでいる．北太平洋における太平洋深層水の暖水化シグナルは，海洋内部の波動によって40年程度の時間をかけて南極沿岸域から伝わったとする数値実験研究もある．水温指標で定めた南極底層水の全体積は，全球的にみてこの20年間で約$8\,\mathrm{Sv}\,(1\,\mathrm{Sv}=10^6\,\mathrm{m}^3\,\mathrm{s}^{-1})$の割合で減少している．南極大陸の近傍では，等水温面や等密度面の深度が年間約10 mずつ深くなる傾向にあり，底層水の形成域近傍での体積の減少が顕著である．オーストラリア-南極海盆では，およそ1970年代から2010年までの約40年間で，底層水の体積が半分以上減少したと報告されている．また，南極底層水の塩分は全般に顕著に低塩化している．最も顕著な低塩化傾向は南東太平洋海盆西部とオーストラリア-南極海盆にみられる．ウェッデル海の海底付近でも，1984～2008年にかけて最も重い底層水は低塩化している．

南極底層水の性質の変化の原因としては，その母海水の1つである高密度陸棚水の変質やその供給量の変化，さらに他の海域から流れ込む南極底層水と混合する割合の変化など，複数の要素が考えられる．底層水の形成される地域や存在する場所によって，その要因も異なる可能性がある．太平洋セクタ（南大洋のうち太平洋と接している海域）とオーストラリア-南極海盆の南極底層水の主要な母海水の1つであるロス海の高密度陸棚水は，1950年代から顕著に低塩化している．オーストラリア-南極海盆における底層水の低塩化傾向については，このロス海での底層水の低塩化傾向に加え，ロス海底層水の流量が減少し，底層水どうしの混合比率の変化が関係している可能性がある．さらに，2010年に東南極のアデリー海岸で起きたメルツ氷河の氷河舌の崩壊は，メルツポリニヤにおける海氷生産量の変化を引き起こし，この底層水のもととなる海水の1つである高密度陸棚水の性質を変化させることで，これらのプロセスにさらなる変化を与えている可能性がある．一方，ウェッデル-エンダービー海盆の東部にみられるやや軽い南極底層水の変化傾向については，ケープダンレー沖での底層水形成に際して周極深層水の比率が増加した可能性も指摘されている．

南極底層水のもととなる海水を供給する南極の沿岸陸棚海洋の変動傾向も明らかになりつつある．変化傾向が十分に把握されている場所は限られてはいるが，上記でみたロス海に加え，ウェッデル海西部，およびアデリー海岸沖の一部で1950年代や1990年代からの低塩化傾向が観測されている．また，アムンゼン海やベリングスハウゼン海といった西南極域では，近年，水温上昇が観測されている．ロス海の低塩化については，沿岸流の上流側にあるこの西南極域での変化と関係

があると考えられている．

### c. 南大洋と氷床・海洋との関わり

南極大陸は，地球上の氷の約90％を擁する膨大な淡水のリザーバーである．南極大陸は，東経0°と180°を結ぶラインの西側と東側で，それぞれ西南極・東南極と分けられる．西南極と東南極では氷の下の基盤地形が大きく異なり，西南極は基盤の平均高度が低いのに対し，東南極ではおおむね高い．大陸棚から内陸へと向かう基盤地形の形状は，氷床の安定性を決める上で重要な要素となる．氷床からの淡水の流出入の変化は，世界の海水位にも影響を与える．IPCC-AR5は，世界の平均海面水位は1901～2010年の間に0.19±0.02 m上昇した，としている．1970年以降の海水位上昇については，その原因の内訳が比較的精度よくわかっている．温暖化に伴う氷河からの質量流入と海洋の暖水化に伴う熱膨張のそれぞれについて見積もった分で，観測された平均水位上昇分の約75％を説明できる．人工衛星海面高度計による広域での海水位の観測が利用できるようになった1993～2010年の期間については，水位上昇の観測結果（$3.2\pm0.4$ mm yr$^{-1}$）のうち，氷河や氷床からの質量流入による寄与が約1.4 mm yr$^{-1}$と評価されている．このうち，$0.27\pm0.11$ mm yr$^{-1}$が南極氷床に起因するとされている．南極氷床からの流出は，そのほとんどが西南極氷床に起因しているが，東南極でもトッテン氷河など一部では流出が加速している．ロス海の低塩化については沿岸流の上流側にあるアムンゼン海付近にその要因があると考えられている．パインアイランド氷河を中心とする西南極氷床の流出加速が原因であると指摘されており，同海域沿岸域での水温上昇とあわせて海洋と氷床・棚氷の相互作用の解明が今後の重要な課題と考えられている．

南極を取り巻く海氷域は，季節を通じてドラスティックに変化する．冬場には大陸と同じ面積にまで広がる一方，夏場にはほぼ大陸棚付近にまで後退する．南極の海氷面積は，北極域とは対照的に，全体としてはやや増加している．人工衛星による観測がなされている1979～2012年の間については，年平均でみた海氷の張り出しのトレンドは10年毎で1.2～1.8％増加している．ただし，その変化傾向は周極的に一様ではなく，海域によって非常に異なっている．ロス海やウェッデル海では氷縁位置は拡大している一方，アムンゼン海付近では後退している．こうした変動傾向については，偏西風の強化や氷床融解による成層強化の影響などいくつかのメカニズムが提案されているが，いまだ十分に解明されたとはいいがたい．また，海氷の厚さの変化傾向についてはほとんど観測がなされていない．

上記のように南大洋においても観測の急速な充実により，変動の実態についての理解が進展してきた．本節で述べた知見の多くは，Argo計画やWHP Repeatによってもたらされた．ただし，特に底層における観測の蓄積期間は十分ではなく，今後の継続的な観測が欠かせない．海洋表層や底層での変化の起源として，南大洋の氷海域，特に沿岸陸棚域の役割が重要と考えられるが，まさに鍵となるその氷の存在により航行できる船舶が限定されたり，通常のArgoフロート（2.1節参照）では観測ができないなど，この海域での現場観測の展開には制約が多い．そのような中で，アザラシなどの動物にセンサーをつけて観測を行うバイオロギングは，観測の量を飛躍的に増大させつつある．特に，観測のきわめて乏しい冬期の観測数の増加には目覚しいものがある．バイオロギングは今後が期待される技術であるが，一方でその観測域は動物任せの面がある．近年，発展の著しい遠隔データ通信技術や海中ロボット観測技術を氷海域に応用する動きが各国で精力的に進められつつある．国際協力によりこうした観測網をさらに充実させていくチャレンジが，極域海洋の変化をより精密かつ着実に把握する道を切り拓いていくだろう．

〔青木　茂〕

###  2.3.2　北　極

#### a. 温暖化と海氷減少

北極海は，ユーラシア大陸，北米大陸，グリー

ンランドなどに囲まれた北極点を含む大洋 (ocean) である（図2.24）．太平洋側では，ベーリング海峡（幅85 km，深さ50 m）を通じてベーリング海とつながっている．また，大西洋側では，フラム海峡（幅600 km，深さ2800 m），バレンツ海回廊（幅800 km，深さ250 m）を通じてグリーンランド海と，カナダ多島海からバフィン湾・デービス海峡を通じてラブラドル海とつながっている．北極海のユーラシア大陸側にはバレンツ海，カラ海，ラプテフ海，東シベリア海，チュクチ海などの広大な大陸棚が広がっている一方で，カナダ・アラスカ側は水深3000 mを超える深海盆（ナンセン海盆，アムンゼン海盆，マカロフ海盆，カナダ海盆）となっている．北極海の面積は約1400万 $km^2$（全海洋の約3%），体積は1300万 $km^3$（全海洋の約1%）しかなく，実は地球全体的にみればとても小さな大洋である．

しかしながら地球温暖化という観点からみた場合，北極海を含む北極域はその影響を最も強く受けている地域の1つといえる．図2.25は，1951～1980年の平均値に対する緯度帯ごとの5年平均気温の経年変化を，また，図2.26は，同じく1951～1980年の平均値に対する2011～2015年の平均気温偏差の分布図を示す．地球全体としては，1951～1980年の平均値に対して2010年頃までに0.7℃程度の気温上昇がみられるのに対して，北緯60°以北の地域ではその2倍以上の気温上昇が起きていることがわかる．さらに2014年10月からは1年以上もの間，平年を3℃以上も上回る気温が続いたことが報告されている（Jeffries et al., 2015）．IPCC-AR5などで書かれている将来の気温上昇の予測結果をみても，北極域は全球平均の2倍以上の温度上昇が起こることが示されている．このように北極域は，これまでも，そして今後も，温暖化の兆候が最も顕著に現れる地域であることが，知られるようになってきた．

これと密接に関係していると考えられているのが，北極海域そして北半球で進行している海氷の減少である．北半球の海氷は秋から冬季にかけて成長し，2月下旬から4月上旬に海氷面積が最大

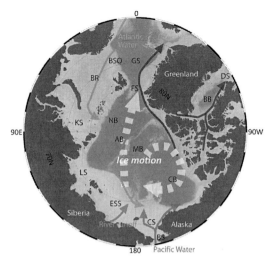

図2.24　北極海の海洋・海氷循環の模式図．矢印はそれぞれ，大西洋からの流入水，太平洋からの流入水，北極海からの流出水，陸域からの流入水の流れを示す．また白太点線の矢印は北極海の海氷の流れを示す．地図中の略称は以下の通り．AB：アムンゼン海盆，BB：バフィン湾，BR：バレンツ海，BS：ベーリング海峡，BSO：バレンツ海回廊，CS：チュクチ海，CB：カナダ海盆，DS：デービス海峡，EES：東シベリア海，FS：フラム海峡，GS：グリーンランド海，KS：カラ海，LS：ラプテフ海，MB：マカロフ海盆，NB：ナンセン海盆．➡カラー口絵

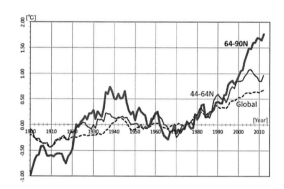

図2.25　緯度帯ごとの5年平均気温の1951～1980年平均値に対する偏差の経年変化（1900～2012年）．太線，細線はそれぞれ北緯64～90°，北緯44～64°の緯度帯における平均値を，破線は全球の平均値を示す．元データはGISS Surface Temperature Analysis, NASA (http://data.giss.nasa.gov/gistemp/) から入手（GISTEMP Team, 2016）．

となる．その後，暖かくなるとともに海氷の融解・後退が進み，9月中旬頃に海氷面積は最小となる．図2.27は，人工衛星による観測が始まった1979年以降の2015年までの冬季海氷最大面積（細線，左軸）と夏季海氷最小面積（太線，右軸）の経年変化を示す．この図から，北半球の海氷面積は，冬季も夏季もともに減少傾向にあることが

## 2.3 極域の変化

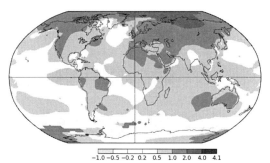

**図2.26** 1951～1980年の平均値に対する2011～2015年の平均気温偏差の分布図．北極域ではすでに2℃以上の気温上昇が起きていることがわかる．GISS Surface Temperature Analysis, NASA（http://data.giss.nasa.gov/gistemp/maps/）から作成（GISTEMP Team, 2016）．➡カラー口絵

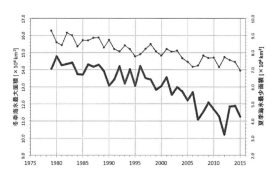

**図2.27** 北半球の冬季海氷最大面積（細線，左軸）と，夏季海氷最小面積（太線，右軸）の経年変化（1979～2015年）．海氷面積データは，JAXA Satellite Monitoring for Environmental Studies ウェブサイト（http://kuroshio.eorc.jaxa.jp/JASMES/climate/）から入手．

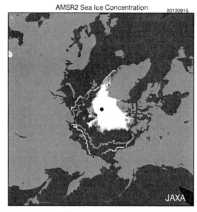

**図2.28** 衛星観測（AMSR-2）から得られた海氷密接度の分布図．（上）夏季最少面積の最小値を記録した2012年9月15日，（下）冬季最大面積の最小値を記録した2015年3月15日．白線は1980年代の平均氷縁位置を，灰色線は2000年代の平均氷縁位置をそれぞれ示す．北極域データアーカイブ（https://ads.nipr.ac.jp/）で作成．

明らかにわかる．冬季海氷最大面積および夏季海氷最小面積の減少率は，それぞれ10年間で約47万km$^2$，93万km$^2$の減少となっていた．特に夏季海氷最小面積は近年急速に減少しており，2000年以降で減少率を計算すると10年間で140万km$^2$もの減少が起きていた．このままの減少率が続くと仮定すれば，北極海は今世紀の中頃までには夏季に海氷が存在しない海域になる．

図2.28はともに最小値を記録した2012年9月（夏季海氷最小面積）および2015年3月（冬季海氷最大面積）の海氷分布図である．白線および灰色線はそれぞれ1980年代，2000年代の氷縁位置を示す．これらの図から，海氷減少が進行している場所が太平洋および大西洋側の氷縁域に広がっていることがわかる．特に夏季海氷最小面積が減少しているのは，シベリア側から太平洋側にかけ

ての北極海陸棚海域に当たる．海氷の動きは，風や海流の影響を受けている．北極海では，極横断漂流と呼ばれるシベリア側から北極点付近を通ってグリーンランド海に流出する流れと，ボーフォート循環と呼ばれるアラスカ・カナダ沖に広がるカナダ海盆を数年かけて循環する流れに特徴づけられる（図2.24，白太点線矢印）．夏季海氷面積の減少が顕著なシベリア側から太平洋側にかけての北極海陸棚海域は，このような海氷循環の中で新しい氷が生成され流れ出ていく海氷の発散域にも当たる．

北極海および北半球の海氷減少は，地球温暖化によって起こされたと考えられる．より具体的には，南からの暖気や暖水の北極域への移流による海氷融解の促進や，冬季の気温上昇に伴う海氷生

成量の減少などが，海氷減少の原因とされている．太陽からの光を効率よく反射して海洋が温まることを妨げていた海氷が減少することにより，海洋が温められて海水温が上昇し，さらに海氷の融解を促進する（このように，ある現象への応答過程が，もとの現象を増幅するように働く効果を正のフィードバックという）．太平洋および大西洋側の氷縁域は，それぞれ暖気や暖水が北極海域に流入する場所に当たるため，最も海氷減少が進行しやすい場所になっており，海氷の後退（融解）時期が早まるとともに，結氷時期が遅れていることも明らかになってきた．

　北極域の気温が，地球上の他の地域に比べて2倍以上も上昇していることは，本項の最初に記した．これを北極温暖化増幅と呼ぶ．この北極温暖化増幅のメカニズムは，季節の移り変わりを考慮に入れて理解する必要がある．最近の研究から，北極の温暖化は秋季から冬季に顕著にみられることがわかってきた．海氷の融解が進む夏季の北極域は，熱が雪や海氷の融解に消費されるため，また，海洋が過剰な熱を吸収するために，地表レベルでの温度上昇は抑えられる．一方で秋季から冬季にかけて，海氷の減少に伴って夏季のうちに海洋に吸収された多くの熱が大気中に放出される．このような秋季から冬季にかけての海洋から大気への熱の放出が，気温上昇に貢献するとともに，生成される海氷量の減少にもつながり，さらなる海氷減少そして温暖化増幅につながるといえる．

　地球温暖化そして地球気候システムにおける役割を考えた場合，北極域は南極域とともに地球気候システムの冷熱源（冷却域）の役割を果たしている．その冷熱源の役割を果たすために重要なのが，雪氷である．雪や氷は，太陽からの熱を跳ね返す日傘の役割と，海洋からの熱放出を抑える蓋の役割を行っている．しかしながら，北極海の海氷や北極陸域の雪氷の減少に伴って，冷熱源としての役割が果たせなくなってきている可能性がある．急速な海氷の減少が，地球気候システムにどのような影響を与えているのかというテーマは，現在最もホットな話題であり，科学的のみならず社会的にも注目されている．

**b. 北極海の海洋物理**

　表面を海氷に覆われている北極海の海水は，その大部分が大西洋から流入した塩分が高い水塊（水温や塩分など類似の特徴をもった海水のまとまり）で占められている．また，太平洋側からもベーリング海峡を通じて，塩分が低い水塊が流入しており，この水塊が北極海の上層に広がる．図2.24には，北極海の海洋・海氷循環が模式的に示されている．北大西洋からノルウェー沖を北上し，バレンツ海もしくはフラム海峡を経て北極海に流入した大西洋起源の水塊は，北極海の内部を陸棚斜面に沿う形で反時計回りに循環すると考えられている．流入した大西洋起源の水塊の多くは，10〜20年程度の時間を経て北極海を循環し，再びフラム海峡からグリーンランド海に流出する．係留系などを用いた長期間の観測結果から，バレンツ海およびフラム海峡から北極海への流入量は，それぞれ1.5 Sv（$1\,\mathrm{Sv}=10^6\,\mathrm{m}^3\,\mathrm{s}^{-1}$），6.6 Svと見積もられている．またフラム海峡からグリーンランド海への流出量は，8.6 Svと見積もられている．

　一方，太平洋側からもベーリング海峡を経て，北極海に水塊が流入している．太平洋側は，北極海そして大西洋と比較して海面水位が高い．そのため平均的な流れとして，太平洋側から北極海に向かって北向きの流れとなる．その流入量は観測結果から年平均で約0.8 Svと見積もられる．夏季に最大となり，北極海側に熱や淡水とともに栄養分などを供給している．このベーリング海峡から北極海に入ってくる流量や熱流量は，最近の温暖化に伴って増加傾向にあるといわれている．

　北極海からの水塊の流出については，先述のフラム海峡の他に，カナダ多島海からデービス海峡を経て，ラブラドル海に達する流れがある．この流れは，フラム海峡からグリーンランド海を経て大西洋に至る流れとともに，北極海から大西洋に淡水を輸送する重要な経路となっている．デービス海峡を横切る流出量は，約2.3 Svと見積もられている．ちなみに上に記した北極海の流入出量の

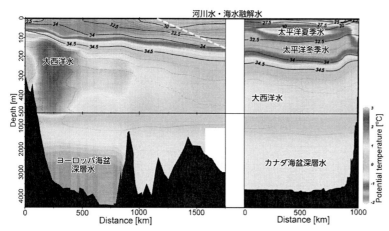

図2.29 2009年のカナダ・ドイツ砕氷船航海で得られた北極海のポテンシャル水温（グラデーション）と塩分（等値線）の断面図．左側が大西洋側で，右側が太平洋側（カナダ海盆）．白点線は，太平洋水と大西洋水の境界を示している．➡カラー口絵

見積もりには，さまざまな理由から大きな誤差が含まれているため，その総和が0にはなっていない．北極海の熱収支や淡水収支を考えていく上でもより正確な見積もりが必要とされている．

このような北極海と太平洋や大西洋との間の水塊の流入出に加えて，シベリアや北米からの河川水の流入，海氷の生成・融解，降水と蒸発などの影響，大気との相互作用を受けて，北極海の成層構造（水塊が重なり合って，海水の密度が深さとともに増加していく様子）が決められる．2.1節の図2.5で示したように，北極海のような低温な海域では海水の重さの変化はおもに塩分の変化で引き起こされる．つまり，北極海では，他の大部分の海洋と異なり，その成層構造は水温の深さ方向の分布ではなく塩分の分布で決まる．図2.29は2009年にドイツおよびカナダ砕氷船航海で得られた水温と塩分の北極海横断断面を示す．この図に基づき，北極海の水塊分布の概略を示す．

北極海の表層には，河川水や海氷融解水がもととなっている低塩分の層ができる．北極海の表層塩分は他の海洋と比較してもきわめて低い．河川水の流入や海氷融解水が多くなる夏季には，陸棚域やカナダ海盆ボーフォート循環域の塩分は25以下になることもある．特に近年は北極海の貯淡水量（海水中に占める淡水（真水）の量）が増加傾向にあることが明らかになってきた．1992～2012年の20年間では，毎年600 km³の割合で北極海の貯淡水量が増加していた．その2/3は河川水や海氷融解水の増加により塩分が下がった影響，残りの1/3は塩分が低い層が厚くなった影響であることが明らかになった．

太平洋側北極海では，表層の低塩分水の下に太平洋夏季水と太平洋冬季水と呼ばれる水塊が広がっている．太平洋夏季水は，ベーリング海峡からチュクチ海を経て北極海海盆域に流入する．塩分が30～32程度となる深さに水温極大をもつ層であり，カナダ海盆域に広く分布している．カナダ海盆での観測結果から，貯淡水量の増加とともに，太平洋夏季水の水温も上昇傾向にあることがわかってきた．これはベーリング海峡からの流入水の水温上昇と，チャクチ海の海氷の早期後退に伴う太陽放射加熱の増加などが影響していると考えられる．太平洋冬季水は塩分33程度で水温極小となる層をつくる水塊で，冬季にチャクチ海において大気からの冷却や海氷生成の影響を受けて形成される．近年では温暖化に伴って海氷の生成時期が遅くなってきた影響で，海がより長い間大気にさらされる（冷やされる）状況になってきた．その結果，太平洋冬季水の水温が下がってきたとの報告がされている．温暖化に伴って，低温化する水塊があることは興味深い話である．

北極海の中層から下層に広がっている大西洋水は，海底地形に沿って北極海を反時計回りに循環している．北極海に流入した直後は+3℃以上あった大西洋水の水温は，北極海の中に進むにつれて徐々に低温化し，カナダ海盆域では+1℃以下になる．今世紀に入ってから大西洋側北極海の陸棚斜面域での継続的な国際共同観測が行われて

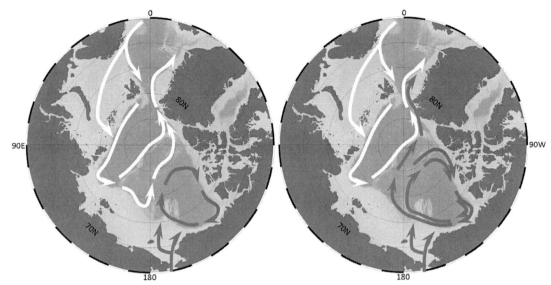

図2.30 （左）1990年代前半，（右）2000年代後半の北極海の海洋表層の循環の模式図．白矢印，灰色矢印がそれぞれ大西洋，太平洋からの水塊の流れを示す．

いる．その観測結果などから2000年代前半以降は大西洋水の水温が上昇傾向にあり，その水塊が北極海中央部に流れ込んでいることが明らかになってきた．このような北極海への海洋熱輸送の増加は，最近の海氷減少に影響を及ぼしていることが観測やモデルによる数値実験の結果からもわかる．さらには，大気-海氷-海洋間のさまざまなフィードバック過程がさらなる海氷減少を進めることも示唆している．

北極海の中央部においては，太平洋起源の水塊と大西洋起源の水塊の境界（図2.29の白点線）ができる．この境界は，おもに北極海上を吹く風の場によってその位置が大西洋側と太平洋側の間を変化する．たとえば，大西洋からの影響が強く現れた1990年代前半にはこの境界が太平洋側に深く侵入してきた（図2.30左図）が，2000年代後半にはボーフォート循環が強まって太平洋側の影響が北極海中央部に広がっていた（図2.30右図）．このような北極海の海洋循環の変化は，熱や淡水，物質の輸送にも影響している．

温暖化に伴う環境変化が最も顕著にみられる地域として，北極海は知られるようになってきた．しかしながら一方で，海氷分布が今後どのように変わり北極海環境がどのように変化するのかなどについて，定量的な議論や正確な将来予測を行うことはまだできていない．たとえば，海氷に覆われて太陽の光が当たらなくなる冬季から春季にかけての海洋観測データを得ることは今なお難しく，海氷の成長・融解に伴う詳細なプロセスが未知のままである．これら未解明のプロセスを明らかにし，将来の環境のより正確な予測に資するための国際共同観測プロジェクトが分野を超えて計画されており，新しい知見が得られることが期待できる．今後も，北極海環境の変化を注意深く監視し，その影響を理解することが，温暖化が進行する将来の正確な予測のためにも必要不可欠である．

〔菊地　隆〕

## 2.4 海面水位変化

### 2.4.1 海面水位はなぜ変化するのか

沿岸の平野部には，肥沃な土壌や海上交通の利便性などの理由により，人口や経済活動が集中している．世界の巨大都市の多くは沿岸域に位置し，現在も多くの社会インフラが建設されてい

## 2.4 海面水位変化

る．このため，地球温暖化に伴う海面水位上昇の問題は，人間の社会活動に大きな影響を及ぼす重大な関心事の1つである．特に，海抜の低い珊瑚礁の島々からなる国にとっては国の存亡にかかわる深刻な問題である．このような海面水位変動はさまざまな要因によって引き起こされている（図2.31）．

海洋の形が変わらないとすると，コップに入った水と同様に，地球平均の海面水位変化は地球の全海水の体積の増減によって決まる．海水の体積の総量を変化させる要因の1つは熱膨張による海水の密度変化である．20℃の海水が1℃上昇すると体積がおよそ0.025％膨張する．具体的には，海洋が深さ500mまで2℃温まるとすると，海面水位は25cm上昇することになる．もう1つの要因は，陸から海に水が注がれることによる海水量の増加である．陸域には，山岳氷河やグリーンランド，南極氷床など平均海面水位にしておよそ70mにも及ぶ厚い氷として水が蓄えられており，その量は積雪と氷の融解・流出の収支によって変化している．積雪の増加は海面水位の下降を引き起こし，氷の融解・流出は海面水位を上昇させる．同じ氷でも，北極海の海氷など海に浮いている氷が融けても，地球平均の海面水位変化にはほとんど寄与しない点は注意しなければいけない．さらに，海洋へ注ぐ水量の増加という点では地下水の汲み上げなども海面水位上昇の要因となる．より長い時間スケールを考えた場合，氷河性地殻均衡などによる海洋の地形の変化も考慮する必要がある．

さらに，人間社会への影響を考える上で，地球平均の海面水位上昇のみを議論していたのでは不十分である．なぜなら，海面水位は地球上どこでも同じではなく，その変化も場所によって異なるからである．一見，どこまで行っても平坦にみえる水面も，高いところから低いところまで，およそ2～3m程度の凹凸が存在する（図2.13）．南極の周辺で最も低く，北太平洋亜熱帯域の西部で高い海面水位の分布であることがわかる．このような海面水位の凹凸は，海上風速や，大気との熱や淡水の交換などによって作られる．特に海洋表層の流れの場やそれに伴う海面水位の分布などは海上風の分布に大きな影響を受けている．2.1.3項で述べたように，海上風が海面を擦る摩擦と地球の回転の効果により，海洋表層の海水は，北半球では風向きと直角右向き（南半球では左向き）に流れる．この風による海流により，海面水位の高い所と海面水位の低い所ができ，天気図の中の高気圧や低気圧と風の関係と同様に，海面の等高線に沿って流れができる（ただし，赤道付近では地球の回転の効果は効かないため，別の力学バランスを考える必要がある）．

このように，海上風と海面の凹凸や海流は密接な海洋力学のバランスで成り立っており，温暖化に伴って海上の風速場が変われば，海面水位の凹凸も変動することになる．たとえば，エルニーニョ現象が発生すると赤道上の東風（貿易風）が弱くなり，太平洋赤道域の東側の海面水位が高くなり，西部では反対に低くなる．1997～1998年のエルニーニョ現象発生時において，平年値と比較して海面水位は，東側で20cmを超える上昇，西側で10cm以上の低下が観測された．海上風の変動は，北太平洋の数十年規模変動，エルニーニョ現象，北大西洋振動などの大気と海洋の相互作用によって引き起こされるさまざまな時空間規模の気候変動の影響を受けている．温室効果ガスの排出による人為起源による海面水位変化を考える上では，これらの自然起源による気候変動の影響を正しく理解する必要がある．これらの温暖化に伴う海面水位変動は，非常にゆっくりで，我々が日頃目にする潮の満ち引きや，台風や低気圧の

**図2.31** 海面水位変化に影響を及ぼすさまざまな過程．

通過に伴う高潮などと比較すると直接感じることは難しい．このため，観測によって，注意深く監視していく必要がある．

### 2.4.2 現在までの海面水位変化

過去100万年間，地球の海面水位は，およそ10万年周期の氷期・間氷期のサイクルで，上昇と下降を繰り返してきた．古気候学の代替データによると，最終氷期の最盛期から現代に続く間氷期に移り変わる2万～1万年前における期間平均の海面水位上昇は1年当たり1cmであった．その後も地球平均の海面水位は緩やかに上昇を続け，およそ6000年前に現在の水準に達した．数千年前から19世紀にかけては，100年スケールでの水位変動の幅は25cmを超えておらず，比較的安定した時期であった．IPCC-AR5によれば，19世紀末から20世紀初頭において，海面水位上昇は過去2000年間の比較的小さな平均水位上昇率からより高い上昇率に移行した．近年の観測によれば，地球平均の海面水位は，1901～2010年に1年当たり1.7（1.5～1.9）mmの割合で上昇した（図2.32）．これは，1901年から現在までで世界の水位が19cm上昇した計算となる．海面水位の上昇率は近年増加し，1901～1990年の期間で1年当たり1.5（1.3～1.7）mmであったものが，1971～2010年の期間で1年当たり2.0（1.7～2.2）mm，衛星観測が開始された1993～2010年では，1年あたり3.2（2.8～3.6）mmとなり，1990年以前と比べおよそ2倍の値になっている（図2.33）．

この20世紀の海面水位上昇は，海洋の熱膨張と氷河の融解がおもな要因である．海洋の熱膨張は水温変化が関係しているので，過去の水温変化がわかれば，熱膨張による水位上昇を見積もることができる．Argoをはじめとする観測網の整備により世界中で測定された水温変化に基づいて計算された海洋の熱膨張は，1971年以降，1年当たり0.8（0.5～1.1）mmの海面水位上昇をもたらしたと報告された（IPCC-AR5）．一方，氷河や氷床の融解については，海洋の水温変化より観測す

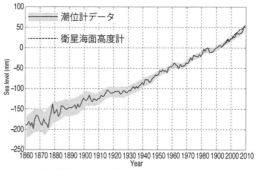

図2.32　沿岸潮位計（実線）と衛星海面高度計（破線）の観測に基づく地球平均海面水位．陰影部は不確実性（標準偏差）の範囲（Church and White, 2011）．

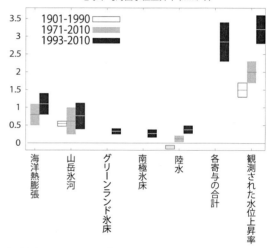

図2.33　要因ごとに見積もった地球海面水位上昇率への寄与と観測された地球平均海面水位上昇率（上下幅は90％の信頼区間を示す）（IPCC-AR5表13.1のデータより作成）．

ることが難しく，「氷床モデル」を用いて融解の速さが見積もられる．IPCC-AR5では，1971年以降の氷河の融解の効果は1年当たり0.62（0.25～1.0）mmと報告された．したがって，1971年以降の水位上昇の4割が海洋の水温上昇による熱膨張によってもたらされ，3割が氷河の融解によると考えることができる．一方で，1990年代までの氷床の変化は水位の上昇には働かない．これは，もともとグリーンランドや南極の氷床上は気温が低いため，地球温暖化による大気中の水蒸気増加の影響が降雪の増加をもたらしたためである．しかしながら，この20年間は，氷床の融解の効果がみえてきている．特に，2000年代に入

ると，GRACE（Gravity Recovery and Climate Experiment）と呼ばれる人工衛星による観測によって広い範囲で氷河やグリーンランドおよび南極氷床の質量変化が把握できるようになってきた．このような数値モデルや観測から，氷河・氷床の融解が1993年以降は1年当たり1.4 mmの水位上昇をもたらしたとの見積もりが得られた．この値は，同じ期間の熱膨張による水位上昇（1年当たり1.1（0.8～1.4）mm）を上回り，衛星観測による世界平均水位上昇（1年当たり3.2 mm）の5割近くが氷河・氷床の融解が原因ということになる．

2000年代に入って，世界平均の地上気温や海面水温の上昇が遅くなり，地球温暖化の進行がいったん遅くなった．しかしながら，図2.3.2にみられるように，世界平均の海面水位上昇の進行に変化がない．海洋熱膨張の観点からいえば，この間の海洋による大気からの熱の吸収は大きく変わっていないことになる．すなわち，海洋表層に蓄えられている熱の増加は依然として続いており，その意味では地球温暖化は着実に進行しているといえる．また，温暖化による気候変動とは直接関係がないが，人間の社会活動に伴う地下水の利用も海面水位上昇の一因となる．雨が降ったり雪が融けたりすると，その水は川から海へと流れ出る以外に，地面に浸み込み地下水として蓄えられる．人類は農業・工業・生活用水として地下水を利用し，本来地下水として貯えられるべき水を人為的に海に流している．これらの地下水には化石水と呼ばれるような数千年から数万年もかけて地中の地層に蓄えられてきた水も含まれている．最近の研究により，20世紀後半のこれらの陸水利用の効果は無視できないということが明らかになってきた．IPCC-AR5の評価によると，陸水利用の効果は1971年以降は1年当たり0.12（0.03～0.22）mm，1993年以降では1年当たり0.38（0.26～0.49）mmの上昇をもたらしている．

1993年に人工衛星による海面水位の観測が開始されると，海面水位分布の理解が大きく進んだ．1993～2009年にかけて海面水位分布の変化をみると，海面水位上昇の傾向は地域によって大きく異なり，場所によっては世界平均値と比べて，5倍もの海面水位上昇を示している（図2.13）．特に，太平洋の西部熱帯域では，1年当たり10 mmを超える海面水位上昇が観測されているのに対し，太平洋東部ではほとんど海面水位が上昇していない．この熱帯太平洋の東西の水位差は太平洋の貿易風（東風）が強まり，表層の暖かく密度の低い海水が海盆の西側に溜まることによって生じている．21世紀の温暖化予測モデルや，20世紀を通じた海洋観測などの結果では，このような傾向はみられておらず，この海面水位変化は太平洋でみられる数十年規模の変動，つまり気候の自然変動である可能性が高い．しかしながら，人為起源の温暖化が，数年から数十年規模の気候変動に影響を及ぼしていることも多くの研究から示唆されており，さらなる研究が必要である．

### 2.4.3 今後予測される海面水位変化

近年，世界平均海面水位は上昇を続けており，そのおもな原因は，地球温暖化に伴う水温の上昇や氷河・氷床の融解などである．したがって，これからの地球温暖化の進行の程度，すなわち，将来の温室効果気体排出量によって，将来の海面水温上昇量も変わる．しかしながら，将来の温室効果気体の排出量は，我々の世界の進む道によって大きく異なる．そこで，世界各国の研究機関では，将来の海面水位を予測するために，第1章と2.2節で述べた温室効果気体の排出量「シナリオ」に基づいて将来温室効果気体が排出されると仮定し，気候モデルを用いて実験を行っている．この実験結果は，IPCC-AR5でも利用され，世界中に公開された．以下では，その将来の温室効果気体の排出シナリオに基づいて計算された将来の水位予測をまとめる．

IPCC-AR5では，どのシナリオでも，世界平均海面水位は21世紀中も上昇すると予測されている．図2.34は，1986～2005年平均に対する2081～2100年平均の世界平均海面水位変化量を

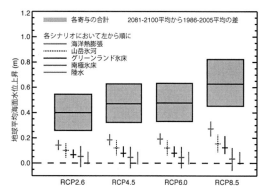

図2.34 温室効果ガス排出シナリオに基づいて予測された1986～2005年平均に対する2081～2100年平均の地球平均海面水位変化量．上下幅は5～95％の予測幅を表す．各シナリオにおいて左から順に海洋熱膨張，山岳氷河，グリーンランド氷床，南極氷床，陸水の寄与を示す（IPCC-AR5図13.10より改変）．

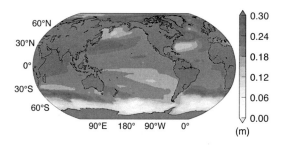

図2.35 温室効果ガス排出シナリオ（RCP4.5）に基づいて気候モデルで予測された1986～2005年平均に対する2081～2100年平均の地球平均海面水位変化．21個の気候モデルの平均を示す（氷河・氷床による水位変化は含まれていないことに注意）（IPCC-AR5図13.16a）．

示す．21世紀末までの平均海面水位上昇は，放射強制力が大きいシナリオほど大きく，RCP2.6では0.40（0.26～0.55）m，RCP8.5では0.63（0.45～0.82）mとなる．世界平均海面水位の上昇率は，どのシナリオでも，最近20年間の上昇率3.2 mm yr$^{-1}$より加速しており，その上昇率はRCP2.6では4.5 mm yr$^{-1}$，RCP8.5では11.1 mm yr$^{-1}$である．21世紀半ば（2046～2065年平均）までの予測では，RCP2.6では0.27 m，RCP8.6では0.30 mで，シナリオ間の差はそれほど大きくないが，RCP8.5では21世紀にかけても，水位上昇の加速が続いており，21世紀末には0.20 mを超える差になっている．この水位上昇に対する各要因の寄与は，どのシナリオにおいても海洋熱膨張の効果が最も大きく，全海面水位上昇の30～55％を占める．海洋の貯熱量は世界平均地上気温にほぼ比例して変化する．海洋熱膨張の次に大きな寄与をもつのが氷河の融解・損失と考えられている．RCP2.6では現存する氷河の15～55％（RCP8.5では35～85％）が2100年までに失われると予測されている．

グリーンランドや南極氷床の変化は，RCP2.6で，それぞれ0.06（0.04～0.10）m，0.05（-0.03～0.14）mの海面水位を上昇させる．RCP8.5では，それぞれ0.12（0.07～0.21）m，0.04（-0.06～0.12）mとなる．グリーンランドでは，表面で融解し

て海に流出する水量が降雪量よりも多くなる．また降雨や降雪が増加するが，気温の上昇とともに雨の占める割合が増加する．これらは，どちらも世界平均海面水位を上昇させることに働く．南極では，将来でも気温が低いため，氷床の表面で融けて海に流出する量は少ないと考えられている．そのかわり，氷床そのものが海洋に落ちることが世界平均海面水位を上昇させる最も大きな要因となる．2.3節でも述べたように海洋と氷床・棚氷の相互作用による氷床の流出過程の解明には，まだ多くの解決すべき問題が残っており，将来の海面水位変動予測を難しいものとしている．

次に，世界各国の研究機関で開発されている気候シミュレーションモデルを用いて予測した21世紀末までの海面水位分布の変化について説明する．これらの気候モデルでは，海面水位変化は2.2節で示した海面水温や塩分の変化と同様に強い地域性を示し，場所によっては世界平均の変化率から100％以上異なる（図2.35）．これらの偏差は数十年規模の自然起源の気候モードなどに関連し，大きな海面水位変動が赤道太平洋，インド洋，南大洋などで確認できる．さらに，北太平洋などでは，このような年々変動の振幅が温暖化の進行とともに増加することが予測されている．南極周辺では負の水位変化がみられるが，21世紀末までに，世界の海洋の95％において，海面水位上昇は正になる．これは温暖化により全球平均海面水位が大きく上昇しているためである．この上昇域においても海流の変化などを伴う海面水位変化の

凹凸が存在する．これらの海面水位分布の変化は風速場や大気圧の変化，海水の密度変化による力学バランスの変化に大きく依存している．1つの例として，北大西洋では，北大西洋海流の北側で大きな海面水位上昇，その南側で小さい海面水位上昇がみられる．この2極構造の海面水位変化は北大西洋海流の弱まりに相当している．北大西洋海流が暖かく高塩分の海水を極域へと運び，その下流で冷やされ海洋深層へと運ばれる．この海面水位変化は図2.20で示した北大西洋の熱塩循環の弱化と密接に関係している．さらにこれらの力学バランスの変化に伴い，北アメリカの東岸では世界平均値より大きな海面水位上昇が懸念されている．また，日本近海では偏西風の強化や亜熱帯モード水の高温・低塩分化による黒潮の南側の亜熱帯循環域の海面水位上昇や，日本海の海水温上昇に伴う水位上昇が指摘されている．

ここまで述べた海面水位分布の変動は2.1節で説明した海洋の力学応答に基づく変化である．しかしながら，現実の海面水位分布の変動を考える上では南極氷床やグリーンランド氷床，氷河などの陸水の流入，氷床が融けることで「重し」が取り除かれた格好になり沿岸地形が上昇する効果なども考慮する必要がある．また，沿岸域の海面水位変動は特に人間社会へ与える影響が大きくその評価は重要である．その水位上昇分布のピークは全球平均の海面水位上昇より数cm高めに予測されている．さらに，巨大ハリケーンや台風などの発生により，沿岸域において一時的には非常に大きな海面水位上昇が引き起こされる可能性も示唆されている．

より長い時間スケールでは，熱膨張や氷床融解に起因する海面水位上昇は数百年から1000年を超える時間スケールで継続するため，世界の平均気温が低下に転じない限り，22世紀以降も地球平均の海面水位が上昇し続ける．この上昇幅は将来の排出量に依存し，RCP2.6シナリオのように，二酸化炭素濃度を500 ppm未満に抑えた場合は，工業化以前と比べた2300年までの水位上昇は1 m未満，RCP8.5シナリオのように700 ppmは超えるが1500 ppmには満たない場合では1〜3 m以上の海面水位上昇が生じる．

海洋と氷床は，数千年の時間規模で気温上昇などの外部強制の変化に応答し続ける．IPCC-AR5では物理モデルや数百万年に及ぶ古気候データに基づいて，全球平均気温の1℃上昇に対して，数千年規模で1〜3 mの海面水位の上昇を見積もっている．このうち，海洋熱膨張の影響は0.42 m℃$^{-1}$，南極氷床の効果は1.2 m℃$^{-1}$とされた．グリーンランド氷床の効果は気温の上昇が大きくない場合は，0.18 m℃$^{-1}$と他の2つの効果と比べて小さいが，全球平均気温の上昇が産業革命以前の気温の上昇である0.8〜2.2℃を超えた場合，平均海面水位上昇およそ6 mぶんにも及ぶ氷床の急激な崩壊も示唆されておりけっして無視することはできない．これらの予測結果は，人間社会は長期にわたりこの問題に向き合わなければならないことを示唆している．

〔鈴木立郎・安田珠幾〕

## 第2章のポイント

### 2.1
- 海は地球表面の7割を占め，膨大な熱や物質を蓄え，輸送する．その変化を適切に観測することは，気候変動の理解に不可欠である．
- 海洋は成層構造をしており，低緯度から高緯度に向かって温度の低くなる各緯度の海面から，その重さに応じた深さに海水が沈み込んでいる．このため，地球の温暖化に伴う過剰な熱は，海面からの拡散で下層に伝わるだけでなく，海水の沈み込みによっても各深さに運ばれる．
- XBTやArgoフロートなどにより，海洋表層全体の温度上昇と温度成層の強化が観測されており，1970年からの40年間の深さ700mまでの貯熱量の増加率はおよそ10億キロワットである．

- 南極底層水などの深層でも温度上昇が観測されている．
- 海面付近の塩分変化も熱と同じように，海洋内部へ運ばれる．このため，海洋内部の塩分変化は，海面での淡水のやり取りを反映している．
- 観測された塩分分布の変化は地球温暖化に伴う水循環の強化の重要な証拠の一つである．
- 風成循環は，海上風によって引き起こされる深さ1000m程度までの大規模な水平循環である．海面の風応力が直接及ぶエクマン層の深さは数10m程度であるが，エクマン層内の水の輸送によってできる海面の凹凸による圧力勾配の影響はより深い領域まで及び，風成循環を駆動する．
- 風成循環は10年以上の時間スケールの自然変動の影響を強く受けており，地球温暖化による変化と自然変動による変化を区別するには，観測データのさらなる蓄積が必要である．
- 深層循環は，南極周辺や北大西洋北部などの限られた場所で，表層水が強く冷却された冷たく重い水が沈みこむことによって形成される深層水で駆動される循環である．
- 長期変動に関する確かな知見を得るために継続的な観測が必要である．

## 2.2
- 将来の予測には，地球温暖化と気候の自然変動が含まれ，それぞれの現象においてシナリオの違いと気候モデルの違いが現れる．気候の自然変動の幅とタイミングを予測することは非常に難しい．
- 現在の気候モデルは中規模渦などの海の循環を考える上で重要な現象を十分表現できていないため，予測に限界がある．
- 場所により上昇の幅に差があるが，ほぼ全ての海域で海面水温の上昇が予測されている．海の上層1000mまでの平均水温は今世紀終わりまでに0.5℃(RCP2.6)から1.5℃(RCP8.5)上昇する．
- 深層の水温は南大洋で上昇が大きく北半球中高緯度で低下が見られる．
- 海面塩分分布の予測は観測の傾向と一致するが，モデル間のばらつきが大きい．
- 風成循環の予測結果は観測と同様の傾向が見られるが，自然変動の幅，モデル間のバラツキの幅と比較して十分大きいとは言えない．
- 多くの気候モデルで深層水の形成域である高緯度の気温上昇と降水の増加が予測されており，21世紀の終わりにかけて，北大西洋子午面循環が弱化する．

## 2.3
- 南大洋は，大西洋，太平洋，インド洋の三大洋をつなぎ，陸に妨げられずに地球を周回できる唯一の大洋であり，東向きに流れる南極周極流で特徴付けられる．
- 北大西洋深層水に起源をもつ周極深層水など様々な海域の水が互いに混じり合うことで，特徴的な水塊分布が形成されている．
- 長期的な観測から，南極周極流域で暖水化，低塩化している．
- 西南極氷床における淡水流出が加速している．
- 近年，南極の海氷面積は増加傾向だが，場所によって大きく異なる．
- 国際協力による観測網の構築が始まった．
- 北極海は地球温暖化の影響が顕著な海域の1つ．北極域の気温は他の地域に比べて2倍以上も上昇している．
- 人工衛星による観測で，海氷面積は減少傾向にある．特に，夏季最小海氷面積は近年急激に減少している．
- 表層の河川水や海氷融解水起源の低塩分層の貯淡水量が増加傾向にある．
- 北極海への海洋熱輸送が増加し，中層の北大西洋起源の高塩分水の水温が上昇傾向にある．

## 2.4
- 地球平均の海面水位は，全海洋の体積と海盆の大きさで決まる．
- 海面水位分布は力学的バランスで決まる．
- 数千年前から19世紀までの100年スケールの水位変動の幅は25cm未満で比較的安定していた．
- 1901～2010年の地球平均の海面水位上昇率は1年あたり1.7mmで，衛星観測が始まった1993年以降では1年あたり3.2mmとなった．
- 21世紀の地球平均の海面水位上昇率は現在観測されている値よりも増加する．その際、熱膨張の効果が最も大きい．
- 温暖化による力学バランスの変化による海面水位分布の変化率は，場所によっては地球平均の値より大きい．
- 熱膨張や氷床融解に起因する水位上昇は数百年から千年を超えるスケールで継続する．

## コラム1　オホーツク海の変化

　オホーツク海は本格的な海氷域としては北半球の南限である．それは，北半球の寒極（最も寒い地域）がオホーツク海の風上にあることによる．オホーツク海の風上にあるロシアの町オイミャコンが北半球の最低気温（約−71℃）を記録している．秋季から冬季この寒極からの厳しい寒気がオホーツク海上に季節風として吹き込み，海を強力に冷却することが海氷域の南限となっている一番の要因となっている．北極や北半球の高緯度域は特に温暖化が顕著な場所であり（2.3.2項参照），オホーツク海もその例外ではない．その海氷面積は，人工衛星により正確な観測が可能になった1970年代から，この40年弱で約30％減少している（図2.36の灰色線）．オホーツク海の海氷の広がりは，寒極であるその風上での地上気温（図2.36の黒線）とよく対応（負の相関）しており，この気温は50年で約2.0℃，全球平均の約3倍の速度で上昇している．この気温と海氷面積の高い相関も含めて推定すると，海氷面積の減少傾向は50〜100年スケールで生じていたと考えられる．

　海氷の生成やその変動は，海洋の循環にも大きな影響を与える．海氷ができるときには，塩分の一部しか氷に残らないので，冷たくて重い高塩分水がはき出される．オホーツク海の北西部には北半球で最も大量に海氷がつくられる場所があり，そこで北太平洋で（表面でつくられる海水としては）一番重い水が生成されている．この重い水はオホーツク海中層に潜り込んで，さらには北太平洋中層（200〜800m）全域に広がっていき，北太平洋規模の鉛直循環（上下方向の循環）をつくっている．オホーツク海は，大気と接した水を北太平洋中層水を含めた北太平洋の中層全域に供給している場所ともいえる．温暖化はこのような循環にも影響を与えているのであろうか？

　図2.37は，北太平洋中層でこの50年間に水温がどれだけ変化したかを示したものである．この図からは，オホーツク海を含め北太平洋の中層では水温がおおむね上昇していること，昇温が一番大きいのがオホーツク海であること，がわかる．この図には加速度ポテンシャルという流線に相当するものも示している（点線）．図2.37からは，オホーツク海を起点にして昇温のシグナルが亜寒帯域での反時計回りの循環（図2.9参照）に沿って広がっていることもわかる．つまり，オホーツク海で冷たい水の潜り込みが弱まったことが，北太平洋に及ぶ鉛直循環をも弱めていることを示唆している．海水の鉛直循環が弱まると，生物生産に不可欠な栄養分である鉄等の物質の循環にまで，北太平洋規模で影響が出てくる可能性もある．

〔大島慶一郎〕

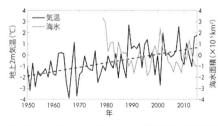

**図2.36**　オホーツク海の2月の海氷面積（灰色線）とその風上の地上気温（黒線）の年々変動．偏差（平均からのずれ）で示している．地上気温は，北緯50〜65°，東経110〜140°の領域での10〜3月の平均．黒破線は気温偏差の線形トレンド成分（Nakanowatari *et al.*, 2007 より加筆・修正）．

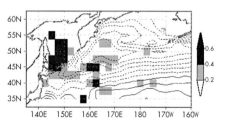

**図2.37**　北太平洋およびオホーツク海の中層水温のこの50年の変化．中層の密度面27.0$\sigma_\theta$（水深約300〜500mの層）で，この50年間に水温が何度上昇したかを示す．点線は加速度ポテンシャル（Nakanowatari *et al.*, 2007 より加筆・修正）．

# 3

# 海の物質循環の変化

　炭素，窒素，酸素などの元素を含むさまざまな化合物は，生物活動や化学反応によって変質しながら地球上を循環し，二酸化炭素などの温室効果気体や雲の発生にかかわるエアロゾルにも形を変えることで，気候の形成に深くかかわっている．

　本章では，海におけるそうした物質の循環や，その大気成分とのかかわりに焦点を当て，人間活動によって引き起こされている近年の変化について，基本的な事柄や最新の知見を紹介する．

## 3.1　海の炭素循環

 **生物活動と物質循環**

　生物の体は，タンパク質，脂質，糖質など，さまざまな化合物からつくられている．それらの多くは，炭素，水素，酸素，窒素，リンなどからなる有機物である．有機物は，基礎生産者や一次生産者と呼ばれる陸の植物，海の植物プランクトン，海藻などが，太陽光をエネルギー源として二酸化炭素（$CO_2$），水，栄養素から合成したものであり，食物網を通じて高次生産者の動物や分解者の微生物に供給されてゆく．そして生物たちは，酸素を使って有機物を燃焼させる呼吸によって有機物に蓄えられた化学エネルギーを取り出し，成長や活動のエネルギー源としている．

　一方，基礎生産者の光合成や生物群集の呼吸によって，大気中の$CO_2$や海水中の炭酸物質の濃度は著しく変化している（3.3.1項）．そうした変化は，氷期・間氷期を繰り返した過去数十万年や，さらに長い年月のなかで，地球の気候に大きな影響を及ぼしてきた．また，海水中では，基礎生産に必要な硝酸やリン酸などの栄養塩類の濃度，呼吸に使われる酸素の濃度，そして海水の酸性度も，生物活動に伴って顕著に変化している（3.2節，3.3.3項）．このように，炭素は，生物の活動，地球の気候，他の元素の循環とかかわりながら，地球表層の生物圏内を活発に循環しているのである．

 **生物ポンプ**

　海は炭素の巨大なリザーバー（貯蔵庫）である．海には全体でおよそ3万9000 Pg（ペタグラム：1 Pg ＝10億 t）もの炭素が蓄えられており，そのほとんどが酸化物の炭酸物質である（図3.1）．そのなかで，おもに海の表層に生息する生物がもつ炭素の総量は，すべて合わせてもたかだか3 PgCほどに過ぎない．しかし，そのなかの植物プランクトンは年に50 PgCの炭酸物質を光合成で有機物に変え，海の生態系を支えるとともに，海の表層にある900 PgCの炭酸物質の分布に，大きな影響を及ぼしている．

　植物プランクトンが生産する年に50 PgCの有機物のうち，70%以上にあたる37 PgCは，細菌から大型動物までを含む生物群集が呼吸によって消費し，海の表層で炭酸物質に戻る．しかし，11 PgCは糞粒や懸濁物などの形でマリンスノーとなって海の下層に沈んでいった後，やがて細菌呼吸によって炭酸物質に戻る．また，2 PgCは，ろ紙を通り抜ける溶存態の有機物として，海水の物理循環によってやはり下層に運ばれてゆく．下

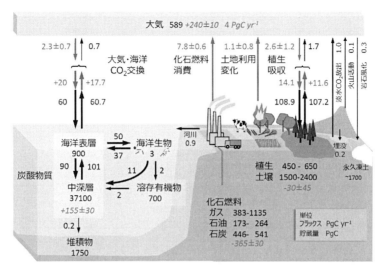

**図3.1** 地球表層の炭素循環の模式図（2000〜2009）．（IPCC-AR5に基づいて作成）．

層に運ばれた溶存有機物は，生物の体をつくっていた有機物が分解されていく過程で生成したさまざまな有機物からなると考えられるが，その組成はよくわかっていない．しかし，細菌に分解されにくいために，全体でおよそ700 PgCが蓄積している．この量は炭酸物質の総量の1/50にも満たないが，大気中の$CO_2$の炭素総量に匹敵するほどの量である．

海の表層で植物プランクトンが炭酸物質から生産し，生態系の中で変質した有機物は，下層に運ばれた後に分解されて炭酸物質に戻る．このため，全炭酸濃度は表層で低く，下層で高くなる．このように生物活動が，有機物の生産を通じて表層から下層に炭酸物質を運ぶ働きを「生物ポンプ」と呼ぶ．生物ポンプは，表層の炭酸物質の濃度を下げるとともにpHを上げることで表層の$CO_2$分圧を下げ，大気から海により多くの$CO_2$を溶け込ませる効果がある（3.3.1項）．

### 3.1.3 人為的に排出された二酸化炭素のゆくえ

$CO_2$は海と大気の間や大気と陸の植生の間を活発に行き来している．20世紀中頃に行われた多くの大気圏核実験で大気中に放出された放射性炭素の動きから，18世紀に産業革命が起きる前の，つまり人類が石炭や石油などの化石燃料の使用や森林破壊によって大量の$CO_2$を人為的に排出する前の自然状態では，海と大気の間を年に60 PgCの$CO_2$が行き来していたと推定されている．その当時，大気中の$CO_2$濃度はおよそ280 ppmで，大気には全体で589 PgCの$CO_2$があった．したがって，単純計算では，大気中の$CO_2$は10年ほどで海の$CO_2$と入れ替わっていたことになる．

産業革命後に人為的な排出によって増えている$CO_2$の多くも，こうした海と大気の活発な$CO_2$交換によって海に吸収されている．2000〜2009年の10年間に人為的に排出された$CO_2$は，平均して年に8.9 PgCと推計されている．このうち，大気中に残っているのはその45％に相当する4 PgCであり，残りの4.9 PgCは海と森林など陸の植生に吸収された．海と陸の植生にそれぞれ$CO_2$がどれだけ吸収されたかを分別して評価することは容易でないが，今のところ，海が年に2.3 PgC（26％）を吸収し，陸の植生が残りの2.6 PgC（29％）を吸収したと推定されている．森林破壊などによって陸の植生からは1.1 PgCの$CO_2$が放出されていると推定されているので，陸の植生の正味の$CO_2$吸収量は年に2.6 − 1.1 = 1.5 PgCとなる．したがって，海は陸の植生よりも強い$CO_2$吸収源ということができる．

このことは産業革命後に海が吸収した$CO_2$の

# 3 海の物質循環の変化

総量にも当てはまる．産業革命の後，化石燃料の燃焼によって排出された$CO_2$の総量は365 PgCにものぼると推定されているが，大気中の$CO_2$濃度を近年およそ400 ppmまで増加させて地球温暖化を引き起こしているのは，その66%に相当する240 PgCである．では残りの125 PgCのうち，海にはどれほど吸収されただろうか？ 世界の海洋研究者たちが協力して，おもに1990年代から世界の海の表層から深海底付近まで，精密な海洋観測を行っている．そうした観測のデータから，産業革命後に海に蓄積された$CO_2$は，2009年までに全体で155 PgCに上ると推定されている．これは上に述べた125 PgCを30 PgCも超えている．このことは，産業革命後に陸の植生から30 PgCの$CO_2$が大気に排出されたことを意味する．近年は陸の植生も全体では$CO_2$を吸収しているが，産業革命後の工業化の時代は森林破壊の時代でもあり，陸の植生は$CO_2$の排出源だったのである．そこで，人為的に排出された$CO_2$の収支をあらためて計算すると，化石燃料消費と森林破壊によって排出された合計 365 + 30 = 395 PgCの$CO_2$のうち，39%の155 PgCが海に吸収されたことになる．すなわち，海は地球温暖化によって地球表層に増えた熱量の90%を貯めるとともに，排出された$CO_2$の39%を吸収することで，地球温暖化の進行を和らげる大きな役割を担っているのである．

しかし，$CO_2$，すなわち炭酸ガスを吸収した代償として，海では海水の酸性化が進んでいる．海洋酸性化は，生態系にとって大きな脅威であり，食糧などの生活基盤を海のサービスに依存する人間社会にとっても，大きな脅威である．海洋酸性化については，3.3.1項と3.3.3項でそれぞれ物理化学的な原理とその状況を，そして第4章でその影響について，最新の知見を紹介する．

人間活動が炭素循環に及ぼす影響については，河川から海に流入する炭素量の変化にも注目しておかなければならない．河川から海への炭素流入量は，年に0.85 PgCと推定されている．これは，地球表層の$CO_2$収支のなかで，必ずしも大きいとはいえないが，人口が集中する沿岸部での人間活動によって，炭素やその他の物質の収支は大きく変化しており，海の沿岸域に大きな影響を及ぼしつつあると考えられる（3.3.4項）．　〔石井雅男〕

## 3.2 海の貧酸素化

### 3.2.1 外洋域の貧酸素化

海水には酸素が溶けている．いうまでもなく，海中に棲む生物のほとんどはこの酸素を使って呼吸し，酸素が豊富な環境に適応して生活している．しかし今，「海の温暖化」のために多くの海域で海水中の酸素が減る傾向にある．この節では，この酸素の減少，すなわち貧酸素化（deoxygenation）について紹介する．

太平洋のような外洋域で，海水に溶けている酸素（溶存酸素）の濃度が深さ方向にどう変化しているかをみると，一般に海面付近で最も高く，中層で低く，深層でまた少し高くなる（図3.2の太実線）．海面付近で溶存酸素の濃度が高い理由は，海面付近では，大気との気体交換によって溶存酸素の濃度がほぼ飽和濃度になるからである．酸素の飽和濃度（溶解度）は，海水温によってほぼ決まる．一般に水温が低いほど気体は水に溶けやすく，水温が高いほど溶けにくい．そのため，図3.3(a)に示すように，海面付近の溶存酸素濃度は温暖な熱帯域ではおよそ200 $\mu mol\ kg^{-1}$ほどだが，寒冷な極域では300 $\mu mol\ kg^{-1}$を超えるほど高くなる[*1]．海面付近の混合層（風などによって上下に均一に混ぜられた層）の中で溶存酸素濃度を増やす要因として，ほかに植物プランクトンの光合

---

[*1] 「1 $\mu mol\ kg^{-1}$」は海水1 kgに溶質が1マイクロモル（マイクロは100万分の1）溶けていることを示す．海洋学では，物質の濃度を正確に表記するとき，このように海水1 kgに溶けている溶質の濃度で表す．体積は水温や水圧（深度）によって変化するため，容量モル濃度を使うと不都合があるためである．

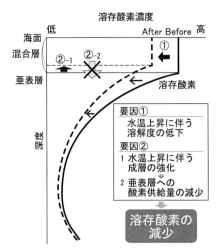

**図3.2** 一般的な溶存酸素の鉛直分布とおもな減少要因の模式図．実線が水温上昇前，点線が水温上昇後を示す．

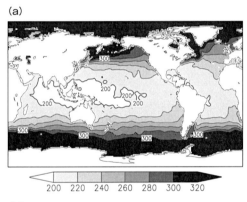

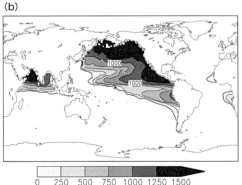

**図3.3** (a)海洋表面における年平均溶存酸素濃度（単位：$\mu$mol kg$^{-1}$）と (b)酸素極小層（$< 60\, \mu$mol kg$^{-1}$）の層厚（単位：m）の分布．（World Ocean Atlas 2013のデータをもとに作成）．

成がある．しかし，光合成によって海水中の酸素が過飽和になっても，海と大気の間の酸素交換が速いために，過飽和分の酸素が大気に放出され，海水中の溶存酸素は飽和濃度に戻りやすい．

　太陽光が届く海面近くで光合成によって生産され，生物の体の一部となった有機物は，やがて糞粒や懸濁物などの形でマリンスノーとなって下層に沈んでいく．混合層より下で深くなるほど溶存酸素の濃度が低くなる理由は，細菌（バクテリア）がそうした有機物を利用して呼吸し，酸素を消費するからである．したがって，定性的には，海面で大気との接触を絶ってから長い時間が経った深い層の「古い」海水ほど，細菌呼吸で多くの酸素が消費されるために，溶存酸素濃度がその飽和濃度に比べて低くなっている．ところがさらに深い層では，北大西洋の北部や南大洋の表面付近で冷やされて溶存酸素を多く含み，しかも密度が高くなって深層に沈んだ海水が，比較的「新しい」状態のまま水平的に流れ込んでくる．このため，溶存酸素の濃度は深層でまた少し高くなり，中層で最も低くなる．中層で特に濃度が低い層を酸素極小層と呼ぶ．溶存酸素濃度が $60\, \mu$mol kg$^{-1}$ 未満に下がった酸素極小層は北太平洋に広く分布している（図3.3(b)）．南太平洋のペルー沖やインド洋北西部のアラビア海などでは，溶存酸素濃度が $5\, \mu$mol kg$^{-1}$ を下回って無酸素状態に近い酸素極小層も見つかっている．

　このように，溶存酸素の濃度は，さまざまな自然要因で変化している．それと同時に，地球温暖化のために，溶存酸素が長期的に減少する傾向にあることも観測からわかってきている．それが貧酸素化である．IPCC-AR5によれば，南緯50°から北緯50°の海域では水深300mの亜表層で，溶存酸素の濃度が1960〜2010年の50年間に平均して10年当たり $0.63\, \mu$mol kg$^{-1}$ の速さで減少した．また，熱帯域では，最近の数十年間に酸素極小層の厚みが増した可能性も指摘されている．

　外洋域で貧酸素化が進んでいるのはなぜだろうか．その原因として，おもに次の2つが考えられる（図3.2の太点線）．第一の原因は「溶解度の低下」である．上に述べたように，海面付近では，溶存酸素濃度がおもに酸素の溶解度で決まっている．地球温暖化によって水温が上がれば酸素の溶

解度が下がるので，溶存酸素濃度も下がる．第二の原因は「成層の強化」である．表層の混合層の水温が上がると，混合層とその下層の間の水温差が広がる．そのため密度差が大きくなって成層状態が強まり，海水が上下に混合しにくくなる．海面付近の表層海水は溶存酸素を比較的豊富に含んでいるので，表層と亜表層の混合が弱まれば，亜表層では溶存酸素濃度が下がる．別の言い方をすれば，海の温暖化によって成層が強まったために，亜表層の海水が淀んで「古く」なり，溶存酸素の濃度が下がったのである．

北太平洋で溶存酸素の濃度が長期的に減少している原因はほかにもある．

オホーツク海では，温暖化によって冬につくられる海氷の量が長期的に減る傾向にあり，海氷ができる時に起きる海水の上下混合が弱まっている．そのため，中層では溶存酸素が減っている（コラム1「オホーツク海の変化」参照）．オホーツク海の中層水は千島列島の海峡を通って親潮に合流し，その後，北太平洋の中層に広がってゆくことで，北太平洋中層への溶存酸素の供給に大きな役割を果たしている．このため，オホーツク海の海氷形成の長期的な減少が，北太平洋の中層で観測されている溶存酸素の減少を引き起こしている可能性が高い．北太平洋の貧酸素化は，人間活動による「海の温暖化」が引き起こしている現象らしいのである．

### 3.2.2 沿岸域の貧酸素化

人間の居住域に近い沿岸域や河口域では，外洋域にも増して貧酸素化が深刻な問題になっている．1960年代以降，特に米国やヨーロッパの沿岸域では，貧酸素水塊の発生件数が増えている．日本でも東京湾や大阪湾などの内湾で，青潮に代表される貧酸素水が引き起こした生物の大量死の問題を耳にしたことがあるだろう．これらの貧酸素化は，農業排水や下水の流入による海水の富栄養化が原因である．海水が富栄養化すると，植物プランクトンが大量に繁殖し，有機物が多く生産される．その結果，海底近くでは有機物の分解量が増えて酸素の消費量が増え，貧酸素状態になるのである．また，外洋域と同じように，地球温暖化による水温上昇によって，沿岸域でも貧酸素化に拍車がかかる可能性は十分にある．

風の変化が，沿岸域で貧酸素化を引き起こしている例もある．米国西海岸のオレゴン州沿岸では，過去50年間に前例のない貧酸素水塊が2002年頃から現れるようになった．そして，2006年には無酸素水塊も見つかった．米国の西海岸では，もともと地形と風の影響で，夏に外洋の深層にある低酸素水が沿岸域の表層付近まで湧昇している．この貧酸素化は，その沿岸湧昇が強まったことが原因と考えられている．

### 3.2.3 貧酸素化の影響

貧酸素化は，海の環境にどんな影響を及ぼすだろうか．第一に考えられるのが，生物や生態系への影響である．いうまでもなく，ほとんどの動物が呼吸して生きていく上で，酸素は不可欠である．生物種によって閾値は異なるが，典型的には溶存酸素濃度が $60\,\mu\mathrm{mol\,kg^{-1}}$ 未満になると，大型の生物（魚類や甲殻類など）の生存に支障が出るとされている．上に述べたように，実際に沿岸域では酸素濃度が低いために生物が生息できない「デッドゾーン」が拡大しており，海の生態系を脅かしている．また，貧酸素化は「水温上昇」や「海洋酸性化」と同時に起きるケースがほとんどである．これらは，海の生態系に対する三大ストレスと呼ばれ，これらの負の相乗効果によって，海の生態系にいっそう悪い影響の出ることが懸念される．

このほか，酸素極小層の拡大は，海の物質循環にも影響を及ぼすと考えられている．一例として栄養塩循環の変化がある．溶存酸素濃度が低い水塊では，脱窒が起きることが知られている．脱窒とは，硝酸イオンを窒素分子に還元する細菌の作用である．酸素極小層が拡大すると脱窒が促進されて，海の窒素循環に影響が出る可能性がある．

また，脱窒では一酸化二窒素（$N_2O$）が副産物として生成される．$N_2O$の大気中の濃度は0.33 ppmほどで，$CO_2$の濃度（およそ400 ppm）に比べればはるかに低いが，1分子あたりの温室効果が高いために，脱窒の増加は地球温暖化を加速させるおそれがある．

### 3.2.4 貧酸素化の今後の動向

海の溶存酸素濃度は，今後，どう変化していくのだろうか．IPCC-AR5では，スーパーコンピュータを使った数値シミュレーションの結果から，「海の温暖化」によって貧酸素化がいっそう進む可能性を指摘している．貧酸素化の動向はシミュレーションに使う温暖化のシナリオによって異なる．しかし，溶存酸素の濃度は海面から海底まで，海全体の平均値として，今世紀末までに今の濃度に比べて1.5〜4％（濃度に換算して2.5〜6.5 $\mu$mol kg$^{-1}$）減ると予測されている（図3.4）．特に北大西洋，北太平洋，そして南大洋の中層（200〜400 m）から深層では，溶存酸素濃度が20

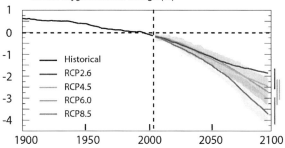

図3.4 1990年代を基準にした溶存酸素濃度の2100年までの変化（IPCC-AR5の図6.30a：CMIP3地球システムモデルのRCPシナリオシミュレーションによる）．実線は複数のモデル実験の平均値，陰影は数値の幅を示す．➡カラー口絵

〜100 $\mu$mol kg$^{-1}$も減ると予測されている．その原因は，これまでの貧酸素化の原因と同じく，水温上昇による溶解度の低下と成層強化による海の内部への酸素供給の減少（深層水形成の弱化を含む）である．酸素極小層が拡大するかどうかの将来予測にはまだ大きな不確かさがあるが，今後も拡大し続ける可能性が高いと考えられている．

〔笹野大輔〕

## 3.3 二酸化炭素を吸収する海

### 3.3.1 二酸化炭素の溶液化学

#### a. 海水はしょっぱい重曹水

3.2節で述べた酸素は，海水中でも酸素分子（$O_2$）の形を保ち，酸素分子が水分子と弱く結合した状態（水和した状態）で溶けている．これに対して，二酸化炭素（$CO_2$）が海水に溶けると水和した$CO_2$のほかに，炭酸（$H_2CO_3$），炭酸水素イオン（$HCO_3^-$），炭酸イオン（$CO_3^{2-}$）といったさまざまな分子やイオン（化学種）に変化する．これらの化学種を総称して炭酸物質と呼び，濃度の和を全炭酸濃度と呼ぶ．家庭などで調理や掃除に使う重曹（重炭酸ソーダ）は炭酸水素ナトリウムの別名で，これも炭酸物質の1つである．

海水には1 kgあたりにおよそ0.002 mol（2000 $\mu$mol）の炭酸物質が溶けており，そのおよそ90％は炭酸水素イオンである．0.002 molの炭酸水素ナトリウムは，重さに換算するとおよそ0.17 gなので，海水1 kgには小さじ1杯ほどの炭酸水素ナトリウムが溶けていることになる．塩の主成分の塩化ナトリウムが海水1 kgにおよそ35 gも溶けていることに比べれば，炭酸水素ナトリウムの濃さはその1/200ほどに過ぎないが，海水は「しょっぱい重曹水」といえるだろう．

#### b. 炭酸系

$CO_2$が海水（水溶液）に溶けると，一部は水分子と化学反応して炭酸になり，さらに炭酸から水素イオンが解離して，炭酸水素イオンや炭酸イオンに変化する．

$$CO_2(g) \rightleftarrows CO_2(aq)$$
$$CO_2(aq) + H_2O(l) \rightleftarrows H_2CO_3(aq)$$
$$H_2CO_3(aq) \rightleftarrows H^+(aq) + HCO_3^-(aq)$$

$$HCO_3^-(aq) \rightleftarrows H^+(aq) + CO_3^{2-}(aq)$$
$$Ca^{2+}(aq) + CO_3^{2-}(aq) \rightleftarrows CaCO_3(s)$$

ここで(g)，(l)，(aq)，(s)はそれぞれ気体，液体，水溶液，固体の状態を表す．これらの反応は両方向に可逆的に起こり，水溶液中ではそれぞれの炭酸物質の濃度は平衡状態を保っている．このような炭酸物質の化学平衡系を炭酸系と呼ぶ．

海水と空気の間の$CO_2$交換においても，時間が経てば$CO_2$は気液平衡状態に達するが，その交換は遅い．海水中の$CO_2$が大気中の$CO_2$に対して過飽和なのか未飽和なのかを定量的に調べるには，海水と，それに比べてわずかな量の空気をよく混合させて気液平衡の状態にさせ，そのときの空気中の$CO_2$濃度を測る．この$CO_2$濃度（空気中の$CO_2$のmol分率）に気圧をかけて圧力に換算したのが$CO_2$分圧（$pCO_2^{sw}$）である．$pCO_2^{sw}$が大気の$CO_2$分圧（大気の$CO_2$濃度の圧力換算値：$pCO_2^{air}$）よりも高いとき（$pCO_2^{sw} > pCO_2^{air}$のとき），海水は$CO_2$過飽和で，海水から大気に$CO_2$が放出されていく．反対に$pCO_2^{sw} < pCO_2^{air}$のとき，海水は$CO_2$未飽和で，大気から海水に$CO_2$が吸収されていく．ここで注意しておきたいことは，$pCO_2^{sw}$が海水中の$CO_2$(aq)の濃度に比例する量であって，全炭酸濃度に比例する量ではないことである．

サンゴや貝類などさまざまな石灰化生物が殻や骨格としてつくる石灰質，つまり炭酸カルシウム（$CaCO_3$）が，海水中でどれほど過飽和なのか未飽和なのかを定量的に評価するためには，海水中の炭酸カルシウム飽和度$\Omega$を求める．$\Omega$はカルシウムイオン（$Ca^{2+}$）の濃度と$CO_3^{2-}$の濃度に比例し，次の式で表される．

$$\Omega = \frac{[Ca^{2+}][CO_3^{2-}]}{K_{sp}}$$

[ ]はそれぞれのイオンの濃度を表す．$K_{sp}$は炭酸カルシウムの溶解度積である．生物がつくる炭酸カルシウムには，アラゴナイト（アラレ石）とカルサイト（方解石）の2種類がある．同じ条件でもアラゴナイトとカルサイトでは$K_{sp}$が異なるために$\Omega$も異なるが，$\Omega > 1$なら海水は炭酸カルシウムに関して過飽和になっている．生物は$\Omega$の値が大きいほど石灰質の殻や骨格をつくりやすい．反対に$\Omega < 1$なら，海水は炭酸カルシウムに関して未飽和で，生物は石灰質の殻や骨格をつくりにくい．

海水は弱い塩基（アルカリ）性で，pH（水素イオン濃度指数）はおよそ8である．海水は，強い塩基性の塩水に$CO_2$（炭酸）を加えてゆき，pHがおよそ8になるまで中和した溶液とみなすことができる．もとの強塩基性の塩水に含まれていた強塩基性物質の濃度に相当する量を全アルカリ度と呼ぶ．

海水中の炭酸物質の濃度組成は，海水のpHで決まる．pH8付近の弱塩基性では，上に述べたように全炭酸濃度のおよそ90％が$HCO_3^-$になっている（図3.5）．これに対して，海と大気の$CO_2$交換に重要な$pCO_2^{sw}$を決める$CO_2$(aq)と$H_2CO_3$の濃度の和は，1％ほどを占めるに過ぎない．また，$\Omega$にかかわる$CO_3^{2-}$は10％ほどである．

### c. 炭酸系の変化

炭酸物質はとても速い酸塩基反応によって異なる炭酸物質に変化しながら平衡状態を保っているので，個々の炭酸物質を単離して濃度を直接的に測ることはできない．そのかわり，全炭酸濃度，全アルカリ度，$CO_2$分圧，pHは測ることができ，水温と塩分のほかにこれら4つの測定項目のうち2つを測定すれば，それぞれの炭酸物質の濃度や，他の測定パラメータの数値を計算で求めることができる．

海と大気の$CO_2$交換や，海の生物の光合成・呼吸と石灰質の殻の形成・溶解は，炭酸系をどう変化させるだろうか？ 海が大気から$CO_2$を吸収したとき，全アルカリ度は変化しないが全炭酸濃度は増加して，$pCO_2^{sw}$も増加する（図3.6）．ただし，全炭酸濃度が1％増えたとき，$CO_2$分圧はおよそ10％も増える．$CO_2$が海水に溶け込むことでpHが下がり，炭酸系が変化して$CO_2$(aq)が10％増えるためである．同じ理由で，海水が大気から$CO_2$を吸収すると，$CO_3^{2-}$の濃度はむし

## 3.3 二酸化炭素を吸収する海

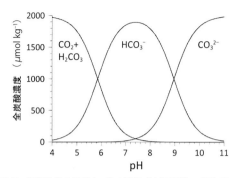

**図3.5** 炭酸物質の濃度とpHの関係（水温25℃，塩分35，全炭酸濃度2000 μmol kg$^{-1}$の場合）．

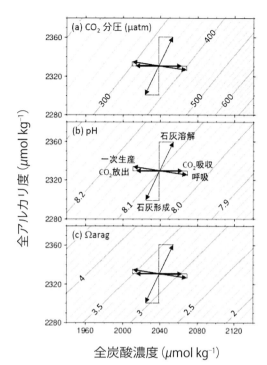

**図3.6** 全炭酸濃度や全アルカリ度の変化による(a) $p$CO$_2^{sw}$，(b) pH，(c) Ω（アラゴナイト）の変化（水温25℃，塩分35）．

ろ低下してΩも低下する．このことは，大気中のCO$_2$濃度の増加によって海水がCO$_2$を吸収すると，海水が酸性化してΩが小さくなることを意味する．生物活動によるCO$_2$の消費や放出も，炭酸系への影響は海と大気のCO$_2$交換の場合とほぼ同じである．ただし，このとき栄養塩である硝酸の消費や排出も同時に起きるために，全アルカリ度も少し変化する．

生物による石灰化が炭酸系に及ぼす影響は，これらとは大きく異なる．生物が石灰質の殻などをつくると海水中のCO$_3^{2-}$が減るので，全炭酸濃度が下がると同時に全アルカリ度も下がる．それらは1：2の比で下がるので，$p$CO$_2^{sw}$はむしろ上昇し，Ωは低下する（図3.6）．したがって，生物活動によって炭酸系がどう変化するかを考えるとき，光合成（有機物生産）と石灰化の比率の違いによって，結果は大きく変わる．

最後に，水温の変化が炭酸系にどんな影響を及ぼすかについても述べておこう．水温が変化しても，全炭酸濃度や全アルカリ度は変化しないが，CO$_2$の溶解度（CO$_2$(aq)）の濃度と$p$CO$_2^{sw}$の比）や炭酸系の平衡定数は変化する．そのため，水温が1℃下がると，$p$CO$_2^{sw}$はおよそ4％下がる．たとえば，亜熱帯域の南部にある水温28℃の表面海水が黒潮にのって日本近海に運ばれ，冬の冷たい季節風で冷やされて水温が20℃まで下がったとき，ほかには何も影響を受けなかったとすると，$p$CO$_2^{sw}$はおよそ100 μatmも下がり，海は大気からCO$_2$を吸収しやすくなる．実際に，亜熱帯域ではこうした水温の変化が$p$CO$_2^{sw}$の時間・空間変化に大きな効果をもっている．海の炭酸系の季節変化や年々変化は，生物活動や海と大気のCO$_2$交換による全炭酸濃度や全アルカリ度の変化のほかに，水温の変化が大きな原因になっているのが一般的である．

長期的な視点に立っていうと，海の温暖化によって水温が100年に数度上がることで，炭酸系も変化する．この変化は無視できない．しかしながら，その変化よりも，CO$_2$が海に蓄積されることで全炭酸濃度が増え，それによってpHが下がることで起きる炭酸系の変化のほうが，はるかに大きい．

〔石井雅男〕

 **海と大気の二酸化炭素交換**

### a. 海が決めるCO$_2$交換

海の表面では，大気から海へのCO$_2$吸収や，海から大気へのCO$_2$放出が絶え間なく起きている．こうした海のCO$_2$吸収・放出の大きさは，

海域や季節によって大きく変化している．しかし，地球上の炭素循環が自然状態にあった産業革命前の時代には，海への$CO_2$吸収と海からの$CO_2$放出が，全体ではほぼ釣り合っていたと考えられる[*2]．ところが産業革命が起きて大量の$CO_2$が人為的に排出されるようになると，このバランスが崩れて，海全体では大気から$CO_2$を吸収するようになった．海は大気から$CO_2$を吸収することで大気中の$CO_2$濃度の増加を鈍らせ，地球温暖化の進行を遅らせる役割を担うようになったのである（3.1節）．

海と大気の間の単位海面積当たりの$CO_2$吸収・放出速度を，$CO_2$フラックスと呼ぶ．風速の関数で表されるガス交換係数を$k$，$CO_2$の海水への溶解度を$K_0$，表層水の$CO_2$分圧と大気の$CO_2$分圧をそれぞれ$pCO_2^{sw}$と$pCO_2^{air}$，それらの分圧差を$\Delta pCO_2$とすると，$CO_2$フラックス（$f$）は次の式で表すことができる．

$$f = k \cdot K_0 \cdot (pCO_2^{sw} - pCO_2^{air})$$
$$= k \cdot K_0 \cdot \Delta pCO_2$$

この式からわかるように，$f$は$\Delta pCO_2$に比例する．$pCO_2^{sw}$は表層水の水温変化や，全炭酸濃度を変化させる生物の活動，それら両方を変化させる海水の混合など，海で起きているさまざまな現象によって時空間的に大きく変化する（3.3.1項）．一方，洋上の$pCO_2^{air}$の変化は比較的小さい．このため$CO_2$フラックスの分布は，おもに$pCO_2^{sw}$の分布で決まるといっても過言ではない．こうしたことから，海と大気の間の$CO_2$フラックスを海全体で評価するために，$pCO_2^{sw}$の時空間分布を評価することが求められている．

### b. $pCO_2^{sw}$の観測

昨今，海面付近の水温や植物プランクトンの色素濃度などは，人工衛星から観測できるようになった．しかし，$pCO_2^{sw}$は，今も船などで現場に行って観測することでしかデータを得ることができない．$pCO_2^{sw}$の観測は，1957年に米国スクリプス海洋学研究所のキーリング（Keeling）らが太平洋の東部で行って以来，世界各国の研究者たちがさまざまな海域で行ってきた．日本でも気象庁が観測船による定線観測（1983年～），国立環境研究所が商船による広域観測（1995年～）を継続的に行っている．こうした$pCO_2^{sw}$観測のデータは，国際的なデータベースに登録されて共有・公開され，$pCO_2^{sw}$の分布や変動の評価などに広く利用されている．たとえば2007年に発足したSOCAT（Surface Ocean $CO_2$ Atlas）では，各国の研究者たちが客観的な指針に基づいて測定したデータを収集し，品質を確認して，信頼性の高いデータをウェブサイト[*3]から提供している．SOCAT第3版（2015年9月公開）に収録された$pCO_2^{sw}$観測の月間頻度分布を図3.7に示す．この図からわかるように，北太平洋や北大西洋では$pCO_2^{sw}$観測が数多く行われてきた．しかし，南半球やインド洋では，一部の海域を除いて観測が断片的にしか行われていない．特に南太平洋の東部には，観測が一度も行われたことのないデータ空白域が広がっており，観測の拡充が望まれる．

### c. $pCO_2^{sw}$と$CO_2$フラックスの分布

多くの観測データを統合して世界的な$pCO_2^{sw}$の分布を初めて描いたのは，米国コロンビア大学の高橋らである．彼らは1997年に$pCO_2^{sw}$と$CO_2$フラックスの平年分布を月ごとに推定して発表し，その後も新しい観測データを追加しながら結果を更新している．その2009年版による$CO_2$フラックスの年間値の分布を図3.8に示す（Takahashi *et al.*, 2009）．北半球でも南半球でも中高緯度の海域は，大気から海への$CO_2$吸収域になっている．これは暖かい低緯度域から，黒潮やメキシコ湾流などの海流によって運ばれてきた表層水の$pCO_2^{sw}$が，中高緯度海域で冬に冷やされて低くなるためである．一方，太平洋熱帯域の東部や，ベーリング海，南大洋の一部では，全炭酸濃度の高い海水が下層から表層に湧き上がって

---

[*2] IPCC-AR5によれば，産業革命前の時代には海から大気への正味の$CO_2$放出は年に0.7 PgCと推定されている．これは，河川から海への$CO_2$流入量（0.9 PgC）と海底への堆積量（0.2 PgC）の差に相当する．

[*3] http://socat.info

いるために，$p\mathrm{CO_2^{sw}}$が$p\mathrm{CO_2^{air}}$よりも高くなっており，$\mathrm{CO_2}$が海から大気に放出されている．

$p\mathrm{CO_2^{sw}}$と$\mathrm{CO_2}$フラックスの分布については，それらの年々の変化についても，近年，さまざまな推定方法が開発されている．たとえばニューラルネットワークと呼ばれる手法や重回帰分析などを用いて$p\mathrm{CO_2^{sw}}$と海面水温，塩分，植物色素濃度などを関連づける方法がある．これらの手法では，人工衛星による水温などの観測データを使うために，$p\mathrm{CO_2^{sw}}$や$\mathrm{CO_2}$フラックスの分布を高い時空間分解能で推定できる．このようにして推定されたさまざまな$p\mathrm{CO_2^{sw}}$と$\mathrm{CO_2}$フラックスの分布について，類似点や相違点を明らかにするとともに，それらの年々の変化について知見を得ることを目的に，SOCOM（Surface Ocean $p\mathrm{CO_2}$ Mapping intercomparison）と呼ばれる研究プロジェクトが国際的に進められている．その結果の一例として，太平洋熱帯域の中央部から東部にかけての$p\mathrm{CO_2^{sw}}$の平均値の年々変化（Rödenbeck *et al.*, 2015）を図3.9に示す．この海域では，貿易風と地球の自転の作用によって湧き上がった湧昇流の全炭酸濃度が高いために，周囲に比べて水温が低いにもかかわらず$p\mathrm{CO_2^{sw}}$が高く，海から大気に多くの$\mathrm{CO_2}$が放出されている．しかし，エルニーニョが起きた1986〜1988年や1997〜1998年などには貿易風が弱まったために湧昇流も弱まり，$p\mathrm{CO_2^{sw}}$が低くなって$\mathrm{CO_2}$放出が少なくなった．反対にラニーニャが起きた1998〜2000年や2007〜2008年には湧昇流が強まり，平年よりも$p\mathrm{CO_2^{sw}}$が高くなって$\mathrm{CO_2}$放出は多くなった．

エルニーニョやラニーニャの影響は，ほかの海域でもみられる．たとえば，アラスカ湾沖や北太平洋亜熱帯域の西部では，エルニーニョの発生によって海面水温や混合層の深さが変化し，それらに伴って$p\mathrm{CO_2^{sw}}$も変化した．

次に海全体の$\mathrm{CO_2}$吸収量の年々変化をみてみよう（図3.10）．海が吸収する$\mathrm{CO_2}$量の変化は，2000年代のはじめ頃までは比較的小さかった．たとえば，20世紀最大のエルニーニョが起きた1997〜1998年からラニーニャに移行した1998〜

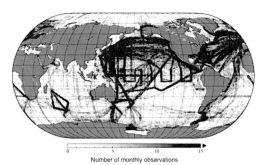

図3.7 SOCAT第3版に収録された$p\mathrm{CO_2^{sw}}$観測の月間頻度分布．

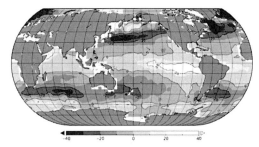

図3.8 $\mathrm{CO_2}$フラックスの年間分布（Takahashi *et al.*, 2009より改変）．単位は$\mathrm{gC\,m^{-2}\,yr^{-1}}$．正の値は海洋から大気への$\mathrm{CO_2}$放出，負の値は大気から海洋への$\mathrm{CO_2}$吸収を表している．

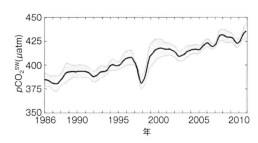

図3.9 世界各国の研究機関による$p\mathrm{CO_2^{sw}}$推定結果を平均して得られた太平洋赤道域中央部から東部海域での年々変化（Rödenbeck *et al.*, 2015より改変）．実線は平均値，陰影部はその標準偏差を表している．

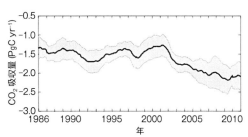

図3.10 世界各国の研究機関による推定結果を平均して得られた全球海洋の$\mathrm{CO_2}$吸収量年々変化（Rödenbeck *et al.*, 2015より改変）．実線は平均値，陰影部はその標準偏差を表している．負の値は海洋による$\mathrm{CO_2}$吸収を表している．

2000年へのCO₂吸収量の年々の変化は、平均して約0.2 PgCほどだったと推定されている。ところが2002年以降、海へのCO₂吸収速度は増える傾向にあり、2010年末までに約0.7 PgC増加した。

2000年以降、大気中のCO₂濃度増加のペースは、それ以前にも増して上がっている。それによって海のCO₂吸収速度も増えていることは想像に難くない。しかし、このようなCO₂吸収速度の増加は、まだ観測による確かな裏付けがなく、CO₂フラックスの計算方法の違いによる推定値のばらつきも大きいため、今後、さらに検証してゆく必要がある。また海が今後もずっとCO₂を吸収し続けられるのかどうかについても、スーパーコンピュータによる数値シミュレーションによって予測したり、観測を行うことで監視したりしていく必要がある。　　　　〔中岡慎一郎〕

### 3.3.3　海の二酸化炭素増加と酸性化

#### a. 進む海の酸性化

3.1節で述べたように、産業革命が起きた18世紀から2009年までに、化石燃料消費や森林破壊などによって合計395 PgC ものCO₂が排出され、その39%に相当する155 PgCが海に吸収されたと推定されている。最近10年間の年平均値をみても、排出された8.9 PgCのCO₂のうち、26%の2.3 PgCは海に吸収されている。海はこのように多くのCO₂を吸収して、地球温暖化の進行を遅らせている。しかし、海にCO₂が吸収されるにつれて、3.3.1項で述べた炭酸系の平衡状態の変化によって、海水中の全炭酸濃度やCO₂分圧が上がり、pHや炭酸カルシウム飽和指数Ωが下がってゆく。海水は弱い塩基（アルカリ）性で、表層水のpHはおよそ8だが、この値が少しずつ下がってゆくのである。海水のpHが中性の7より低くなるわけではないが、このように海水のpHが下がる傾向を、酸性方向に変化しているという意味で「海洋酸性化」や「海の酸性化」と呼ぶ。

海洋酸性化が現実に起きていることを示す観測データの一例を紹介しよう。気象庁は、長年にわたって本州南方の東経137°線に沿って海洋観測を行っている。おもにそのデータを使って、沖縄本島や小笠原諸島の父島が位置する北緯27°付近の海の表層のCO₂増加と酸性化の傾向を時系列的に示したのが図3.11である。ここでは、$p\mathrm{CO}_2^{sw}$、全炭酸濃度、水温、塩分の観測値から、表層の炭酸系の変化を計算した。東経137°線に沿った$p\mathrm{CO}_2^{sw}$の観測は、1980年代はじめから冬に行われてきたが、図3.11には、観測の頻度が高くなって季節変化の様子もわかるようになった1992年以後の20年余りのデータを示してある。

$p\mathrm{CO}_2^{sw}$の時間変化で目立つのは、その大きな季節変化である。$p\mathrm{CO}_2^{sw}$の季節変化の原因は、おもに表層水温の大きな季節変化に帰することができるが、全炭酸濃度も季節変化しており、これが水温の季節変化の影響をいくらか打ち消す方向に作用している。全炭酸濃度の季節変化は、夏には生物生産によって表層水中の炭酸物質が減り、表面が冷やされる冬には、表層水が全炭酸濃度の高い下層の水と上下に混合して増えるためにみられる現象である。こうした自然変動のほか、図3.11からは$p\mathrm{CO}_2^{sw}$と全炭酸濃度が長期的に増えている傾向もうかがえる。$p\mathrm{CO}_2^{sw}$は1991年以後の20年間に$35 \pm 8$ $\mu$atm 増えた。これは同じ期間の大気中のCO₂濃度の増加分に匹敵する。また同じ20年間に全炭酸濃度は$23 \pm 3$ $\mu$mol kg$^{-1}$増えた。この海域の表層では、大気からCO₂を吸収したために、全炭酸濃度が明らかに増えているのである。

この$23 \pm 3$ $\mu$mol kg$^{-1}$の増加によって、表層海水の全炭酸濃度は1%ほど増えたに過ぎない。しかし、pHや炭酸カルシウム飽和度Ωへの影響は大きい。pHやΩにも、生物生産や海水の上下混合に由来する大きな季節変化がみられるが、そうした自然の季節変化とともに、それらが長期的に低下する傾向もみえる。この海域では1991年以後の20年間に、pHは$0.038 \pm 0.004$、Ωは$0.24 \pm 0.02$低くなった。これが海の酸性化である。東経137°では、海の酸性化が北緯27°だけでなく、本

## 3.3 二酸化炭素を吸収する海

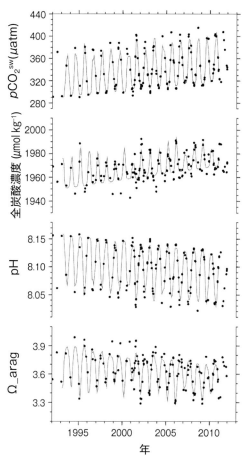

**図3.11** 東経137°，北緯27°付近の海の表層における $pCO_2^{sw}$，全炭酸濃度（塩分35への換算値），pH，Ω（アラゴナイト）の経年変化．

州の南岸近くから熱帯域にかけて広く観測されている．このほかに，太平洋ではハワイの近海の亜熱帯域，カナダの沖合や西太平洋の亜寒帯域，ニュージーランドの沖合，大西洋ではバミューダ島やカナリア諸島の近海などでも，海の酸性化の観測が続けられている．観測の期間や頻度はそれぞれ異なるが，どの観測点でも酸性化の傾向がはっきりと捉えられている．

### b. 海の酸性化の過去，そして将来

今の海の表層のpHは，産業革命前と比べてどれほど低くなったのだろうか？　本州南方の北太平洋亜熱帯域で最近の数十年間に観測されているように，海の表層の $pCO_2$ の増加速度が大気の $pCO_2$ の増加速度と等しかったと仮定したとき，日本近海の亜熱帯域では，現代のpHは産業革命前よりおよそ0.13低いと推定される．水素イオン濃度の変化に換算すると，これは過去150年ほどの間に水素イオン濃度 $[H^+]$ が35%ほど増えたことを意味する．大気中の $CO_2$ 濃度は同じ期間におよそ280 ppmから390 ppmに40%ほど増えたので，海水中の水素イオン濃度が増えた割合は，これとほぼ同じ割合である．一方，サンゴの骨格などをつくるアラゴナイト（アラレ石）のΩについては，現代の値は産業革命前の値に比べておよそ0.9低いと推定される．全炭酸濃度はこの期間に85 $\mu$mol kg$^{-1}$ 増えたが，pHが下がったために，炭酸イオン（$CO_3^{2-}$）の濃度はおよそ280 $\mu$mol kg$^{-1}$ から225 $\mu$mol kg$^{-1}$ へと20%ほど低くなった．Ωが低くなったのは，このように $CO_3^{2-}$ の濃度が低くなったためである．

地質学者によれば，過去3億年もの間に，海の酸性化が今ほど速く進んだ時代はなかったという．およそ5500万年前の始新世-暁新世境界と呼ばれる時期に，海は急激に酸性化したことがわかっている．大西洋の海底深くから掘り出した堆積物の中には，その時期のおよそ50万年間に石灰質がなく，粘土鉱物しかみられない．これは，海水が酸性化したために，海底に棲み石灰質の殻をもつ有孔虫が死滅したためである．しかし，その時代の海の酸性化の速さでさえ，現代の酸性化のおよそ1/10の速さに過ぎない．

海洋酸性化は，今後どのように進んでゆくのだろうか？　その答えは，今後，人類が $CO_2$ をどれほど排出するかにかかっている．この点は，地球温暖化の今後と同じである．ただし，地球温暖化の動向が地域によって異なるように，海の酸性化の動向も，海域によって異なると考えられる．

スーパーコンピュータを使った将来予測によると，人類が今後も $CO_2$ の排出を増やし続けて，今世紀末には毎年25 PgC の $CO_2$ を排出した場合，今世紀末までに大気中の $CO_2$ 濃度は900 ppm を超える．そのとき，地球の平均気温は産業革命前に比べて3.2～5.4℃上がり，pHはおよそ0.4下がる（水素イオン濃度はおよそ2.5倍に増える）．南大洋ではその60%の海域でアラゴナイトのΩ

が1を下回り，アラゴナイトの殻をつくる生物は生息できなくなる．もともとΩが高く，サンゴの生育に適した熱帯域でも，Ωが3以下になり，サンゴの生育に適した海域は失われる．

一方，$CO_2$の排出削減に真剣に取り組んで，今世紀後半の2070年に$CO_2$の排出量を実質ゼロにすることに成功すれば，今世紀末の大気中の$CO_2$濃度は現代と大きく違わない420 ppmほどに抑えることができる．そのとき，地球の平均気温の上昇は産業革命前に比べて0.9〜2.3℃となり，気候変動枠組条約第21回締約国会議（COP21）で採択されたパリ協定の目標（気温上昇を2℃までに抑える）を達成できる可能性が高い．pHやΩも産業革命前に比べれば低いが，現代のレベルをほぼ維持できる見込みである．

海洋酸性化は，海に生きる生物や生態系にとって大きな脅威である．$CO_2$を排出し続けることで海洋酸性化がいっそう進めば，海の生物やその生態系に大きな変化が起き，それらのサービスによって成り立つ人間の社会にも，深刻な影響が及ぶことになる．そうした海洋酸性化の影響については，第4章で紹介する． 〔石井雅男〕

 **3.3.4 河川から海洋への炭素流入**

### a. 河川と海の違い

日本の河岸ではよく「河口（海）から○○km」といった標識を目にするが，地球科学的には河川と海の境界はそれほど明確ではない．実際に河川の下流域では潮が満ちると海水が流入するために，塩分が大きく変動している．また，東京湾や大阪湾などの内湾や，東シナ海などの縁辺海は河川水の影響を強く受けるため，これらの海域を河川と外海（大洋）の境界水域と位置づけることもできる．本項ではこれらの水域をまとめて，河口周辺域と呼ぶことにする．

河川水と海水の違いでまず思い浮かぶのは，塩分の違いである．河川水は塩分が低いので海水よりも軽い．この性質のために，河川水は海水の上を覆うように広がって，広い範囲に影響を及ぼし

やすい．日本の河川の多くは，その影響が荒川や多摩川ならば東京湾内，淀川ならば大阪湾内というように河口から数十kmの範囲に及ぶ．東アジアで最大の流量がある長江から流れ出た水は，流量が最大になる夏には東シナ海の北部を広く覆い，一部は対馬海峡を通って日本海にまで流入する．そして，世界で最大の流量があるアマゾン川の影響は，河口から数千kmも離れたカリブ海にまで及んでいる．

河川水と海水の違いは塩分の違いだけではない．一般に，河川水には窒素，リンなどの栄養素が海水よりも高い濃度で含まれている．また，河川水に海水が混ざると，塩分変化の影響で粒子が凝集・沈降して透明度が上がり，海の中まで光がよく届くようになる．植物プランクトンはこの光と栄養素を利用して活発に光合成を行う．このため，河口周辺域は生産性が高く，漁業が盛んに行われている．

### b. 河川水による海への炭素輸送

河川水には，炭素も有機物や無機物の形で豊富に含まれている．有機物の例としては枯死した植物に由来するものがあり，無機物の例としては石灰岩から雨水に溶け出した炭酸物質がある．これらは河川水によって海に運ばれる．Bauer et al. (2013) によると，河川から海に運ばれる炭素の量は，地球全体で年に0.85 PgCにのぼり，有機物と無機物の割合はほぼ同じである．ただし，陸を流れる無数の河川のうち，データが得られている河川は一部に限られているため，この評価には50%ほどの誤差があると考えられる．また，河川から運ばれる炭素の量は年ごとに変動しており，特に台風などのために流域で大雨が降ったときに増えることがわかっている．

河川による炭素輸送の最大の特徴は，その負荷が河口周辺域に集中することである．そのため，河口周辺域では炭素の形態変化やガス交換がとても活発になる．前述した活発な光合成により，河川水に含まれていた炭酸物質の一部は有機物になり，食物連鎖を通じて生物の死骸や糞になって海底に堆積する．水深の浅い河口周辺域ではこの堆

積物が再び表層に戻り，有機物や栄養素の供給源となることもある．

　河川水の $pCO_2$ は，ほとんどの場合，大気の $pCO_2$ よりも高く，このため河川水は大気に $CO_2$ を放出している．しかし，河口周辺域では生物活動を経ることで大気の $pCO_2$ よりも低くなり，大気から $CO_2$ を吸収するようになる．Laruelle et al. (2014) の見積もりによれば，河口周辺域が $CO_2$ を吸収する能力は，単位面積当たりでは外洋域に比べて少なくとも40％大きい．地球全体では，河口周辺域は年に0.19 PgCの $CO_2$ を吸収しており，地球上の炭素循環に無視できない役割を果たしている．

### c. 人間活動が河川経由の炭素輸送に与える影響

　炭素循環に影響を与える人間活動の例として，直接的なものには工業排水の増加，農地の拡大や肥料の増加がある．これらはいずれも河川に流入する有機物を増やす．一方，ダム建設は河川の流量と炭素の輸送量を安定化させるだろう．また，間接的で長期的なものには，気候変化による降水の極端化がある．これはダム建設とは正反対の効果があり，炭素輸送の年々変動を大きくする．それぞれの因子が引き起こす現象の方向は定まっているが，炭素循環をどれだけ変動させるのか，数値をあげて予測するとなると難しい．しかし，河口周辺域は先に述べた通り，炭素循環が活発な水域であり，人口が集中している．この水域においては，人間活動に伴って排出される物質によって環境が大きく変化する可能性があることを，心に留めておくべきである．　　　　　　　〔小杉如央〕

## 3.4　海の生物活動に由来する短寿命微量気体と気候のかかわり

　海の生物の活動は，さまざまな微量気体の生成や消費にかかわっており，海と大気の間の気体交換を経て，大気中で起きている化学反応や，地球上の物質循環に影響を及ぼしている．そうした微量気体のなかで，温室効果気体として重要な二酸化炭素と海の関係は，前節までに解説した通りである．本節では，二酸化炭素よりも化学反応を起こしやすく寿命が短い，さまざまな微量気体について述べる．これらの短寿命微量気体は，大気中の物質の酸化反応やエアロゾルの生成にかかわることで，気候に強い影響を及ぼしている．特に短寿命微量気体に由来するエアロゾルは雲の凝結核となり，雲を増やすことで地表面を冷やす効果がある．しかしながら，その効果の大きさは不確かで（IPCC-AR5），地球温暖化の抑制効果をよりよく評価するためにも，海が短寿命気体の生成・消費やエアロゾルの形成にどうかかわっているのか，理解を深めていく必要がある．

　本節ではまず，1987年にCharlsonらが提唱した仮説によって，その分布や挙動に大きな注目が集まった硫化ジメチル（dimethyl sulfide：DMS）について述べる．また，ハロカーボンや非メタン炭化水素など，気候への強い制限因子となりうるその他の短寿命微量気体の動向についても紹介する．

###  CLAW仮説とDMSを中心とした硫黄循環

　Charlsonらは，海の生物が地球上の硫黄の循環に重要な役割を果たし，これを介して地球のアルベド（太陽からの入射光に対する反射光の比）を変化させ，地球温暖化に負のフィードバック効果をもたらす，とする仮説を提唱した（Charlson et al., 1987）．彼らの仮説では，海の植物プランクトンは，生息環境の水温や光量に応じて体外に出すDMSの量を調整する．体外すなわち海水中に放出されたDMSの一部は，海面から大気にも出ていき，大気中で酸化されて硫酸エアロゾルになり，雲凝結核（cloud condensation nuclei：CCN）となる．そして白雲を増やし，地球のアルベドを高くし，紫外線量や温度を調節して，植物プランクトンにとって生育しやすい環境に変える，というわけである．この仮説は，地球が生物と相互作用することで，地球自体があたかも「ガイア」

## 3 海の物質循環の変化

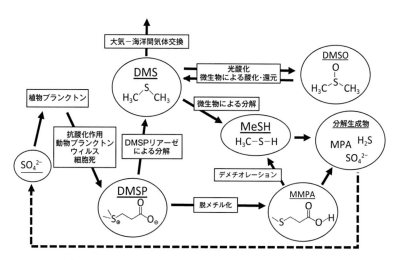

**図3.12** 海洋表層水中のDMSを中心とした硫黄循環系の概念図（Stefels, 2007をもとに作成）.

という1つの生命体のように自らの気候を調節しているというガイア理論の根拠の1つとされ，CLAW仮説[*4]と呼ばれている．

DMSの生成について，少し詳しく説明しよう．DMSは硫黄原子に2つのメチル基が結合した分子（$CH_3SCH_3$）である．海ではおもに植物プランクトンが生産するジメチルスルフォニオプロピオネート（DMSP）を前駆体として，植物プランクトン，動物プランクトン，バクテリアがかかわる複雑な食物網の中でつくり出される（図3.12）．前駆体のDMSPは海水中に含まれる硫酸イオン（$SO_4^{2-}$）を原料として，おもに植物プランクトンの細胞内でつくられる．DMSPの生産量は植物プランクトンの種によって異なり，ハプト藻や渦鞭毛藻はDMSPを多く生産するが，海におけるおもな一次生産者である珪藻は，その生産量が少ないといわれている．細胞内にあるDMSPは，植物プランクトンの抗酸化作用，細胞内の浸透圧調整，動物プランクトンによる摂餌，ウイルスによる細胞破壊，細胞死などをきっかけに細胞外に放出される．細胞外すなわち海水中に放出されたDMSPは，おもにバクテリアや植物プランクトン自身がもつ酵素（DMSPリアーゼ）によって分解

される．これまでに確認されているDMSPリアーゼのうち，dmdAを除くDMSPリアーゼによるDMSP分解過程においてはDMSが生成される．一方，dmdAによるDMSP分解では脱メチル化によってメチルメルカプトプロピオネート（MMPA）が生成され，その後の分解過程でメルカプトプロピオネート（MPA）やメタンチオール（MeSH）といった別の硫黄化合物に変化することが知られている．

では，DMSPの分解過程で生成したDMSのうち，どれほどが海から大気に出ていくのだろうか．DMSが海水から除去される過程には，大気への放出のほかに，バクテリアや太陽光による分解がある．これまでの研究では，プロテオバクテリアの一部がDMSを炭素源として利用していることが報告されており，代謝の副産物としてジメチルスルホキシド（DMSO）やMeSHといった硫黄化合物が生成される．それぞれの除去過程の強さは水深によって異なり，海の表層では大気への放出，水深10〜20 mでは光分解，それより深くなるとバクテリアによる分解が卓越すると考えられている．海におけるDMS除去過程の全体に対する比率では，バクテリアによる分解が約80％を占め，大気に放出されるDMSは海水中で生成されるDMSのおよそ10％に過ぎないと推定されている．

---

[*4] CLAWの名は，Charlson, Lovelock, Andreae, Warrenの4人の著者の頭文字から取られている．

## 3.4 海の生物活動に由来する短寿命微量気体と気候のかかわり

　CLAW仮説が提唱されてからおよそ25年の間，このフィードバック効果の研究がさまざまな角度から進められ，発展してきた．その結果，今ではDMSがかかわる硫黄の循環は，非常に複雑であることがわかっている．最近は，CLAW仮説のフィードバック効果がどれほどの時空間的スケールで気候に影響するかも議論の的になっている．これまでの観測・室内実験・数値シミュレーションからは，地球的規模ではCLAW仮説の長期的なフィードバック効果はみられないという見解が得られている．そのため「CLAW仮説は棄却すべき」という主張もなされている（Quinn and Bates, 2011）．しかしながら，このフィードバックにかかわるさまざまな過程，すなわち微生物によるDMS生成，大気へのDMS放出，大気中での酸化とCCN形成，CCN増加による雲形成，そして雲形成によるアルベド増加と気候へのフィードバックには，まだそれぞれに大きな不確かさがある．さらに，極域では海の生物がつくったDMSが雲の形成に寄与し，地球温暖化に対して負のフィードバック効果を働かせていることを暗示した報告もなされている．

　以上のように，研究が進むにつれてCLAW仮説は提唱時ほど重要視されなくなった．しかしながら，仮説を検証するために行われてきた多くの研究は，生物による微量気体生成，海洋-大気間の気体交換，大気化学反応過程などの研究分野を，大きく発展させたのである．

### 3.4.2 ハロカーボン

　ハロカーボンは，フッ素，塩素，臭素，ヨウ素といったハロゲン元素を含む炭素化合物のことである．多くが人工的に合成された化合物だが，臭素とヨウ素を含むハロカーボンは，海でも天然につくられている．海水中にはハロゲン元素のイオンが多く溶けており，海の生物がこれらのイオンを有機物と結合させて，ハロカーボンをつくり出しているのである．

　海から大気に放出されるハロカーボンには，塩化メチル（$CH_3Cl$）や臭化メチル（$CH_3Br$）といった大気寿命の比較的長いものがあり（$CH_3Cl$：1.3年，$CH_3Br$：0.3～1.3年），これらが成層圏に運ばれるとオゾンを触媒的に破壊する．このため，20世紀後半に人工合成されたフロンが大気中に増えるまでは，これら天然のハロカーボンが成層圏のオゾンを壊すおもな物質であり，オゾン量を決めるおもな因子だったと考えられている．また，ブロモホルム（$CHBr_3$）やヨウ化メチル（$CH_3I$）のような短寿命のハロカーボンも海から放出されている．これらは大気中で他の物質を酸化する力が強いため，対流圏にあるオゾンの寿命を決める要因の1つと考えられている．

　海水中の$CHBr_3$の濃度分布は，植物プランクトンの存在量の分布と似ている．また，室内培養実験でも，珪藻などの植物プランクトンが$CHBr_3$を放出することが確認されており，$CHBr_3$の生成過程に植物プランクトンがかかわっていることは間違いない．しかし，海域によっては植物プランクトンの存在量と$CHBr_3$の分布に相関がないことから，植物プランクトンでも種によって放出速度が違うことや，海水中の有機物の分解が放出源になっている可能性も指摘されている．また，海岸近くでは海藻から$CHBr_3$が多く放出されているが，海域による放出源の違いについてはわからないことが多い．これは$CH_3I$についても同じで，その放出源として，海藻や植物プランクトンなどからの直接放出や光化学反応に由来するものが知られているが，それぞれからどれだけ放出されているかはわかっていない．ハロカーボンの生成や消滅については，大きな不確かさがあるのが現状である．

### 3.4.3 非メタン炭化水素

　メタン以外の炭化水素を非メタン炭化水素（non-methane hydrocarbons：NMHC）と総称する．NMHCのうち，炭素と水素だけで構成される化合物には，炭素骨格の炭素-炭素結合に二重結合がない飽和炭化水素のアルカンと，二重結合

がある不飽和炭化水素のアルケンがある．これらの炭化水素も海から大気に放出されているが，陸域から放出されるアルカンとアルケンの総量が年に1100TgC（テラグラム炭素）を上回ると推定されるのに対して，海からの放出量は年に2.5～6TgCに過ぎない．しかしながら陸域からの影響が小さい外洋では，海中でつくられるアルカンが洋上大気の環境に与える影響を無視することはできない．特に炭素の二重結合をもつアルケンは一般に反応性が高いため，大気中のオキシダントの生成や消費を制御する一因になっており，外洋上の対流圏オゾンや二次有機エアロゾルの生成に寄与している．洋上の大気中を浮遊する極小サイズの有機エアロゾルも，多くは海に起源がある．

炭素の二重結合を2つもつイソプレンの海からの放出も最近の研究で注目されており，イソプレンが雲形成や気候制御に強い影響をもつことが指摘されている．海水中のモノテルペンの研究も，近年，始まっている．モノテルペンはイソプレン2つを基本骨格にもつ炭素数10の炭化水素である．イソプレンと同じように雲の凝結核の前駆体として重要な二次有機エアロゾルの原料となるため，その分布や大気中の反応過程に関心が高まっている．

アルカンやアルケンは，海の表層で植物プランクトン，海藻，細菌から直接放出されるほか，海水中に溶けている有機物が紫外線によって分解される過程でも生成する．前述のDMSPやハロカーボンと同じように，植物プランクトンの種や増殖期の違いによって，放出速度に最大10倍もの違いがあるため，海の表層におけるこれらの分布を植物プランクトンの総量だけから見積もることは難しい．これに対して，衛星観測データを用いた植物プランクトンの群集組成と，培養実験で求めた植物プランクトン種の放出速度を使って，イソプレンの総放出量を地球規模で見積もる取り組みも始まっている．しかしながら，この手法には不確かな要素が多い．特に北極域と南大洋では，海が雲で覆われている日数が多く，衛星から得られるデータが少ないため，他の海域に比べて見積も

りが特に不確かになる．

### 3.4.4 含酸素揮発性有機化合物

含酸素揮発性有機化合物（oxygenated volatile organic compounds：OVOC）は，アルコール，アルデヒド，ケトンなど，分子に酸素原子を含む有機微量気体の総称であり，NMHCのグループの1つである．OVOCは気相中でおもにOHラジカルと反応することによって消費されるが，その反応速度が速いことから，OVOCの存在量が大気の酸化の能力を決めるOHラジカル濃度に強い影響力をもつといわれている．また大気中に窒素酸化物が含まれていると，OVOCと窒素酸化物が反応してペルオキシラジカルができ，これがさらに二酸化窒素と反応して，ペルオキシアシルナイトレート（peroxyacyl nitrates：PAN）ができる．PANはごく微量でも目や呼吸器を刺激する光化学スモッグの成分で，発生地域の都市や工業地帯から遠くにまで拡散し，対流圏オゾンの生成にもかかわっている．

OVOCの濃度は海面から離れるほど低くなることから，海からもさまざまなOVOCが放出されていると考えられる（Singh *et al.*, 2001）．海の表面には有機物が濃縮された薄い層（マイクロレイヤー）があり，この層に溶けている有機物の光分解でOVOCがつくり出され，大気に放出される．その一方で，アルコール類は生物代謝の炭素源として使われるため，海はOVOCの吸収源にもなる．アセトンも放出域と吸収域の両方があることが海洋－大気間のフラックス観測からわかってきている．

ここまで述べたように，海はOVOCの放出源にも吸収源にもなる．しかしながら，その報告例は少なく，海のOVOCについての理解は進んでいない．その最大の原因は，OVOCの反応性が高いために，分析試料の抽出・脱水・濃縮等の前処理の段階でOVOCが消失してしまい，溶存微量気体の測定に用いられているガスクロマトグラフ法では測定が難しいことである．つまりOVOC

の研究を発展させるには，分析手法の改善がどうしても必要である．近年は，前処理装置を必要としない化学イオン化を用いた質量分析法（たとえば陽子移動反応–質量分析法）による，大気中や海の表層水中のOVOCの高分解能測定が始まっており，海洋–大気間のフラックスや海水中の生成・消費過程に関する研究が進展するものと期待されている．

〔亀山宗彦〕

## 3.5　北極海における物質循環の変化

北極海は，温暖化が特に顕著な海であり，夏の海氷面積の急激な減少はメディアにもたびたび取り上げられ，世間にもよく知られているところである（2.3.2項）．温暖化による海氷の減少や水温の上昇は，北極海の物質循環にももちろん影響を与える．そしてこの北極海，地球上をめぐる物質循環の要ともいえる場所なのである．

北極海は周りを陸に囲まれているため，大量の河川水や陸起源物質（有機物，栄養塩，金属類，汚染物質など）が流入してくる．全球の河川水量の10％が北極海に流れ込むのだから，相当な量である．つまり北極海は陸と海をつなぐ要所なのである．さらに，北大西洋と北太平洋の間に位置しているため，両方の大洋から海水が流入してくる．これらの水が運び込む物質は，北極海内部で混ぜられたり，生物活動や化学反応によって変質したり，凍って海氷に取り込まれたり大気に放出されたりといった多様な過程を経た後，北大西洋に送り出されている．そしてその出口の先には，海洋大循環の起点となる北大西洋深層水の形成域がある．

つまり，温暖化によって北極海の物質循環が変化すると，陸–海間，大洋間，地球規模といった大きなスケールの物質循環にも影響を及ぼす可能性があるということである．それでは，温暖化は北極海の物質循環をどのように変化させるのだろうか．

### 3.5.1　一次生産量の変化

光合成生物による一次生産とそこから始まる生物ポンプは，$CO_2$ や栄養塩などの循環を駆動する重要なプロセスである（3.1.2項）．一次生産には光，水温，栄養塩が必要であるが，北極海の温暖化は，水温を高めるだけでなく，海氷を融かすことによって海の中に届く光を強くする．また，海氷という蓋がなくなることで風が海をよくかき混ぜるようになり，中深層にある豊富な栄養塩が光の届く表層へ届きやすくなるという効果もある．これらは，温暖化が北極海の一次生産を活発にすることを示唆している．さらに，河川や氷河・氷床の融け水が運ぶ陸起源の栄養塩や鉄分などが増加することも，一次生産にとってプラスに働くと考えられる．

実際，衛星を用いた表層の生物量の観測からは，北極海の一次生産が増加傾向にあると見積もられている．船を用いた現場での観測からも，一次生産の増加がいくつかの海域で報告されている．しかし，北極海全体で一次生産が増えているとは今のところいえない．衛星ではとらえられない表層の下の生産が重要であることや，現場観測でも栄養塩の供給が減って一次生産にマイナスの働きをしている海域が見つかっているからである．

温暖化による一次生産への負の影響がみられる海域では，表層の塩分低下が同時に観測されている場合が多い．温暖化によって，海氷の融け水（塩分は海水の1/10程度）や陸水（塩分はほぼゼロ）などが海の表層の塩分を薄めてしまうと，表層水よりも下にある塩分が高い水と混ざりにくくなるからである．こうなってしまうと，多少の風が吹いても，下の水の栄養塩はなかなか表層まで供給されなくなり，一次生産者は光合成を行いづらくなる．このような現象が大規模に観測されているのが，北極海のカナダ海盆域である．ここは，物理的な海洋循環の影響で，陸水や融け水がたま

りやすい海域である．2000年代に海氷が急激に融け，その融解水がカナダ海盆の表層塩分を大きく低下させた．このため，表層への栄養塩供給が妨げられることとなってしまった．この海域では，生物は必要な栄養塩を得るためにより深く光の弱い水深で光合成を行うようになり，また，栄養塩の取り込み効率のよい小型の光合成生物の割合が増加したことが報告されている．

このように温暖化は，海域ごとの状況次第で一次生産にとってプラスにもマイナスにも働き，生物の分布や種組成を変化させると考えられる．今後のさらなる観測研究によって，温暖化による一次生産の変化，それに続く生物ポンプや$CO_2$収支などの変化について，明らかにしていかなくてはならない．いずれにしても，温暖化によって水温や光の環境は改善するので，栄養塩の供給量が北極海の一次生産量を左右するカギとしてこれまで以上に重要になると予想される．

### 3.5.2 沿岸域での物質循環の変化

陸起源の物質は，まず沿岸域に入る．北極海に注ぐ河川水の溶存有機炭素濃度は，世界的にみてもかなり高い．リンや窒素といった栄養素も，有機物として陸から北極海に入ってくる．この陸起源有機物は，ほとんどが分解されずに沿岸海底に沈んで堆積物となったり，海水に溶けたまま分解されずに海中を漂い続けたりすると考えられていた．ところが，季節的な質の変化を調べたところ，春の雪解け時期の有機物は意外と分解されやすく，$CO_2$として大気に放出されたり，栄養塩として生物に供給されたりもできることがわかってきた．このような陸起源の有機物の分解は，温暖化によってさらに促進されることになる．海氷が減少して水中の光が強化されたり水温が高まったりすると，光や微生物による有機物の分解が加速するからである．温暖化は，北極海の物質循環における陸起源物質の重要性を増すということである．

また，海の温暖化は陸域における物質循環の変化にもつながる．沿岸の海水が暖かくなると，周りの陸を暖めたり，陸への水蒸気の供給を増やしたりすることで，凍土の融解や陸上植生の変化，河川水や地下水の増加などをもたらすと予想されている．これらは，陸起源物質の流出量や質の変化として，再び北極海沿岸に影響を与えることになる．

さらに，北極海沿岸の海底には多量のメタンが蓄えられていることが知られている．沿岸域の温暖化は海底からのメタンの溶出を引き起こす．メタンが大気に放出されると地球温暖化を加速することになるし，海水中で酸化されると$CO_2$になり，海洋酸性化を助長する．

このように沿岸域は，温暖化による北極海の物質循環の変化を理解する上で注目すべき海域である．これまでは断片的な観測しか行われてこなかったが，今後は，陸域から沿岸域にかけての物質の動きを総合的に捉えて，その変化を観察し続けることが必要である．

### 3.5.3 海洋酸性化

海洋酸性化については3.3.3項や第4章でも説明されているが，北極海では他の海域とは異なる特徴をもつため，ここで特に説明することにした．北極海の表層や沿岸の海水はそもそも炭酸カルシウム飽和度（$\Omega$）が低い．このため，人為起源$CO_2$の増加による海洋酸性化が進行すると，他の海に先駆けて炭酸カルシウム未飽和に達してしまう．

なぜもともと$\Omega$が低いのかというと，その原因は，低い水温と周りの陸からの河川水の流入である．水温が低いとよりたくさんの$CO_2$が海水に溶ける．河川水などの淡水が海水と混ざると，希釈によって海水に含まれるカルシウムイオンの濃度やアルカリ度（$CO_2$の影響を和らげる働きをする成分）が低下し，$\Omega$を下げてしまうのである．

さて，温暖化は北極海の酸性化を促進するのだろうか，それとも抑制するのだろうか．北極海カ

ナダ海盆では，2000年代に酸性化の急速な進行が観測された．1990年代後半には過飽和だった表層水が，10年後には広い範囲でアラゴナイト未飽和に達したのである．この $\Omega$ の急速な低下は，海氷融解が原因だったことがわかっている．海氷の融解水が海水を希釈して $\Omega$ を下げたことに加え，海氷がなくなったために大気から海水への $CO_2$ 吸収が加速したのである．つまり，温暖化が，海洋酸性化を促進した例である．

温暖化による陸水の流入増加も，表層海水をさらに希釈し， $\Omega$ を下げる方向に働く．また，陸水の増加は，底層水の酸性化も促進すると考えられる．陸水の流入によって表層の塩分が低下し，海の上下が混ざりにくくなるからである．大陸棚域などの浅い海域では，生物がつくった有機物が海底に沈み，その一部が微生物に分解されて $CO_2$ に戻されるが，上下の水が混ざらずに分離していると，大気に出ていくことができないため，下層，つまり底層の水に $CO_2$ がどんどんたまり，酸性化を進めることになる．すでに，チャクチ海や東シベリア海，多島海などの浅い海域では，底層水が炭酸カルシウムに対して未飽和であることが観測されている．さらに，温暖化による陸起源有機物流入量の増加，有機物分解の加速，メタンの溶出も，底層水の酸性化の促進につながるだろう．

一方で，水温の上昇は，酸性化を抑制する働きをもつ．一次生産が増加した場合も，表層水の酸性化の抑制につながる．ということは，温暖化による酸性化への影響は，一次生産の場合と同様，海域の状況によってプラスになったりマイナスになったりするということである．ただ，温暖化による淡水希釈，水温上昇，一次生産の増減は，春から秋にかけての現象である．一方，酸性化は年間を通じて生物に影響すると考えられる．これまでの観測はほとんどが夏季に限られており，他の季節の酸性化の状況はあまりわかっていない．今後は冬を含む酸性化の季節変化を理解していくことが必要であろう．

本節では，北極海で観測されている，あるいは予想されている物質循環の変化について紹介してきた．最初に述べたように，北極海の変化はさらに大きなスケールの物質循環にも影響を及ぼす可能性がある．しかしながら，北極海内部の変化にも未知な部分が多すぎて，外部への影響を予測することはまだ難しい．ただ，北極海では温暖化と酸性化がすでに大きな変化をもたらしつつあることは事実である．つまり，これらの地球規模の現象に対して，物質循環や生物がどのように応答するのか，現場の情報を提供することのできる貴重な場所だといえる．この北極海の変化を今後も追い続けることで，北極海の物質循環の変化自体が地球上の物質循環に与える影響もいずれ明らかになってくるだろう．

〔川合美千代〕

---

## 第3章のポイント

### 3.1
- 海は，炭素の巨大な貯蔵庫である．炭素は，生物の活動や他の元素の循環と深くかかわり，気候に影響を及ぼしながら，海と大気と陸の植生の間を活発に循環している．
- 海は，人類が化石燃料の燃焼や森林破壊などによって排出した $CO_2$ を多く吸収しており，大気中の $CO_2$ の濃度増加を和らげる大きな役割を担っている．

### 3.2
- 外洋域では，海の温暖化による「溶解度の低下」と「成層の強化」によって，海水中の酸素の濃度が下がっており，その傾向は今後も進むと予想される．
- 沿岸域でも，富栄養化による植物プランクトンの増殖などが原因で，海底近くでは生物が生息できない「貧酸素水」の発生が増えている．

### 3.3
- 海水はさまざまな炭酸物質を含む「しょっぱい重曹水」であり，それらの炭酸物質は炭酸系と呼ばれる化学平衡の状態を保っている．
- 大気と海の間の $CO_2$ 交換は，海の表層の水温変

## 3 海の物質循環の変化

化，生物活動，海水混合などのために，海域や季節によって，またエルニーニョの発生などによって，大きく変化している．
- 人類が産業活動によって排出した$CO_2$の一部が海に貯まることで，海水の酸性化が地球規模で進んでいる．
- 河口域の炭素循環は，地球表層の炭素循環に無視できない役割を果たすとともに，人間活動の影響を強く受けている．

### 3.4
- 海の生物活動に由来する硫化ジメチル，ハロカーボン類，非メタン炭化水素などの短寿命微量気体も，大気中の酸化反応や雲の凝結核の生成にかかわることで，気候に強い影響を及ぼしている．

### 3.5
- 北極海では，温暖化による海氷融解や水温上昇によって，植物プランクトンの一次生産や物質循環が変化しており，その影響は地球規模に及ぶ可能性がある．
- 北極海では，温暖化による海氷融解などのために表層の海水が希釈されて，海水の炭酸カルシウム飽和度が急速に低下しており，炭酸カルシウムの殻を作る生物が生育しにくくなっている．

# 4 海洋酸性化

　海洋酸性化に関する研究論文の数はこの10年間，急激に増加しているが，その2/3は生物影響に関するものである（Riebesell and Gattuso, 2014）．生物影響がこれほどまでに注目される理由は，海洋酸性化が，地球温暖化と同じように数多くの生物種に影響を与える可能性が高く，生態系や生態系サービス，そして間接的に人間社会に多くの損失を与えることが，深く懸念されるためである．2100年には，海の表層のpHは現在のおよそ8.1から0.14ないし0.43ほど低下すると予測されている．この変化は小さくみえるかもしれないが，これによる海水の化学組成の変化は3.3.3項で述べた通り大きく，生物に影響を生じさせるには十分であるようだ．

　海洋酸性化が海の生物や生態系にどんな影響を生じさせるかを探るために，最近，生物の飼育培養実験などが活発に行われている．しかし，そこで得られた知見だけでは，酸性化の影響を議論するには十分ではない．スーパーコンピュータを用いた将来予測や，酸性化した将来の海洋環境を現代に先取りしている火山活動由来の海の二酸化炭素噴出点での生態調査も，有力な情報源になるだろう．

　本章では，これらの事柄について最近の知見をまとめ，海の生物や生態系がどう変化してゆくか，そして人類が海の生物や生態系から享受している多様な恩恵（生態系サービス）が，海洋酸性化によってどう変わってゆく可能性があるかについて紹介する．さらに，そうした海洋酸性化の影響を軽減するには，どんな対策が必要かについても言及する．

## 4.1　海洋生物への影響

　海洋酸性化の影響が及ぶ生理過程は，膜輸送や石灰化，光合成，神経伝達，成長，再生産，生残などさまざまである．酸性化が影響するおもな原因としては，細胞内外のpH低下に伴う炭酸物質（$HCO_3^-$，$CO_3^{2-}$）の濃度変化が引き起こす代謝の変化（図4.1）が指摘されている．影響の機序のほかに明らかになっていることは，動物の受精や発生，幼生期といった初期生活史の耐性が，成体に比べて低いことである（Kurihara, 2008）．その後の個体群密度を低下させる初期生活史の脆弱性は，化学物質などによる攪乱でもよく知られている．初期生活史段階の生物は，生理を維持するための代償機構の働きが未熟で，小さな体は恒常性を維持するためのコストが大きいため，環境変動の影響を受けやすいのである（Melzner et al., 2009）．また，現代の海には，酸性化のほかにもさまざまな環境ストレスがあり，それらとの複合的な影響も危惧されている．たとえば海水の異常昇温や貧酸素化，餌の減少，化学物質汚染は，海洋酸性化に対する生物応答の閾値を押し下げる要因になる（Pörtner et al., 2014；図4.2）．

　海洋酸性化に対する生物応答は，影響が出る閾値はもちろん，$CO_2$濃度の上昇に対する応答の仕方も生物種によってさまざまである．酸性化の影響を受けない生物種や，$CO_2$濃度の上昇に伴って成長量が抑制される生物種，稀にではあるが酸性

# 4 海洋酸性化

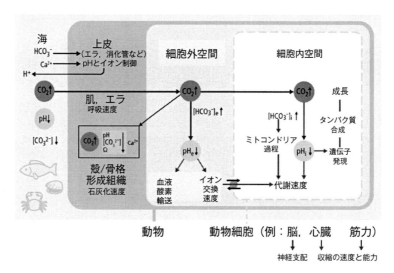

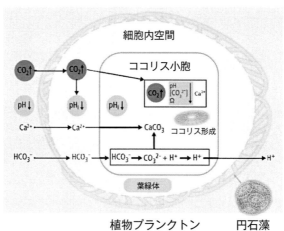

**図4.1** 海洋酸性化に対する海洋生物の応答機構を動物（上）と植物（下）に分けて要約した概略図（Pörtner *et al.*, 2014 の Figure 6-10a より改変）．➡カラー口絵

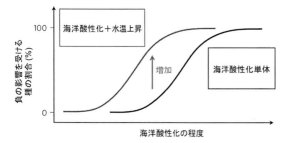

**図4.2** 海洋酸性化に他の環境変動要因（海水の異常高水温や貧酸素化，餌の減少，化学物質汚染など）が加わった場合に悪影響を受ける生物種の割合の変化を示した図．他の要因が加わると低い酸性度でも影響を受ける種の割合が増加する（Wittmann and Pörtner, 2013 の Figure 3-e より改変）．

化によって成長が促される生物種もある（Ries, 2009）．生物への影響を理解することは，海洋酸性化の影響をより確かに予測するために必要だ

が，応答の様式や得られた知見が生物種によってさまざまであるため，より大きなスケールで生態系への影響を理解することは容易ではない．しかし，近年，精力的に研究が進められた結果，生態系への影響を理解する糸口となる高次分類群レベルでの海洋酸性化への感受性の傾向について，理解が進みつつある．以下，本節では生物影響の全容を把握することを目的として，生態的地位や生息帯，分類系統から大きなグループに分けて，それらの酸性化影響について個別に概説する．

ただし，酸性化の生物影響に関する研究の問題点として，実験に用いられた生物種の環境履歴や，種内での遺伝子系統などが異なる場合には，同じ実験を行っても結果が異なることや，酸性化

環境に長期間さらされた場合に起こる生物の適応や順応が考慮されていないこと，種間関係や食物網への影響についての研究が少ないことが指摘されている（Riebesell and Gattuso, 2014）．将来予測をより確かなものにするには，まだ研究の余地が大きいことを，はじめに断っておく．

〔諏訪僚太〕

### 4.1.1 植物プランクトン

植物プランクトンは，食物連鎖の基盤を担う海の一次生産者として，きわめて重要な役割を果たしている．多くの植物プランクトンは太陽光のエネルギーを利用し，光合成によって二酸化炭素（$CO_2$）を固定して有機物を生産する．したがって，海洋酸性化によって海水中の$CO_2$濃度が増加すると，一般的には植物プランクトンの光合成が促進され，一次生産量が増加する（Riebesell et al., 1993）．しかし実際には，$CO_2$濃度の増加に対する応答は植物プランクトンの種類によって異なり，光合成が増加する種もいれば，ほとんど影響を受けない種もいることがわかってきた（Rost et al., 2008 ; Riebesell and Tortell, 2011）．

その理由の1つは，光合成に必要な$CO_2$を細胞内に取り込む方法が，植物プランクトンの種類によって異なるためである．光合成の中心的な役割を果たす光合成活性酵素（RubisCO）は，生物の進化の過程のなかで，大気中の$CO_2$濃度がきわめて高く，酸素濃度が低い時代に生じたとされる．そのためRubisCOは$CO_2$に対する親和性が低い（Falkowski and Raven, 2007）．しかしその後，大気中の$CO_2$濃度が下がるにつれて，多くの植物は，さまざまな炭素濃縮機構（carbon concentration mechanisms：CCMs）を進化させてきた．海の植物プランクトンの場合は，海水中に溶解している$CO_2$の濃度に比べて炭酸水素イオン（$HCO_3^-$）の濃度が圧倒的に高いことから（3.3.1項参照），$HCO_3^-$をより効率的に利用できる機構を発達させた種もいれば，$CO_2$そのものを効率よく取り込む機構を発達させた種もいる

（Giordano et al., 2005）．$CO_2$を効率よく取り込むことができる種は，$CO_2$の濃度が光合成の律速にはなっていないため，これ以上$CO_2$が増えても光合成速度は上がらないと考えられる．反対に$CO_2$を効率よく取り込めない種は，酸性化によって海水中の$CO_2$濃度が増加するほど，光合成速度も増加すると考えられる．

このように，植物プランクトンが発達させたCCMsや，光合成に対するその働き方が違うために，海洋酸性化によって植物プランクトンの群集組成は変化するかもしれない．このような種組成の変化は，植物プランクトンを餌とする動物プランクトンなど，より高次の捕食者の群集組成をも変化させ，その影響は海の生態系に広く及んでいくはずである．近年，こうした関係性を明らかにするため，自然の生態系に近い状態を再現した大型の海洋環境実験水槽（メソコスム）を使った実験が盛んに行われている．これによって海洋酸性化が生物の群集レベルでどのような影響を及ぼすか，解明が進むはずである．

〔栗原晴子〕

### 4.1.2 海藻・海草類

海底に付着する大型の海藻や海草[*1]は，植物プランクトンと同じように，一次生産者として重要な役割を果たしている．その上，海藻や海草は，海水の流れや海底の基質など，その場の環境を変えることで，沿岸生態系に大きな影響を及ぼしている．海藻や海草も，植物プランクトンと同じように，酸性化によってその生産量が増えるが，炭素濃縮機構（CCMs）の有無などのために，酸性化の影響の受け方はやはり種によって異なると考えられている．たとえば，水深が比較的深い場所に生息する紅藻類は，CCMsをもたない種が多く，酸性化によって光合成速度が特に増加すると考えられる（Hepburn et al., 2011）．一方，海草類の多くはCCMsをもち，海水中の$HCO_3^-$を利用

---

[*1] 目に見える大きさの海産の藻を海藻と呼び，海産植物の中で，アマモのように根・茎・葉を有し，花を咲かせる種子植物を海草と呼ぶ．

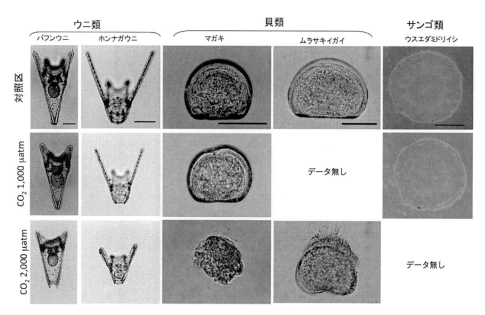

**図4.3** ウニ類や貝類の幼生の炭酸カルシウム骨格や殻の形成は海水中の$CO_2$濃度と共に阻害され，形態異常を引き起こされる．さらにサンゴ類では，$CO_2$濃度が増加すると着底直後の骨格形成に異常が観察される．図内のウニ類，貝類のスケールバーは$50\,\mu m$．サンゴ類のスケールバーは$500\,\mu m$（Kurihara, 2008 より改変）．➡カラー口絵

するが，多くの種では，酸性化によって光合成速度や地下茎の量も増えるとされている（Palacios and Ziemerman 2007；Ow et al., 2015）．

また，海藻・海草には，陸上植物と同じように異なるタイプの光合成回路（C3回路とC4回路）をもつ種のあることが，最近になってわかった．C3光合成回路をもつ種は，$CO_2$度の高い環境に適応しているが，C4光合成回路をもつ種は$CO_2$濃度の低い環境に適応しているのがふつうで（Keeley, 1999），陸上では，大気中の$CO_2$濃度が増えるにつれてC3植物はC4植物よりも光合成が速くなる．したがって，海藻・海草でも，酸性化が進んで海水中の$CO_2$濃度が増えた場合，C3回路をもつ種は生産量がより高まる可能性がある（Koch et al., 2013）．

海藻類には，細胞壁に石灰質（炭酸カルシウム）を分泌する石灰藻もいる．海洋酸性化は生物の石灰化速度を下げるので，石灰藻も酸性化の影響を受けやすいと考えられる（Jokiel et al., 2008）．実際に，天然に海底から$CO_2$が湧出している場所では，海水中の$CO_2$濃度が高い場所ほど石灰藻の被度が低く，海草がその群集を優占している様

子が，温帯域でも熱帯域でも観察されている（Hall-Spencer et al., 2008；Enochs et al., 2015）．海藻・海草も，その種による酸性化応答が違うために，海洋酸性化によって群集組成が大きく変化すると推定されるのである． 〔栗原晴子〕

### 4.1.3 動物プランクトン

動物プランクトンは，カイアシ（橈脚）類，オキアミ類，翼足類などのように，その一生をプランクトン（浮遊性生物）として過ごす終生プランクトンと，貝類，サンゴなどの幼生期，クラゲなどのように，生活史の限られた時期だけをプランクトンとして過ごす一時プランクトンに分類される．底生生物（ベントス）のほとんどの種類が，幼生期をプランクトンとして過ごすため，一時プランクトンはとても多くの生物分類群を含む．これら動物プランクトンの多くは，石灰質の殻や骨格をもつため，酸性化に悪影響を受けることが強く懸念されている．

海洋酸性化は，一時プランクトンのうち，沿岸生態系を構成する重要な種で水産業にとっても重

要なウニや貝類の卵の受精率や発生速度を低下させるほか，幼生の炭酸カルシウム骨格や殻の形成を阻害して，形態異常を引き起こす（Kurihara and Shirayama, 2004；Kurihara et al., 2007；2008；Dupont et al., 2009；図4.3）．このような影響は，幼生の生存率を低下させ，その種の個体群のサイズに大きく作用すると考えられる．南大洋では，ペンギンやクジラなど多くの動物の重要な餌であるナンキョクオキアミの卵の孵化率が，酸性化によって下がることが実験的に示された（Kawaguchi et al., 2011）．さらにこの実験データをもとにして，南大洋では今世紀末までにナンキョクオキアミの個体数が下がる可能性が示された（Kawaguchi et al., 2013）．

海洋酸性化の影響をあまり受けない動物プランクトンも多く知られている．たとえばサンゴ礁生態系の中核を担うサンゴの幼生は，ウニや貝類に比べると酸性化への耐性が高いとされている．しかし，幼生が着底した後の稚サンゴでは，酸性化によって成長速度や生存率が低下する（Albright et al., 2008；Albright and Langdon, 2011）．その要因の1つは，サンゴの石灰化が幼生期ではなく，着底後の稚サンゴ期に始まるためと考えられる．また，動物プランクトンの生物量の60～70％を占め，自然界で魚類の餌として重要なカイアシ類の多くは，酸性化の影響を直接的にはほとんど受けない．三世代にわたって酸性化環境にさらされても，種類によっては，生存率，成長率，卵生産などに影響がまったくみられなかった（Kurihara and Ishimatsu, 2008）．しかし，餌とする植物プランクトンの群集組成が酸性化によって変わることで，カイアシ類が間接的に影響を受ける可能性は十分にある．さらに酸性化は，植物プランクトンの体組成の炭素/窒素比や炭素/リン比を増加させ，餌としての質を低下させることが，多くの種について報告されている（Burkhardt et al., 1999）．このため，植物プランクトンをおもな餌とする動物プンクトンの多くは，カイアシ類をはじめとして，酸性化による間接的な影響を受ける可能性がある． 〔栗原晴子〕

　底生生物

沿岸域の海には，無脊椎動物の底生生物が多く生息する．底生生物には生態系や水産業にとって重要な種が多いため，底生生物が海洋酸性化の影響を受ければ，その影響は生態系や人間社会にも及びやすい．

底生生物には石灰質の骨格をもつ石灰化生物が多くおり，その石灰化が酸性化によって阻害されるとの報告が多い．また，底生生物には配偶子や受精，発生，幼生から幼体への変態過程など多くの生活史段階があり，配偶子から成体に至るまでの各生活史段階における酸性化の負の影響についても，報告が数多くある．したがって，海洋酸性化の影響が各生活史段階を経る過程で累積され，深刻化する恐れが大きい．サンゴ類，軟体動物，棘皮動物，甲殻類については過去の研究報告による解析がなされており，これらの分類群では軟体動物，サンゴ類，棘皮動物，甲殻類の順に酸性化に対する感受性が高いとされている（Wittmann and Pörtner, 2013；図4.4）．感受性が最も高いとされる軟体動物への酸性化影響を示す例として，米国西海岸沿岸部において，沿岸湧昇に伴う中深層からの低酸素・高$CO_2$の海水が表層に供給されることで生じた養殖カキ幼生の大量斃死が挙げられる（Feely et al., 2008；Barton et al., 2012）．

海洋酸性化への耐性が高いとされる甲殻類については，酸性化がカニやエビの成長を促進するという報告もある（Ries et al., 2007；McDonald et al., 2009）が，その機序は明らかでなく，成長抑制を示す報告例もある．頭足類についての研究は少ないが，イカが酸性化に対して高い耐性をもつ可能性が示されている（たとえばGutowska et al., 2008）．環形動物やメイオベントスの酸性化影響に関する研究は進んでいない． 〔諏訪僚太〕

　魚　類

魚類は体内の浸透圧を保つための酸塩基平衡調節能をもち，急性毒性試験では2100年に予測さ

# 4 海洋酸性化

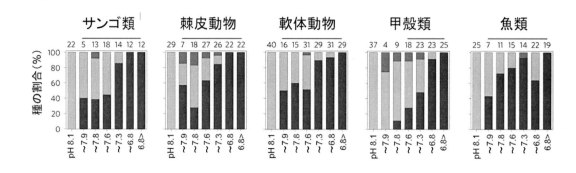

**図4.4** 動物分類群ごとの海洋酸性化に対する感受性を，酸性度ごとに「好影響あり」「悪影響あり」「影響なし」の3つに区別してまとめたグラフ（Pörtner et al., 2014のFigure 6-10bより改変）.

れているよりはるかに高い$CO_2$濃度でも，その発生や成長は海洋酸性化の影響を受けないとする報告が多い（たとえばIshimatsu et al., 2008）. しかし魚類には独特の応答があり，酸性化が魚類の嗅覚や聴覚，視覚に影響することで，行動変化を引き起こすことが明らかにされつつある. よく知られた例として，クマノミの一種では，仔魚が通常は忌避すべき匂い物質に誘引される嗅覚への撹乱が起き，そのため生息に適した場所への回帰行動ができず，生残率が低下するおそれが指摘されている（Munday et al., 2009）. こうした現象は，酸性化による細胞外のイオン濃度の変化が，脳内の神経伝達に影響することで引き起こされる機能障害の可能性がある（Nilsson et al., 2012）. また，炭酸カルシウムでできている孵化仔魚の耳石のサイズや左右対称性にも影響することが知られており，これら耳石への影響は魚類の平衡感覚を失わせる可能性が指摘されている（Réveillac et al., 2015）.

このような行動異常は2100年に予測されている酸性度の範囲内でも起こるとされ，生息域への回帰や捕食といった行動への悪影響や，危険因子から回避できないために生じる生残率の低下につながる可能性がある. 魚類の感受性は他の分類群に比べて高く，海水魚は多様性が高いことや水産業にとって重要な種が多いことから，酸性化の影響を見極める必要性は高い（図4.4）. しかしながら，魚類の行動への影響についての研究のほとんどが，これまでのところ熱帯域のサンゴ礁棲種を対象としたものであり，こうした影響が魚類全般にどの程度みられるかについては，研究が進められているところである. 〔諏訪僚太〕

## 4.2 海洋生態系への影響

海洋酸性化が，海の生物の個々に対して影響を与えることはすでに述べたが，果たして海の生態系に対してはどうだろうか.

これまでの研究から，海洋酸性化は一般に，①一次生産者の生産量を増やす，②石灰化生物の炭酸カルシウム形成を減らす，③生物の生活史段階で異なる影響を与える，④体内の酸塩基調整などの生理的機構が発達している生物には影響を与えにくい，といった結果が得られている. しかしこのような一般則に合わない事例の報告も数多く，生物分類群を越えて共通してみられるのは，生物種によって酸性化への応答の仕方が異なるということである.

たとえば，一次生産者の植物プランクトンの中には，酸性化によって生産量が増える種もいれば，ほとんど変化しない種もいる（4.1.1項参照）.

甲殻類には，酸性化により成長速度が下がる種もいれば，ほとんど変わらない種，さらには成長速度が上がる種もいる（Ries *et al.*, 2009）．つまり，海洋酸性化に負の影響を受ける種もあれば，正の影響を受ける種もあり，その結果，特定の種のみが優占する多様性の低い群集へと群集構造が変化すると考えられるのである．生物多様性が低くなれば，生態系としての機能が下がるおそれがある．しかし，実際に海の生物群集や生態系がどのように変化するかは，生物の生息環境によっても大きく異なる．そこで，本節では，海洋酸性化による影響を，外洋域，沿岸域，極域のそれぞれについて紹介する．

### 4.2.1 外洋域

　海洋酸性化は，植物プランクトンの光合成や，合成された有機物の沈降などによって，$CO_2$が海の表層から中層や深層に運ばれる外洋域の生物ポンプ（3.1.2項参照）にも影響を及ぼす可能性がある．

　海洋酸性化は，植物プランクトンの一次生産を促進すると考えられている（Riebesell *et al.*, 1993；4.1.1項参照）．もしそうなら，生物ポンプは今後，より活発になるはずである．しかし，これまでの研究から，植物プランクトンの種類ごとに酸性化の影響の受け方が異なることがわかっているので，必ずしもこの予測が当たるとは限らない．たとえば海水が酸性化することで，大きな植物プランクトンが小さな植物プランクトンに比べて増加する場合は，大型の粒子や懸濁物ができる割合が増えて，中層や深層に運ばれる有機炭素も増加すると考えられる．これに対して，小さな植物プランクトンが相対的に増加する場合は，中層や深層に運ばれる有機物が減少する可能性がある．また，たとえ酸性化によって植物プランクトンの生産量が増加しても，南極オキアミなどの動物プランクトンの生物量が減少する可能性があるので（Kawaguchi *et al.*, 2013；4.1.3項参照），酸性化すれば生物ポンプが活発になるとは限らない．そのほか，植物プランクトンの群集組成や体内の炭素：窒素：リン組成比の変化は，動物プランクトン群集よりも高次の栄養分類群の生物群集にも影響すると考えられる（Burkhardt *et al.*, 1999；4.1.3項参照）．このため，もし中層や深層に運ばれる有機物の生産に大きく貢献する大型の動物プランクトンや高次分類群生物が酸性化によって負の影響を受けた場合は，生物ポンプが逆に低下する可能性もある．このように，海洋酸性化が生物ポンプにどのような影響を及ぼすのか，現状では定量的に予測することは難しい．

　海洋酸性化は，全アルカリ度の分布にも影響を及ぼしうる．外洋域の表層に多く生息する浮遊性の有孔虫，円石藻，翼足類などは，石灰質の殻をつくり，その殻はやがて中層や深層に沈んでゆく．海洋酸性化は，一般にこれらの生物の石灰化速度を低下させると考えられるが（Kleypas *et al.*, 2006），それによって沈降する石灰質が減ると，海の表層では全アルカリ度が高くなる．全アルカリ度が高くなれば，pHの低下がいくらか抑えられるとともに，海水の$CO_2$分圧が下がって，海が$CO_2$をより多く吸収するようになり，大気中の$CO_2$濃度の増加に，いくらか負のフィードバックがかかるはずである（3.3.1項参照）．しかし，今のところそうした傾向は検出されていない．

　このように，海洋酸性化は生物の活動に影響することで，海の炭素循環や生物地球化学的な環境にも影響を及ぼす可能性がある．外洋域では今，炭酸系の測定を含む海洋観測の国際プロジェクトが進められており，多くの成果が得られつつある（3.1節，3.3.2項，3.3.3項参照）．一方，外洋域に生息する生物に対する酸性化の影響や，その影響を考慮した炭素循環や生態系の数値シミュレーションにはまだ発展の余地があり，研究の進展が望まれる．

### 4.2.2 沿岸域

　沿岸域は，生物の生産性や多様性が特に高く，

水産資源をはじめとするさまざまな恩恵によって，我々の社会と密接に関係している海域である．しかしながら，人間社会に近接しているがゆえに，海洋酸性化や温暖化といった地球規模の環境問題に加えて，富栄養化，有害物質による汚染，ゴミなどさまざまな問題のストレスを強く受けている海域でもある．沿岸域に生息する生物は，これらのストレスを複合的に受けることで，特に深刻な被害を受ける可能性がある（Crain et al., 2008）．海水温の上昇と酸性化が同時に起きた場合，それぞれが単独で起きた場合よりも大きなストレスを受けることは，生物分類群を越えてさまざまな生物種で共通に見出されている（Kroeker et al., 2013）．また，酸性化と貧酸素化が同時に起きると，カキ類などでは免疫力が低下し，寄生虫などへの感染率が高まることも知られている（Boyd and Burnett, 1999）．海洋酸性化やその他の問題が，複合的に沿岸生態系に及ぼす影響について正しく理解することは，人間社会の持続的な発展にとって重要な課題である．

### a. サンゴ礁

サンゴ礁は，熱帯や亜熱帯の沿岸域に広く分布している．その総面積は，海洋全体の面積の1%にも満たないが，生物多様性と生産性がともに高い海域として知られている（Odum and Odum, 1955；Connell, 1978）．また，世界の人口のおよそ20%がサンゴ礁の周辺で生活しており，生態学的な価値だけでなく，文化的な価値や，観光業・水産業といった経済的な価値もきわめて高い（Moberg and Folke, 1999）．サンゴ礁では，サンゴをはじめとする石灰化生物がつくる石灰質が堆積することで，複雑な地形が形づくられている．生物や人は，この多様なサンゴ礁の環境をさまざまな形で巧みに利用してきた．しかし，人間による近年の過剰な利用や陸域の開発，そして温暖化により，サンゴ礁のおよそ20%がすでに破壊されている（Wikinson, 2002；Bellwood et al., 2004）．それに加えて海洋酸性化は，サンゴ，有孔虫，石灰藻などの石灰化生物の成長や石灰質の生成を阻害するために，さらに深刻な被害をもたらすおそれがある（Kleypas et al., 2006；Hoegh-Guldberg et al., 2007）．

現実に酸性化がサンゴ礁の生態系にどのような影響を与えるかを推定する上できわめて貴重な発見が，この数年相次いでいる．2012年にパプアニューギニアのサンゴ礁沖の海底で，天然の$CO_2$湧出が初めて発見された．その周辺で海水中の$CO_2$濃度の増加とともに生物群集がどう変わったか調査したところ，多種多様なサンゴが優占する群集から，徐々に塊状ハマサンゴなど特定のサンゴ種だけが優占する群集に変化し，さらに$CO_2$濃度が高い海域では海草だけが優占する群集へと変化していることが明らかになった（Fabricious et al., 2011）．沖縄の硫黄鳥島沖でも$CO_2$の湧出が発見された．その付近ではパプアニューギニアとは異なり，$CO_2$濃度の増加とともに多様なサンゴが優占する群集から，石灰質の骨格をもたない軟質サンゴ（ソフトコーラル）だけが優占する群集に変化していた（Inoue et al., 2013）．2015年には，新たにマリアナ諸島沿岸のサンゴ礁域で3か所目の$CO_2$湧出域が発見された．ここでは，$CO_2$濃度が将来予測されるレベルの場所で，塊状ハマサンゴやソフトコーラルなどのサンゴ群集はみられず，ターフアルジーと呼ばれる芝状の海藻類が観察された（Enochs et al., 2015）．また，伊豆諸島の式根島においても海底からの$CO_2$湧出が太平洋の温帯域としては初めて発見された（Agostini, 2015）．これらの海域は，どこも人の影響をほとんど受けていないことから，海洋酸性化による影響だけを生態系レベルで評価できる大きな利点がある．これらの結果から，海洋酸性化の進行に伴って，第一にサンゴ礁の群集組成が大きく変化すること，第二に生物の多様性が激減すること，そして第三にイシサンゴなどにかわって海草・海藻やソフトコーラルのように炭酸カルシウムの骨格をまったくあるいはほとんどもたない生物が優占する可能性が示唆された．これらのことから，海洋酸性化はサンゴ礁域の生物群集，生態系，景観，地形を大きく変えてしまうことが予想される．

## b. 海草藻場

　海草藻場は，熱帯から亜寒帯にかけて沿岸域に広く分布している．サンゴ礁のように生物多様性が高く，多くの稚魚や甲殻類が生息しており，水産資源が豊かなほか，栄養塩の吸収や底質の安定化，消波などの重要な機能もある（Duarte, 2002）．さらに温帯域の海草藻場では，総生産量が呼吸量を大きく上回っており，底質が有機物を保持する能力も高いことから，$CO_2$の貯蔵庫としての働きにも，近年，注目が集まっている（Duarte et al., 2010；McLeod et al., 2011）．

　海洋酸性化は，海藻・海草の生産を増やすことから，藻場では他の生態系よりも好ましい影響が現れると予想される（Palacios and Ziemerman, 2007；Ow et al., 2015）．しかし，植物プランクトンなどと同じように，海藻・海草の酸性化応答も種によって大きく異なるため，その群集組成も大きく変わるだろう（4.1.2項参照）．たとえば，海洋酸性化が海草藻場における藻類の新規加入とその後の個体群遷移に及ぼす影響を調べたところ，海水中の$CO_2$濃度にかかわらず，新しく加入した海藻の個体群は同じだった．一方，$CO_2$濃度が高い環境では，海藻の成長速度が石灰藻に比べて高くなったために石灰藻が排除され，生物多様性は低くなった（Kroeker et al., 2012）．また，海草の葉に多く付着する石灰藻類は，海水中の$CO_2$濃度が高くなるにつれて大きく減ることも示された．その一方で，石灰質の外壁を形成し，海草上に表在する外肛動物門のコケムシ類の生物量は影響を受けないことも示されている（Martin et al., 2008）．これらの結果から，海草藻場域では，海洋酸性化が進むにしたがって一次生産量は増えるものの，生物の多様性は低くなり，生態系としての機能が変わると考えられる．

## c. 岩礁域

　岩礁潮間帯には，軟体動物（貝類など），甲殻類（カニ，エビ，フジツボなど），棘皮動物（ウニ，ヒトデなど），海藻などの多くの底生生物が生息している．それらの生物は，捕食や競争などによって相互に絶妙なバランスを保ちながら生態系を構成している．そのような生態系では，一部の生物が酸性化によって負や正の影響を受けると，生物間のバランスが崩れ，生態系が大きく変わる可能性がある．

　たとえば酸性化が速く進んでいる米国西海岸ワシントン州の岩礁潮間帯で生物群集の変遷を調査したところ，石灰藻やイガイなどの石灰化生物が減るかたわら，海藻などの非石灰化生物が増えていた（Wootton et al., 2008）．また，岩礁域に生息する巻貝の一種のタマキビは，ふつうこれを食べるカニ類が周囲に生息すると厚い殻をつくるが，酸性化した環境下では厚い殻をつくることができなくなった．このことから，カニなどによるタマキビへの捕食圧が高まる可能性がある（Bibby et al., 2007）．さらに二枚貝のイガイの一種は，酸性化によって岩に付着する力も弱まった．これらのことから，酸性化はイガイへの捕食圧を高める上に，イガイと生息場所を競争する他の生物との関係性にも影響すると考えられる（O'Donnell et al., 2013）．

　また，ウニ，海藻，石灰藻の三者の間には，ウニによる海藻の捕食，海藻と石灰藻の生息場所をめぐる競争，石灰藻によるウニの幼生の着底と変態の促進といった関係のあることが知られている．酸性化は，海藻には正の影響，石灰藻とウニには負の影響を及ぼすことから，これら三者の関係も変化していくだろう．

### 4.2.3　極　域

　南大洋や北極海の生態系も，海洋酸性化の影響を強く受けるおそれがある．これら極域の海では，もともと熱帯域や亜熱帯域よりも海水の炭酸カルシウム飽和度が低い．したがって，酸性化が進むと，極域に生息する石灰化生物は，広い海域の海の表層として最初に炭酸カルシウム未飽和の海水にさらされるのである（3.5.3項参照）．たとえば北極域では，このまま$CO_2$の排出量が増加した場合に大気中の$CO_2$濃度が450 ppmに達する2030年頃までに，炭酸カルシウムが未飽和に

なると試算されている（McNeil and Matear, 2008）. さらに近年は, 温暖化による海氷の融解によって海水の塩分が下がることで, 炭酸カルシウム未飽和への傾向が加速している（Yamamoto-Kawai et al., 2009; 3.5参照）.

極域の海に多く生息し, 石灰質の殻をつくる生物として, 浮遊性有孔虫や翼足類があげられる. 浮遊性有孔虫の飼育実験からは, 海水の炭酸カルシウム飽和度と有孔虫の殻の厚さに正の相関のあることが示されている（Spero et al., 1997）. また, 過去5万年間に深海底に堆積した有孔虫の殻の重さは, 大気中の$CO_2$濃度と負の相関があり, 現在の有孔虫の殻重量は過去のものに比べて30〜35％も軽いことがわかっている（Moy et al., 2009）. 翼足類については, 酸性化が進むと殻の形成量や呼吸量が減り, 殻の溶解が増えることが実験で示されている（Comeau et al., 2009; Bednaršek et al., 2012a）. そして実際に, 北極海の水深200mからは, すでに殻が溶解した翼足類個体が採集されている（Bednaršek et al., 2012b）. これらの研究結果は, 海の表層から深層に運ばれる炭酸カルシウムの量が, 今後, 酸性化によって減ってゆくことを示唆している. また, 海洋酸性化は, 南極オキアミの卵の孵化率を下げ, 幼生の発生不全を引き起こすことから, 南極オキアミの生物資源量を減らすことも予想される. 南極オキアミはペンギンやクジラなど多くの生物の主要な餌であるため, その影響は食物連鎖を通して大型の生物にも及んでゆくおそれがある（Kawaguchi et al., 2011; 2013）.

〔栗原晴子〕

## 4.3 人間社会への影響

海の生態系は, 人間社会にさまざまな生態系サービスという恩恵をもたらしている（Costanza et al., 1997）. 生態系サービスには, 水産業や観光業などを通して得られる経済的な価値の提供が含まれる. 海草藻場などが$CO_2$を吸収することによって受ける恩恵や, サンゴ礁がもつ防波堤効果などによる防災上の恩恵も含まれる. しかし, 我々がこれまで海から享受してきたこれらのサービスが, 海洋酸性化によって劣化するおそれが高まっている.

たとえば, 美しいサンゴ礁は観光資源として価値が高く, 沖縄をはじめサンゴ礁の近辺にある地域社会の多くは, その経済をマリンレジャーなどの観光業に依存している. しかし, 海洋酸性化によってサンゴやそれをとりまく生態系が劣化すると, 地域経済や社会活動にとって大きな打撃となる.

また, 温暖化によって海面水位が上昇しており, これに加えて台風の強大化が予測されていることから, 高浪や台風に対する防災や減災を考える上でも, サンゴの礁嶺がもつ消波機能は今後いっそう重要になる. しかし, 海洋酸性化は, サンゴの石灰化速度を低下させるために, 礁嶺のもつ防災機能をも劣化させるおそれがある.

将来的には, 世界的な経済成長に伴い, サンゴ礁を舞台とするレクリエーション活動もより盛んになってサンゴ礁が有する経済波及効果が大きくなるぶん, サンゴの劣化による経済的損失はさらに拡大するおそれがある. 今世紀末までに海洋酸性化がサンゴ礁でのレクリエーション活動に直接及ぼす経済的な損失は, 気候変化による経済的損失の1割程度になると見積もられている

図4.5 海洋酸性化が特段の対策なしに進行し, かつこれらの人為的影響に対して海洋生物が適応できなかった場合, 北日本の代表的な握り寿司（左）が将来どうなる可能性があるかを示した. 石灰化生物であるウニ, ホッキガイ, アワビ, ボタンエビ, ホタテ, カニなどを中心に影響を受けると懸念される（右）. 余談だが, $CO_2$排出の一因である石油の大量消費を続けると, 石油が枯渇し, プラスチック製の葉蘭（ばらん）も将来的に小さくせざるをえないかも？

(Brander et al., 2012). ただし，これまでの見積もりでは，サンゴ礁がもつ多様な生態系サービスのうち，レクリエーション活動に関するものだけが考慮されているので，防災機能など他の生態系サービスの損失も含めると，被害額はさらに大きくなるはずである．

海といえば海の幸！という方にとって，最も気になるのが水産業への影響であろう（図4.5）．とりわけ，海洋酸性化が世界中の水産業に与える被害のうち，最も深刻になるのは貝類の被害だろう．水産業に重要なカキやイガイなど多くの貝類は，海洋酸性化によって成長が阻害される可能性がある（Michaelidis et al., 2005；Gazeau et al., 2007）．特に幼生期や稚貝期には，海洋酸性化によって殻の形成が阻害されたり，幼生の適応度が下がることで，個体群サイズが小さくなる可能性が指摘されている（Kurihara et al., 2007；2008；Parker et al., 2009）．実際に4.1.4項でも紹介した米国西海岸沿岸部における養殖カキ幼生の大量斃死は，カキ養殖業に大打撃を与えた（Feely et al., 2008；Barton et al., 2012）．

海洋酸性化が進めば被害はさらに拡大する．米国の貝類の漁獲高は，2060年までに総額17〜100億米ドルも減ると推計されている（Cooley and Doney, 2009）．また，新興国や途上国を含む世界的な水産資源需要の高まりに伴って，今後，貝類の需要も増加が見込まれるが，海洋酸性化による今世紀の世界の貝類生産の経済的損失は，1000億米ドルにのぼると試算されている（Narita et al., 2012）．特に途上国では，食料や経済活動で貝類への依存度が高いために，迅速かつ適切に対策を講じられるよう準備しておかなければ，深刻な事態を招きかねない（Cooley et al., 2012）．

有害な毒をもつ植物プランクトン（有害藻類）の増殖にも注意が必要である．海洋酸性化によって植物プランクトンの生産が増えると予想されてはいるが，有害藻類が増えた場合は，水産資源が大きな打撃を受けると考えられ，そのリスク評価も重要な課題である．

2014年に中国漁船による密漁が問題になった深海サンゴ（宝石サンゴ）の骨格も炭酸カルシウムでできている．そのため，やはり海洋酸性化によって成長が阻害される可能性がある．宝石サンゴは炭酸カルシウム飽和度が低い深海に生息することに加え，成長がたいへん遅いので，酸性化影響が特に懸念される．そしてその影響は宝石サンゴに関する産業や文化にも及ぶかもしれない．規模の大小や時期の早晩はあるにしろ，今後，海洋酸性化の影響は，さまざまな形で社会に顕在化し始める可能性がある． 〔栗原晴子・藤井賢彦〕

## 4.4 海洋酸性化の将来予測

海洋酸性化が，海の生物と生態系や人間の社会に，いつ，どこで，どんな影響を及ぼし，その影響を最小限にとどめるには，いつ，どんな対策を講じるべきか？　その指針を得るために，スーパーコンピュータを使った数値シミュレーションによる将来予測が行われている．

これまでに得られた予測結果の多くは，海洋酸性化の生物への影響が海域によって大きく異なること，特に海水の酸性度がもともと高い極域や湧昇域で早く現れること（たとえばHauri et al., 2009；Steinarcher et al., 2009；Gruber et al., 2012；Yamamoto et al., 2012），そして地球温暖化との相乗効果が，生物の生息域，多様性，機能に対する酸性化の悪影響に拍車をかけることを示唆している．たとえば，日本近海のサンゴは，海洋酸性化によって生息できる海域の北限が少しずつ南下するが，同時に水温上昇による白化現象が頻発するようになり，今世紀後半には生息できる海域がなくなって絶滅する可能性も指摘されている（Yara et al., 2012；図4.6）．その一方で，数値シミュレーションの結果は，人間社会が$CO_2$の排出をただちに減らすことで地球温暖化と海洋酸性化の進行を遅らせ，海の生物や生態系への致命的な打撃を回避できることも示唆している．

4 海洋酸性化

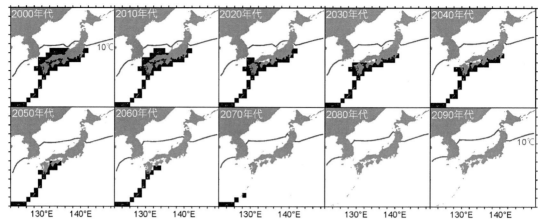

図4.6 IPCC-AR4のCO₂高排出（A2）シナリオに基づく，2000年代～2090年代の10年ごとの日本近海におけるサンゴ分布可能域の予測結果（Yara et al., 2012より改変）．地球温暖化に伴う海水温上昇による温帯性サンゴの分布北限の位置を年最低水温10℃線で，アラゴナイト飽和度の年最低値が2.3（Yara et al., 2012に基づく，海洋酸性化によって規定されるサンゴの分布限界）以上の浅海域を黒影で示す．

しかしながら，地球温暖化と海洋酸性化が海の生物や生態系に及ぼす影響は，相手が生物であるために一筋縄では理解できないことも多く，また生態系が複雑なために，得られた結果にも少なからず不確かさがつきまとう．不確かさを生む原因の例をあげるならば，これまでの将来予測には，複数の生物種間の競合関係の変化や生物適応が考慮されていないため，影響が過大に評価されている可能性がある（Yara et al., 2012）．そもそも，人為的な$CO_2$排出量が急激に増加している今の状況においては，将来の動向を十分な精度で予測することはきわめて困難である．中国など急激な経済成長を遂げている国々で$CO_2$排出量が急増していることもあって，近年の世界全体の$CO_2$排出量は，気候予測のための数値モデルに与えられたどの排出シナリオをも上回っているとも考えられる．そのため，これまでの予測結果は過小評価になっている可能性がある．すなわち，海洋酸性化の動向と影響をより確かに予測するには，海洋酸性化に対する生物応答の不確かさを実験や観測によって減らすほか，気候，物質循環，生態系の数値モデルに内在する不確かさや，将来の人口増加と経済活動に関する不確かさを減らすことが求められるのである．

4.2.2項で紹介したように，酸性化した将来の海洋環境を先取りしている天然の$CO_2$噴出点も，世界の何か所かで見つかっている．日本でもこれまでに硫黄鳥島（沖縄県）と式根島（東京都）で確認されている（Inoue et al., 2013；Agostini et al., 2015）．こうした$CO_2$噴出点において生物・生態系の詳しい調査を続けていくことで，海洋酸性化が今後，生物や生態系にどんな影響を及ぼしていくのか，重要な示唆が得られるはずである．

〔藤井賢彦〕

## 4.5 対　策

地球温暖化と海洋酸性化から社会を守るために，適切な対策を待ったなしで講じなければならない．講じるべき対策は，緩和，適応，保護，修復の4つに大別することができる（Gattuso et al., 2015；表4.1）．

地球温暖化も海洋酸性化も，人類の産業活動によ る大量の$CO_2$排出が原因であり，排出された$CO_2$の大気濃度を大幅に削減するよりほかに抜本的な緩和策は存在しない．また，$CO_2$の排出削減は早く進めればそのぶん，より確実に温暖化・酸性化影響を回避できる．近年，$CO_2$回収貯留（carbon dioxide capture and storage：CCS）が

有力な緩和策として注目されているが，海底下に貯留する場合，海底を通じて$CO_2$が海洋に溶出するような事態が発生すれば，海の生物や生態系に対して悪影響が懸念される．その他の対症療法的な緩和策のなかには，温暖化には有効だが酸性化には有効ではないか，むしろ逆効果になる対策や，反対に酸性化には有効だが温暖化には有効ではない対策もあり，それらは現実的な対策とはなり得ない．たとえば，エアロゾルを散布して日射量を人為的に減らす．そうすると地球温暖化の緩和には役立つかもしれないが，海洋酸性化の緩和には役立たないし，エアロゾルの種類によっては酸性化が加速するおそれすらある（たとえばRoyal Society, 2009；Williamson and Turley, 2012）．また，酸性化した海水にアルカリ性物質を人工的に投入して環境を修復する考えもあるが，海の生物や生態系に対するリスクは評価できていない．

一方，地球温暖化や海洋酸性化の抜本的な緩和策として，人類が直ちに$CO_2$排出を削減しても，その影響を回避するには長い時間がかかる．したがって，今そこにある危機に対応するには，原因に対する根治療法である緩和策を進めていくことをもちろん怠ってはならないが，適応や保護，修復といった対策も並行して進めていく必要がある．特に，社会基盤が脆弱で，なおかつ$CO_2$排出に対する歴史的な責任が小さい途上国にとっては，緩和策よりもこれらの適応策などが重要となる．

すでに述べたように，今後，中国をはじめとする新興国や途上国の経済成長に伴って水産資源の需要が高まる一方で，貝類のような石灰化生物には海洋酸性化が襲いかかる．そのため，水産資源を将来にわたって安定的に確保するためには，養殖漁業を強化する適応策も必要である（Cooley et al., 2012）．その際，海洋環境の変化に応じた養殖海域の移動，酸性化に対してより耐性の高い養殖対象種への変更（Parker et al., 2011），養殖技術の向上といった適応策を順応的に講じていく必要があるだろう．ただし，酸性化影響の観点からみると好適な海域や対象種が，地球温暖化や他の環境要因などの複合影響の観点からみると好適でない場合も考えられる（たとえば柴野ら，2014）．また，劣化した生態系の修復策として，サンゴの移植などを行う場合には，生物多様性の維持にも十分に配慮しなければならない．

気候変化に対して講じるべき上の4つの対策は，決して互いに独立したものではない．抜本的な緩和策である$CO_2$の排出削減が遅れるほど，影響の回避に必要な別の対策の敷居が高くなることを肝に銘じておかなければならない（たとえばGattuso et al., 2015）．そのため，適応，保護，修復の各対策の実施を免罪符とすることなく，$CO_2$の排出削減という緩和策も合わせて実施していくことが重要である．

海の生物が劣化する要因は1つではなく，複数の要因が複雑に絡み合って生じていることが多い．このような場合，ストレス要因のうちの1つ，たとえば局所的なストレス要因である富栄養化や貧酸素といった要因を改善すると，全体への影響

表4.1 気候変化に対して講じるべき対策（Gattuso et al., 2015に基づき作成）．緩和，適応，保護，修復の4つに大別される．個々の対策の中には，大気$CO_2$濃度の削減につながる（つまり地球温暖化と海洋酸性化の両方に有効な）対策，海洋酸性化のみに有効な対策，逆に海洋酸性化には効果がなかったり逆効果だったりする可能性のある対策も存在する．

| 緩 和 | 適 応 | 保 護 | 修 復 |
| --- | --- | --- | --- |
| $CO_2$の除去 | インフラの整備 | 他の環境ストレス因子の軽減 | アルカリ物質の投入 |
| $CO_2$の排出削減 | 業務の変更 | 海洋保護区の整備 | 生物進化の補助 |
| 沿岸汚染の軽減 | 生態系の活用 | 生態系避難地の保護 | 劣化した生態系の修復 |
| $CO_2$以外の温室効果ガスの削減 | 移動 | | |
| 日射量の管理 | 人間活動の再配置 | | |
| | 生物種の再配置 | | |

# 4 海洋酸性化

も軽減される可能性が高い．たとえば，海洋酸性化対策は地球温暖化対策にもなることが多いので，地球温暖化対策の合意形成が難しい場合でも，海洋酸性化対策を迅速に進めていくことで，地球温暖化を軽減できるかもしれない．

〔藤井賢彦〕

---

### 第 4 章のポイント

- 海洋酸性化は，海の多くの生物種に悪い影響を与え，生態系を破壊し，これに依存する人間社会に多くの損失を与えるおそれが大きい．

**4.1**
- 植物プランクトンや海藻・海草の海洋酸性化に対する応答は種によって異なるため，海洋酸性化によってそれらの群集組成は著しく変わると考えられる．
- 動物プランクトンや軟体動物などの底生生物も，石灰質の殻や骨格を持つ生物種は，海洋酸性化の悪影響を受けるおそれがある．酸性化による植物プランクトン群集の変化も，動物プランクトンの種組成に影響する可能性が高い．
- 海洋酸性化は，魚類の臭覚，聴覚，視覚にも影響し，その行動異常を引き起こすことが明らかにされつつある．

**4.2**
- 海洋酸性化によって海の生物多様性は低くなり，海の生態系が持つさまざまな価値や機能が下がるおそれが大きい．

**4.3**
- 海洋酸性化の影響は，今後，さまざまな形で人間社会に現れ始めると考えられる．

**4.4**
- スーパーコンピュータによる将来予測によれば，人間社会が $CO_2$ 排出をただちに減らすと，温暖化と酸性化の進行を抑えることができ，これらによる海の生態系への致命的な打撃を回避できる．
- 天然の海底 $CO_2$ 噴出点付近の生態系を詳しく調査することで，今後，海洋酸性化が生態系にどんな影響を及ぼしていくのか，重要な示唆を得ることができる．

**4.5**
- 海洋酸性化については，$CO_2$ 排出削減の抜本的な対策に加え，適応，保護，修復といった対策も進めてゆく必要がある．

# 5 海洋生態系への影響

## 5.1 魚類の回遊の生理・生態に与える影響の概念

### 5.1.1 顕在化する温暖化の影響

　海洋生態系に対する地球温暖化の影響を示す現象として，海水温の上昇に伴うサンゴの白化現象が象徴的であり，2007年に大規模に発生した沖縄県の石西礁湖における白化現象は，温暖化がもたらす海洋生態系の影響を暗示するものであった．また，日本沿岸域の水産資源の動態に着目すると，一般的には津軽海峡を通過するクロマグロが宗谷海峡を通過して北海道沿岸の定置網で漁獲される事例が増え，網走沖でもブリの漁獲がみられるようになってきた．また，東シナ海から九州・瀬戸内海で従来漁獲されていたサワラが，日本海，さらに青森や岩手でも漁獲がされるようになり，このような事例は温暖化が顕在化した現象として捉えられている．

### 5.1.2 温暖化の影響の攪乱要因

　もちろん，経年的な現象が起因して外洋水との海水交換が悪くなると浅海域や内湾域のような閉鎖性水域では海水温が上昇する可能性があり，さらには黒潮の流路変動といった一時的な現象が来遊メカニズムを変動させる要因となる．したがって，必ずしも温暖化だけが海洋生態系に影響を与えるわけではないが，そのような事象を深く検討した上で飼育実験や数値モデル実験などを通じて生物の成長・生残に対する温度依存性のメカニズムを生理生態的に解明することこそが，地球温暖化の影響の将来予測を可能にする．また，温暖化は海洋の鉛直的な安定度にも影響を及ぼすことから，混合層深度と関連した海洋生物の餌となる動植物プランクトンによる低次生物生産も予測すべき重要な要素となる．

　しかし，数年から数十年スケールで発生する海洋気象変動に伴う水温変動が引き起こす海洋生物の分布や資源量の一般的な変動の中から，地球温暖化の影響だけを分離することは困難である．たとえば，北太平洋亜熱帯循環系に属する北赤道海流域や黒潮上流域は，ニホンウナギやクロマグロなどのような大規模回遊魚の産卵場となっており，この海域における卵・稚仔の輸送環境を含めた環境要因の変動は，エルニーニョに伴う海洋構造の変化がそれらの資源量変動に重大な影響を与えていると考えられている．また，エルニーニョに伴う西部太平洋に位置する暖水プールの移動は，カツオの産卵場の東偏をもたらすことが知られており，操業場所と関連して水産業とも密接な関連がある．さらに，ビンナガはエルニーニョに伴う北太平洋中央部の低温化とともに漁獲が減少することから，回遊経路の広域化が推測されている．したがって，温暖化の影響があったとしてもこのような大きな海洋変動現象の前では潜在化してしまい，100年スケールの統計量がないと，なかなかその影響を抽出することは難しい．とはいえ，時間的には数年程度の短周期ではあるが，空間的には大規模に変化するエルニーニョのような変動現象に対応した生物の分布構造の変動メカニズムを理解することのなかに，温暖化に伴う生物の応答メカニズムの理解につながる手がかりがあ

る．

　一方で，60〜70年周期で発生するレジームシフトといった地球規模の海洋気象変動とマイワシ類の資源量変動との間には密接な関連が見出されており，少なくとも極東に生息するマイワシは北西太平洋の表面水温との関連が指摘されている．しかし，この場合は水温の直接的な影響というよりもアリューシャン低気圧の発達に伴う北西太平洋の冬季の表面水温の低下に代表される鉛直混合の発達による栄養塩を介した低次生物生産の増加がそのメカニズムとも考えられており，寿命が数年程度のマイワシ類のような多獲性魚類に対する温暖化の影響評価を漁獲量変動のなかから見出すことは難しい．そして，カイアシ類に代表される多獲性浮魚類の餌の増減が海洋の鉛直的安定性によって支配されるとするならば，温暖化による成層の発達は餌の減少をもたらし成長を阻害する一方，高水温そのものが成長を促す要因ともなりうる．つまり，サンゴの白化現象のように水温が直接成長と生残に影響を及ぼす場合を除き，自然変動することが前提となる水産生物資源を対象として，漁業活動や生息環境の改変に伴う人為的な影響，低次生物生産の動態や生理的な水温依存性なども考慮しながら，海洋生態系の中位から上位に位置する水産生物の資源量に対する温暖化の影響を評価することは，あくまでも，可能性のある1つの将来シナリオを示すことに過ぎない．

　魚類の回遊に対する地球温暖化の影響を評価する際には，産卵・索餌行動に対する応答としてのメカニズムを理解することも必要である．遊泳能力の乏しい卵・仔稚魚期における海流による生物輸送も含めて回遊が成り立っているので，水温の上昇に伴う生理生態的な応答だけではなく，海洋構造の変化がもたらす輸送分散機構にも着目する必要がある．産卵場所と生息場所が空間的に大きく離れてしまったために再び産卵場所に戻れない，あるいは移動した先の生息環境が不適なために生き残れないなどの理由で再生産に寄与することができなくなる場合を死滅回遊というが，温暖化に伴って死滅回遊が増えるとするならば，前述したサワラの漁獲海域の北上は長期的には資源水準の低下を招くことになる．

##  関連する変動メカニズム

　水産海洋学的観点では，水産資源の変動には仔稚魚期の初期減耗が重要な役割を果たしているという臨界期（critical period）仮説に基づいた研究が展開されており，仔魚から稚魚に至る過程で生残に適した環境で生息することの重要性が指摘されている．そして，餌となる生物の生産が仔稚魚の出現と時間的にも空間的にも一致した場合に高い資源量がもたらされるとした考えをマッチ・ミスマッチ（match-mismatch）仮説といい，さらに，湧昇が定常的に発生したり，クロロフィル極大層形成のように安定的に高い密度で餌生物が形成されたりする海洋環境における鉛直的安定性が年級群強度を決定するという海洋安定（stability ocean）仮説と併せて，初期生活史の基本的な考え方となっている．地球温暖化の影響を予測するには，このような初期生活史の定量的なモデル化が必要となってくる．

　地球温暖化が引き起こす海洋変動現象は，海水温の上昇だけでなく，海洋酸性化をもたらすとみられており，炭酸カルシウムで構成される貝類の殻にも大きな影響を与えると考えられ，アワビなどの水産重要種への影響が懸念されている．しかし，これらの底生生物にとっては適切な資源管理などとはほど遠い密漁といったきわめて世俗的な問題が喫緊に解決すべきことなのであり，また，船舶のバラスト水の排水に伴う動植物プランクトンや微生物を含めた海洋生物の越境移動がもたらす生態系の攪乱は，短期的には地球温暖化よりも深刻な問題なのかもしれない．近年，連結性（connectivity）という概念が一般的になりつつあり，1つの海洋生態系を成す海域どうしの連関性が議論されるようになってきた．つまり，温暖化を局所的な海域の議論で完結させるのではなく，広い海域を包括し，さらにはこれまでのような海流による輸送分散といった海洋環境の自然変動の

範疇内での議論を越えて，短時間に長距離のピンポイントな海域をつなぐ，これまで考えてこなかった時空間スケールでの評価が求められることになる．

### 5.1.4 温暖化研究の意義

結論として，回遊によって生息環境の変化を一定程度回避することが可能である一方，人間による漁獲によって現存量が短期的に大きく減少させられる可能性のある水産重要魚介類を対象に，地球温暖化の影響を定量的に評価し，その対策を講じることはとても困難であるといわざるをえない．水産業に対する地球温暖化の影響を最小限にくい止めるためには，陸上養殖でその活路を見出すことは一見可能なようにもみられるが，それらの餌料となる海洋生物の確保を考えるととても現実的ではなく，将来においてもごく限られた魚介類のみが対象となるであろう．しかし，海洋生態系における個々の生物の生理・生態に与える温度の影響がわかりつつある今日，モデルを作成し数値シミュレーションを試行することによって感度解析を行って，乱獲，環境改変，越境移動といった人為的な影響が地球温暖化の影響を大きく増幅させることにならないかを監視し警鐘を鳴らしていくことは可能であり，ここに水産生物を対象とした温暖化研究の重要な意義がある．つまり，地球温暖化の影響を急にストップさせることはできないが，それ以外の人為的な影響を何とか抑制して温暖化の影響を顕在化させないようにすることは可能であり，持続可能な海洋生態系の利用を考える上で必要な管理方策の指針を与えることにつながるものと考える． 〔木村伸吾〕

## 5.2 タラ・サケ類などの国際的な魚類資源の動向と予測

### 5.2.1 国際的な魚類資源の動向

本節では重要水産資源であるタラ・サケ類について述べるが，その前に海洋が人類に与える生態系サービスの1つとして重要な世界の水産物供給に注目してみよう．2013年には海面と淡水面合わせて1億9106万tの水産物の生産量があった（FAO国際連合食糧農業機関資料FishStat）．2013年の世界人口は71億6200人（国際連合Demographic Yearbook）であるから，年間1人当たり約26.7kgの水産物が提供されていることになり，水産物は人類の重要なタンパク源の1つとなっている．しかし，その内訳をみてみると，漁獲による水産物は1990年代に入り9000万t程度で頭打ちとなっており，養殖生産が増加しているだけである．2013年には，養殖生産が9720万tとなり，漁獲生産9386万tを初めて上回った（図5.1）．一部の研究者からは，すでに過剰漁獲の状況になっていることも指摘されている（Pauly *et al.*, 2002）が，長周期の気候変動や地球温暖化等の気候変化が影響している可能性もあり，今後さらに顕在化してくる地球温暖化の影響が懸念される（Cheung *et al.*, 2009）．

### 5.2.2 タラ類の動向

タラ類は，ニシン・イワシ類に次いで多く海面で漁獲されており，2012年の統計では全海面漁

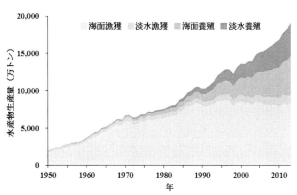

**図5.1** 1950〜2013年の世界の水産物の生産量（t）．（データソースは国際連合食糧農業機関のFishStat）．

## 5 海洋生態系への影響

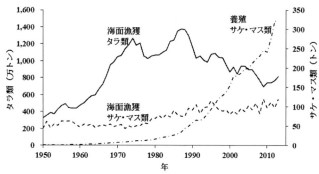

図5.2 1950〜2013年の海面で漁獲されたタラ類およびサケ・マス類および養殖によるサケ・マス類の生産量の推移（データソースは国際連合食糧農業機関のFishStat）．

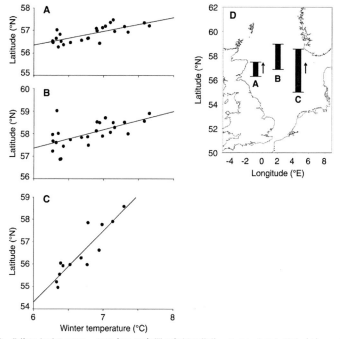

図5.3 北海における1977〜2001年の25年間の魚類の移動．タイセイヨウダラ（A），ニシアンコウ（*Lophius piscatorius*）（B），ウナギガジ属（*Lumpenus lampretaeformis*）（C）の北海における平均分布緯度と低層水温（5年間移動平均）の関係と，各魚種の移動（D）（Perry *et al.*, 2005）．

獲の約8％を占めている．サケ・マス類は，全海面漁獲の全体の1％ではあるが，養殖生産が飛躍的に伸びており，重要水産物となっている（図5.2）．タラ類は1960年代に漁獲量が増加し，1970年代から1980年代にかけて極大値を示したが，1990年代以降は減少傾向にある．一方，サケ・マス類の漁獲量は，1980年代に増加し，1990年代に極大値を示した後2000年付近にかけて減少したが，近年再び増加しつつある．

前節に述べられているように，地球温暖化の魚類への影響はさまざまなものが考えられるが，タラ類については，1977〜2001年の間の25年間の約1℃の水温上昇によって，北大西洋の東部に位置する北海のタイセイヨウダラ（*Gadus morhua*）が高緯度側に分布域を移動したことがすでに報告されている（Perry *et al.*, 2005；図5.3）．一般的に，仔稚魚期の好適水温帯は，幼魚や成魚と比較すると狭いことが多く，タイセイヨウダラにおいても仔稚魚期および産卵期の好適水温範囲が狭いために，水温上昇に敏感に反応したと考えられている（Pörtner *et al.*, 2008）．

上記の水温上昇は地球温暖化に関連していると

## 5.2 タラ・サケ類などの国際的な魚類資源の動向と予測

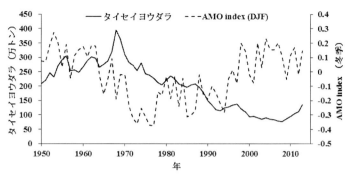

**図5.4** 北大西洋における1950〜2013年のタイセイヨウダラの漁獲量と冬季AMO indexの時間変動．AMOが正の値をとる際には，北大西洋の水温が上昇していることを示す（タイセイヨウダラの漁獲量のデータソースは国際連合食糧農業機関のFishStat．AMO indexのデータソースは，http：//www.esrl.noaa.gov/psd/data/timeseries/AMO/）．

考えられているが，大西洋では，大西洋数十年規模振動（Atlantic Multidecadal Oscillation：AMO）と呼ばれる数十年周期の長周期変動が存在する．このAMOによって，北大西洋で1910年から1940年代後半の間に約0.8℃水温が上昇した事例がある．この際，多くの魚種が高緯度側へと分布域を移動している（Drinkwater, 2006）．そのなかで，タイセイヨウダラが最大の移動距離を示し，1200kmに達した．また，産卵場が高緯度側へと拡大したことが報告されている．高水温に伴って，タイセイヨウダラの成長も好転した．魚類の場合，仔稚魚期が最も被食される危険性が高いため，仔稚魚期の成長が促進され，仔稚魚期の期間が短くなると，生残率が高くなることが指摘されている（Anderson, 1988）．タイセイヨウダラも，この高水温期に，生残率が好転し，資源量が増加したことが報告されている（Drinkwater, 2006）．

1980年代から1990年代初頭にかけて，大西洋の北西部では逆に水温が下降した時期があり，タイセイヨウダラを含む多くの魚種が分布域を低緯度側へと移動させた（Rose and O'Driscoll, 2002）．1990年代初頭から2000年代半ばにかけては，水温が上昇し（図5.4），動物プランクトンの生産などは上昇したが，北西大西洋のニューファンドランド付近のタイセイヨウダラが復活しなかったことが報告されている．また，北西大西洋の中緯度にあたるジョージズバンク（Georges Bank）では，低緯度から多種の魚種が移動してきたため，タイセイヨウダラの仔魚の生残が低下したこと報告されている（Mountain and Kane, 2010）．

一方，大西洋の中央部にあたるアイスランド周辺では，1990年代半ばからの15年間で1〜2℃の水温上昇が観測されており（図5.4），これに伴い重要水産魚種であるコダラ（*Melanogrammus aeglefinus*）の分布域が高緯度側へ移動したことが報告されている（Valdimarsson *et al.*, 2012）．

大西洋の北東側に位置する北極海の一部であるバレンツ海では，1980年から水温が上昇し続け，近年10年間が記録的に水温が高かった．このため，オキアミ類および大西洋と分布域がつながっている亜寒帯系の魚種が増えたことが報告されている（Johannesen *et al.*, 2012）．このとき，タイセイヨウダラ，コダラなども増加したことが報告されている（Eriksen *et al.*, 2012）．これは，水温の上昇および大西洋からの暖水の流入に伴い亜寒帯性のオキアミ類が増加し，タイセイヨウダラの幼魚の成長を促進したためであると考えられている．一方で，ホッキョクダラ（*Boreogadus saida*）は極域性の動物プランクトンの減少とともに，資源が減少したことが報告されている（Dalpadado *et al.*, 2012）．

以上のように，水温の変化あるいはそれに伴う餌料や捕食者の変化によって，タラ類の分布域や生残が変化することが報告されている．このう

ち，北極海と北海の例は，地球温暖化の影響である可能性が高いが，他の海域ではAMOの影響が現れており，地球温暖化の影響と直結しているとは断言できない．

### 5.2.3 タラ類への地球温暖化の影響評価

地球温暖化が今後さらに進行した場合，どのような影響がタラ類に及ぼされるのか研究した例として，代表的なものが3つ（Clark *et al.*, 2003；Drinkwater, 2005；Fogarty *et al.*, 2008）ある．Drinkwater (2005) は，Planque and Frédou (1999) の結果に基づき，①底層水温が12℃よりも高くなるとタイセイヨウダラの資源が枯渇，②底層水温が8.5℃以上の場合は資源が減少，③底層水温が5〜8.5℃の場合は資源の変化がなく，④底層水温が5℃以下の場合は水温が上昇するほど資源が増加，と仮定して，水温が現在より1〜4℃上昇した場合の影響を北大西洋全域で評価した．当然のことであるが，水温上昇とともに，低緯度のタイセイヨウダラの資源は枯渇する一方，高緯度での資源が増加し，全体的に分布域が高緯度へと移動する結果となった．

Drinkwater (2005) は，単純に底層水温だけで資源が増減するシナリオを仮定して予想を行ったが，Clark *et al.* (2003) は，資源動態モデルを用いて影響評価を行った．対象は，北海に絞ったが，英国気象庁のハドレーセンターの気候モデルを用いた水温の将来の予想値に基づき，簡単な資源動態モデルを用いて評価した（図5.5）．過去のデータから親魚の資源重量および海面水温と翌年の1歳魚の加入量の関係式をつくれば，翌年の1歳魚の加入量が推定できるようになる．加入量と自然死亡および漁獲による減耗がわかれば，親魚の資源尾数が計算できる．また，室内での飼育実験などから底層水温と成魚の成長との関係を定式化することで，底層水温から翌年の親魚の体重を計算することができ，資源尾数とかけることで親魚の資源重量を計算できる（図5.5）．このモデルを将来の予測水温環境下で駆動した結果，現在の

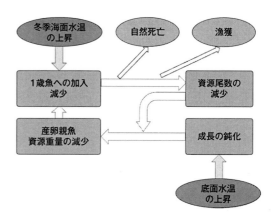

図5.5 地球温暖化によるタイセイヨウダラ資源への影響を評価したモデルの概念図（Clark *et al.*, 2003より改変）．

水温が保たれると仮定して行った計算よりもより早くタイセイヨウダラの資源が減少するという予想が得られている（Clark *et al.*, 2003）．Fogarty *et al.* (2008) もClark *et al.* (2003) と同様の方法を用いて米国東岸におけるタイセイヨウダラの地球温暖化による影響評価を実施している．その結果，米国東岸で重要な漁場となっているジョージズバンクにおいてタイセイヨウダラの漁場が将来消滅する可能性があることを指摘している．

以上，3つの影響評価は，おもに水温に注目して行っているが，レジームシフトなどの気候変動に対応したタラ類の変化にみられるように，餌料や捕食者の影響も重要である．それ以外にも溶存酸素の変化はタラ類に大きな影響を与える．大型個体はより多くの酸素供給量を必要とするため，海域間でタイセイヨウダラの成魚の体長を比較すると，水温が高い海域では最大体長が小さく制限されることが示されている（Taylor, 1958；Brander, 1995）．また，タイセイヨウダラについては，室内実験により，卵の正常な発達のためには最低限 2ml l$^{-1}$の溶存酸素が必要であることが報告されている（Nissling, 1994）．したがって，将来地球温暖化が進み，表層水温が上昇し，下層との混合が減少することにより，溶存酸素の下層への供給が減少すると，タイセイヨウダラの成魚の体長や卵の発達に制限を与えてしまう危険性がある．

また，精子の活動には塩分が11以上必要なこ

## 5.2 タラ・サケ類などの国際的な魚類資源の動向と予測

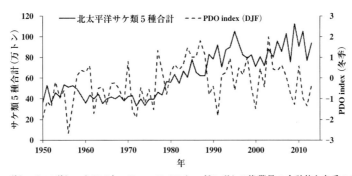

図5.6 北太平洋のベニザケ，シロザケ，カラフトマス，マスノスケ，ギンザケの漁獲量の合計値と冬季のPDO indexの時間変動．PDOが正の値をとる際には，北太平洋東部で水温が上昇し，中央および西部で水温が下降していることを示す．（サケ類の漁獲量のデータソースは国際連合食糧農業機関のFishStat．PDO indexのデータソースは，http://research.jisao.washington.edu/pdo/).

とが報告されており（Westin and Nissling, 1991），バルト海においては，将来のタイセイヨウダラの資源変動には塩分が重要であることが指摘されている（Lindegren et al., 2010）．そのほかにも海洋酸性化の問題がある．タイセイヨウダラについては，酸性化の影響に関する知見があり，21世紀半ばや沿岸湧昇域での酸性化の進んだ状態で仔魚を飼育した結果，さまざまな部位の細胞に悪影響が生じることが示されている（Frommel et al., 2012）．地球温暖化の進行とともに，これらの影響が複合的に顕在化する懸念がある．

### 5.2.4 サケ類への地球温暖化の影響

ここまで，タラ類についておもに北大西洋の例について述べてきたが，タイセイヨウサケ（*Salmo salar*）については，北西大西洋の極域および亜寒帯域の冬春季の水温上昇によって好適水温帯である4～8℃に遭遇する確率が増え，成長が促進されていることが指摘されている（Friedland and Todd, 2012）．一方，北太平洋では太平洋十年規模振動（Pacific Decadal Oscillation：PDO）と呼ばれる十年スケールの水温変動があることが知られている（Hare and Mantua, 2000；Mantua and Hare, 2002）．PDO indexが正のときには北太平洋東部が温かくなり，中央部から西部が冷たくなる．負のときには，逆に北太平洋東部が冷たくなり，中央部から西部が温かくなる．PDOに対応して，北太平洋の高緯度域でのサケ類の漁獲が10年スケールで変動しており（Mantua et al., 1997），1930～1940年代および1990～2000年代に漁獲が増加したことが報告されている（図5.6）．一方，1990～2000年代は水温上昇が激しく一部の地域では高水温による悪影響も認められている（Morita et al., 2006；Irvine and Fukuwaka, 2011）．

サケ類の場合，海域だけではなく，河川や湖沼などの陸水域，そして汽水域を利用するため，より複雑な要素が影響を与える．観測事実として，数種のサケ類で産卵回帰の時期が早くなっていることが指摘されている（Kovach et al., 2013；Cooke et al., 2008；Quinn et al., 2007；Juanes et al., 2004）．これは，基本的に海域および河川の水温上昇に対応して，産卵回帰が早期化していると考えられているが，アラスカにおけるカラフトマス（*Oncorhynchus gorbuscha*）の産卵回帰の時期が40年前と比較して2010年代には2週間早くなった現象については，後期産卵群の割合が減少しており，環境の影響を受けた選抜過程を通して，遺伝子レベルの小進化が生じていることが指摘されている（Kovach et al., 2012）．

また，北米大陸のフレーザー川で行われたベニザケ（*Oncorhynchus nerka*）の研究では，河川の支流ごとに水温や流速，河口からの距離に適応して，ベニザケが，心臓の大きさ，心拍数，酸素消費量や呼吸好適水温帯などを変化させていることが報告されており（Eliason et al., 2011），地球温暖化による水温上昇に対してサケ類がある程度適

応していく可能性もありうる.

水温以外の影響として,地球温暖化が進行することで,氷河の融解水などの流入による濁度の増加によって陸水域での餌料プランクトンが減少し,サケ類に悪影響を及ぼすことが考えられる(Melack et al., 1997).一方,湖沼の氷の融解が早まることで,アラスカなどの大型の湖でのベニザケの幼魚の餌料環境が好転する可能性も示されている(Schindler et al., 2005).また,河川の水温上昇と増水に伴い河川を遡上するために必要とされるエネルギーが増大するのに対し,雪融け水の減少により産卵場への遡上時間が減少することでエネルギー消費が減少することが予想されている(Rand et al., 2006).この際,重要となるのは産卵期のサケ類の体長がどのようになっているかである.海域での成長が十分でなく,体長が現在よりも小型になっている場合には,産卵場への遡上が困難になり,一気に資源が崩壊するおそれもある.地球温暖化の進行とともに,夏季の海域での好適水温帯面積の減少が起き,海域での成長が悪化することが指摘されている(Welch et al., 1998).

さらには,翼足類(クリオネなども含まれる)と呼ばれるアラゴナイトの殻をもつ軟体動物は,カラフトマスなどの餌料として重要である(Armstrong et al., 2005)が,極域,亜寒帯域など,海洋酸性化が急激に進行する海域では,21世紀末には翼足類がアラゴナイトの殻を形成するのが抑制されると予想されており(Orr et al., 2005;Comeau et al., 2009;Lischka et al., 2011),餌料環境としても悪化する可能性がある.このように,海域から陸水域まで利用するサケ類への地球温暖化の影響は多面的に考慮する必要がある.

また,サケ類については,養殖による生産が急増しているが,ノルウェーなど海面養殖を行っている海域では水温上昇の影響を直接的に受け,養殖海域を高緯度へと移動させる必要があることが予想されている.その一方で,生産性が向上することも予想されている(Hermansen and Heen, 2012).養殖による魚類生産も考慮しつつ,長期的な視野から漁業管理を行うことが重要である.

〔伊藤進一〕

## 5.3 日本にとって重要な魚類資源の動向と予測

###  マイワシ・カタクチイワシ資源

世界各地の沿岸域に広く分布するマイワシとカタクチイワシは地球上で最も多く漁獲される魚であり,我々の食料資源としてはもちろんのこと,家畜の飼料や肥料の原料としても利用され,多様な役割を担っている.世界のイワシ類漁獲量の1/3を占めるペルーでは,水揚げのほとんどが家畜用の魚粉飼料に加工され,ペルー産のイワシは世界の漁業経済を左右しうるほど巨額な経済価値を誇る.そのイワシ類の漁獲量が減少すると,魚粉飼料の代わりに大豆などの陸上由来の原料を使用した飼料が大量に消費されることになる.すると,大豆の供給量が激減するために,大豆の価格は高騰し,大豆を原料とするその他の食料品の生産に影響を及ぼす.すなわち,温暖化に伴うイワシ類の資源変動の影響は海洋内にとどまらず,陸上作物の生産活動や流通経済に波及することが危惧される.

### a. 海洋生態系における役割

海洋生態系の食物網において,イワシ類はおもに動物プランクトンを餌とし,イワシ類自身は大型の肉食性魚類に捕食されることで低次生態系から高次生態系へとエネルギーを転送している.イワシ類を多様な生態系の一員としてみると,温暖化による水温上昇はイワシ類の生理・生態に直接影響するほか,餌である動物プランクトンの動態に影響し,その影響がイワシ類を通してマグロやブリなどの捕食者に波及すると考えられる.このように食料資源や生態系構成種としての重要性から,温暖化とイワシ類の資源変動について,世界各地で数多くの研究が展開されてきた.

b. 気候変動と関連した資源の自然変動

マイワシとカタクチイワシの資源量は，数十年スケールで大きく増減する．たとえば，1980年代中頃には日本のマイワシ（Sardinops melanostictus）の漁獲量は400万tを超えたが，1990年代には1/100にまで落ち込んだ．急激な漁獲量減少には乱獲などの人為的な要因が考えられたが，このような大変動は北西太平洋のみならず，カリフォルニア海流域やフンボルト海流域でも同調して起きていた．さらに，過去1800年の間，カリフォルニア沖の海底に堆積したマイワシとカタクチイワシの鱗を計数した結果，イワシ類の大変動は漁獲活動が盛んになる前から起きており，人為活動がこのような大規模な資源変動の主要因とは結論づけられなかった．遠く離れた海域間で同調する現象を説明するメカニズムとして，地球規模の気候システムが数十年規模で転換するレジームシフトとの関係が注目された．結果，大規模な資源量変動の背景には，水温をはじめとする気候変動との密接な関係が要因となっていることがわかった．このようにイワシ類の資源量は自然に周期変動する特性をもっている．しかし温暖化はイワシ類の産卵場位置や卵仔魚の輸送，成長，生き残りなどさまざまプロセスに影響して，その自然変動サイクルを乱す可能性がある．

イワシ資源の動向を把握するために，世界各地で産卵場のモニタリングが長期にわたって継続されている．マイワシやカタクチイワシの産卵場は環境水温の変化に伴って変化するため，産卵場位置の変化は温暖化の生物指標として注目することができる．たとえば，南アフリカのベンゲラ海流域に分布するマイワシとカタクチイワシの産卵場の位置は水温上昇に伴って変化しており（Mhlongo et al., 2015），北大西洋のビスケー湾においても過去40年で産卵場が北上していることがわかっている（Bellier et al., 2007）．このような産卵場位置の変化は漁場位置の変化に直結し，イワシ漁に影響を及ぼすだろう．

また，温暖化は大気循環を変化させる．風の変化は大きなスケールでは海流を変化させ，小さなスケールでは乱流を変化させる．たとえば，南アフリカ沿岸域では風の経年的な変動によるアガラス海流の変化がイワシ類の加入量を左右しており（Hutchings et al., 1998），温暖化に伴うアガラス海流の変化は将来の加入量に影響すると考えられている．また，湧昇域であるペルー沖では，温暖化によって沖向きの風が強くなることで貧酸素水塊が表層へ張り出し，仔稚魚の成育場が制限されることが予測されている（Brochier et al., 2013）．一方，地中海のカタクチイワシ仔稚魚の初期生残には乱流に支配される餌との遭遇率が鍵となっていることが明らかとなっており，温暖化に伴う風の強化によって，乱流が過剰に強くなることで仔稚魚と餌の遭遇率が低下し，生残率が悪化する可能性が示唆されている（Macias et al., 2014）．

将来の不確定な資源動態の予測には，コンピュータシミュレーションが有効な手法である．なかでも個体ベースモデルと呼ばれるものは，個体の摂餌や成長，遊泳行動などの環境要因に対する応答を定式化することで，環境変化に対する個体の応答過程の再現・予測を可能とする手法である．このようなモデルを太平洋のマイワシに適用した例では，温暖化すると土佐湾沖で孵化した仔稚魚の成長は遅くなり，孵化後120日時点での体長が現在よりも小型化することが示された．小型化はすなわち高い被食リスクにつながり，加入量に影響する．一方で，土佐湾より東方の海域は，水温上昇により，マイワシの成熟にとって好適な水温環境となり，この海域が主要な産卵場となることから，温暖化後のマイワシ資源の加入に重要な場所となる可能性が示唆されている．また，現在の主要な成育場である黒潮続流域では水温上昇に伴い餌となる動物プランクトン量が増加することが予測されている．同時に，マイワシの索餌に好適な水温帯の分布が変化することで，稚魚の索餌回遊域が現在よりも北上し，そこで好適な餌料環境を経験することが予測されている（Okunishi et al., 2012）．このように最新のコンピュータシミュレーションを用いて温暖化による魚類の応答を事前に推定する研究が進められている．

## 5 海洋生態系への影響

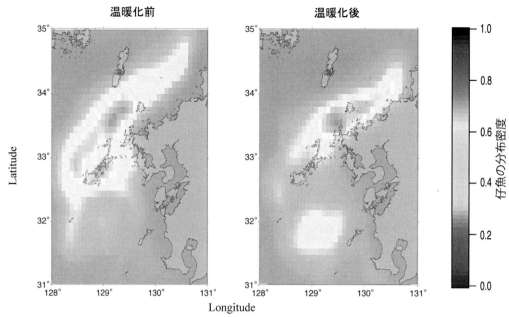

図5.7 シミュレーションによる温暖化前（左）と温暖化後（右）のカタクチイワシ仔魚の分布密度（竹茂，未発表）．➡カラー口絵

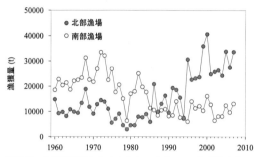

図5.8 九州西岸域におけるカタクチイワシの漁獲量変動．

カタクチイワシ（*Engraulis japonicus*）はマイワシと異なり，高水温を好む．したがって，温暖化に伴う水温上昇そのものはカタクチイワシの成長に対し好適に働く可能性がある．一方で，水温上昇がもたらす影響には間接的なものもある．カタクチイワシはおもに春季に産卵し，孵化した仔魚は海流によって沿岸域へと輸送される．沿岸域はカタクチイワシの成育場であることに加え，好漁場でもあり，産卵場と漁場間の物理的なつながりがカタクチイワシの成長を支え，食料供給として我々の生活を支えている．しかしながら，温暖化が進行すると100年後には産卵に適した水温帯が現在よりも50kmほど北上し，仔魚の分布域も北偏化することが示唆されている（竹茂，未発表；図5.7）．つまり，温暖化すると産卵場と成育・漁場間の連環が崩壊し，仔魚が成長に適した場所や漁場へ輸送されにくくなる可能性がある．このような分布域の北上傾向はすでに現れ始めている．九州西岸域の南部海域におけるカタクチイワシの漁獲量は1970年代以降，減少傾向にある一方，北部に位置する漁場では逆に増加傾向にある（図5.8）．これは，1950年代以降続く水温上昇により産卵場が北上していることが一因かもしれない（Takeshige *et al.*, 2015）．

海洋生態系における食物網の観点からみると，水温上昇は思わぬ角度からもイワシ類の動向に影響する可能性がある．近年，クラゲの大量発生が世界各地で報告され，海水温の上昇により越冬するクラゲの個体数が増加していることが指摘されている（Holst, 2012）．イワシ類は動物プランクトンを捕食するが，クラゲもまた動物プランクトンを餌としており，イワシ類とクラゲの間では動物プランクトンをめぐる競合が起きている．つまり，温暖化によりさらに海水温が上昇し，クラゲに有利な環境が越冬数を増加させると，イワシ類は動物プランクトンを十分に利用できずに減少してしまうおそれがある．このような事例は，温暖

## 5.3 日本にとって重要な魚類資源の動向と予測

化とイワシ類の関係を理解する上では，イワシ類と相互作用する他の生物の動態にも注視しなければならないことを示している．

### c. 漁業経済への影響

利用価値が高いマイワシやカタクチイワシの分布域の変化は，漁業経済に深刻な影響を及ぼす．高緯度に位置する国では，温暖化によって南方からの資源供給が増加するため，排他的経済水域内での漁業生産が増加するが，低緯度から中緯度の国では，魚類の分布が北方に移動するため，漁場が排他的経済水域の外に位置してしまい，漁業生産が低下してしまうことが報告されている（Cheung et al., 2010）．

多様性の長期的な維持を目的とした生態系の保全と短期的な利益確保を重視する漁業を両立させることは簡単ではないが，今後深刻化するかもしれない温暖化社会では，生態系の保全と漁業利益をすり合わせるような漁業，たとえば環境変動に対応して，漁獲対象を別の種へ変えるといった適応的な漁業形態への転換が要求されるだろう．

温暖化はさまざまな物理・生物過程を通して，マイワシやカタクチイワシの分布や残存に影響を及ぼし，海洋生態系全体のバランスを崩しかねない．迫りくる温暖化のイワシ資源への影響を可能な限り正しく予測し，それを利用する人類が適応するためには，イワシ類だけではなく，イワシ類を取り巻く物理・生物環境，さらには，人類の生産活動を包括的に捉えて変動メカニズムの理解を深めなければならない． 〔竹茂愛吾〕

### 5.3.2 サンマ資源

北太平洋の中高緯度海域に広く分布するサンマ（Cololabis saira）は，サンマ科魚類の分類学的再検討によって1属1種とされた（Hubbs and Wisner, 1980）．イワシ類やサバ類と比べるとより広い外洋域に生息する高度回遊性の小型浮魚類である．トビウオ類やサヨリ類と同じダツ目に属する暖海性の種であるが，サンマの分布範囲はオホーツク海やベーリング海に及び，亜寒帯水域の生産力に依存して大きな資源量を形成する．近年東アジア諸国による西部北太平洋公海での漁獲量が急増し，サンマは複数国によって利用される国際資源としての性格を強めている．

### a. 環境変動と資源変動

サンマは，戦前には流し刺網で漁獲されたが，戦後になって夜間に操業する火光利用の棒受網によって漁獲されるようになった．西部北太平洋の温暖年代にあたる1954年から10年間の年間漁獲量は平均（±標準偏差）42.7（±10.0）万tに達した．寒冷な1980年代になると21.2（±3.0）万tへと漁獲量が半減したが，1980年代末のレジームシフト後に温暖な年代に入った1988〜1997年には，平均漁獲量が再び27.2（±2.5）万tへ増大し，魚群密度を指標する一晩の漁船1隻あたり漁獲量は，1980〜1987年の10.4（±3.2）tから1988〜1995年には26.9（±4.6）tと著しく増大した．漁獲されたサンマの肥満度は，サンマ魚群が経験した餌環境を反映する．1980〜1987年の平均肥満度は4.3（±0.8）であったが，1988〜1992年には5.2（±0.3）と顕著に増大した．当時のサンマ漁獲物データベース作成工程では，5.0を超える肥満度は異常値としてはじかれるように設計されており，1988年秋の漁獲物データでは異常値が頻出した．1988年以降のサンマは，それ以前の標準に照らして異常に肥満度が高かった．したがって1987，1988年を境に，サンマ魚群が経験した環境が大きく変化したことを示している．

1980年代末からのサンマ魚群密度の急増は，サンマ資源量の増加だけでなく魚群の空間的集中によっても説明される．1980年代の寒冷期におけるサンマ魚群分布は外洋域に分散的であり，漁港を出航して夜間に操業した後漁獲物を水揚げするまでに要する1操業周期が3〜5日間であった．これに対して1988年以降の温暖期になると，親潮第一分枝に沿って濃密な漁場が形成され，夕方出航してその夜に操業し，翌朝には満船で漁港に戻って水揚げするという日帰り操業となった．このような魚群分布様式の経年変動について，Yasuda and Watanabe（1994）は，東経146〜

155°の千島列島沖合の親潮前線が南下するとサンマ漁場が沖合化して分散的になること，これに対して前線が北上すると北海道・東北沖を南下する親潮第一分枝沿いに濃密なサンマ漁場が形成されることを示した．

このように，1980年代末の温暖レジームへのシフトに伴って，西部北太平洋のサンマ資源では，資源尾数増加，肥満度増大，親潮第一分枝への魚群集中が並行して起こった．海洋環境の変動に伴ってこのような顕著な量的・質的変化をみせたサンマ資源は，予想される地球温暖化に伴う水温や餌料環境の変化に対してどのように応答するのであろうか．渡邊（2007）が試算したように，予想される温暖化に伴ってサンマ仔稚魚の成長速度が加速され，群れを形成し始める40 mm稚魚に達する日齢は，1990年代の10年間に実測された経年変動の範囲を超えて若齢化すると考えられる．その結果，資源への新規加入量の指標としての40 mm稚魚の生産速度も増大し，秋季の移行域では1990年代に推定された生産速度推定値の経年変動範囲を超えて高くなる．つまり，温暖化に伴ってサンマの資源加入尾数は増加することが予測されるのである．これらの試算はいずれも，サンマの産卵場が形成される春秋季の移行域および冬季の黒潮域における餌生物密度が，サンマ仔稚魚の必要量を満たすことを前提にしている．1988年以降の温暖年代への移行に伴って，サンマ資源密度と個体の肥満度がともに顕著に増加したことは，親潮域におけるサンマの餌生物密度がサンマ資源にとって十分大きいことを示しているように思われる．西部北太平洋の温暖化に伴って，これらの海域の生物生産力は減少すると予測されているが（河宮ほか，2007），それがサンマ資源の生産を抑制することはないのかもしれない．一方，IPCC-AR4気候モデルの3つの温暖化シナリオ下でのサンマ資源の応答に関するモデル研究では，1歳魚の体重が減少すると予測されている（Ito et al., 2013）．資源尾数の増加が体重の減少によって相殺されて，温暖化に伴う資源重量増加はそれほど大きくないのかもしれない．モデルでは温暖化に伴う個体体重の変化率が10％を超えることはなさそうである．サンマの銘柄別漁獲尾数の年変動幅が数倍以上と大きいことを考えると，温暖化に伴うサンマ資源重量の動向は資源尾数の変動に依存することになるだろう．

**b. 環境変動に対する進化的応答**

ところでサンマの生物学的特性は温暖化に伴って変化しないのだろうか．レジームシフトに伴う資源の変動は可塑的と考えられるが，温暖化のように長期間にわたって進行する傾向的な環境変動に対して，資源生物はどの程度の速度で適応的変化をみせると考えればよいのだろうか．近年，継続的にさらされる漁獲圧力に対して魚類資源が進化的に応答している可能性が示された．カナダ大西洋岸のマダラ類（*Gadus morhua*）資源は1990年前後に極度に減少したが，それに先立って親魚資源の若齢化・小型化傾向が顕著であった．これについてOlsenら（2004）は次のように考えた．一定の網目をもつ漁具による間引きに数十年間継続的にさらされた魚群内では，より高齢・大型で初回成熟する個体が初回成熟年齢・体サイズに達する以前に網目にかかって間引かれてしまうために遺伝子を残すことができない．一方でより若齢・小型で繁殖を開始する個体は，間引かれる前に産卵することができるので遺伝子を残す．その結果，後者が群内での遺伝子頻度を高めて，若齢化・小型化という繁殖特性変化が起こったと考えた．すなわち，数十年間の人為選択が，マダラ類資源に進化的な応答を引き起こして繁殖特性値が変化したと考えたのである．

実験的に進化的な応答を示した研究もある．Conover and Munch（2002）は，北米大陸東岸に分布するトウゴロウイワシ科の*Menidia menidia*を実験室内で継代飼育した後に，稚魚を6群に分けて，受精190日後に成魚に達した時点で次の3実験区を設定した．実験区1では最大型個体のみを残して90％を間引き，2では最小型個体のみを残して90％を間引き，3では体サイズに関して無作為に90％を間引いて，それぞれ残った10％に産卵させて次世代群を得た．この操作を4

世代繰り返して行った後に，各群の第4世代を同一の環境下で飼育したときの成長速度を比較した．大型を選択的に残した実験区1では，実験区2や3より有意に成長速度が大きかった．同じ飼育条件下における第4世代の成長速度の違いは，強いサイズ選択的間引きが，4世代後に遺伝的な基礎をもつ変異，すなわち進化的な応答を引き起こした結果と解釈された．

天然個体群と実験個体群における進化的な応答が比較的短時間のうちに起こるとするこれらの研究結果は，海洋の温暖化がもたらす生物への影響を考える際に，生物の進化的な応答を考慮する必要があることを示唆する．西部北太平洋が温暖化すると，サンマはこれまでよりも高い水温に生息するように適応する結果，魚群の分布・回遊の地理的範囲は温暖化以前とそれほど変化しないかもしれない．餌生物の密度や組成が温暖化によって変化すると，サンマはそれに応答して餌生物に対する選好性や餌の消化吸収や代謝を変化させる可能性もある．このように考えると，温暖化以前の繁殖特性や代謝・成長特性をもつ生物群を，100年後の温暖化した環境中に置いてその応答を想定するという試みには，意味がないかもしれない．1993年の映画『ジュラシック・パーク』の最後の言葉「生物は道を見つけ出す」は，温暖化が進行する海洋の生物にもあてはまるかもしれないのである． 〔渡邊良朗〕

### 5.3.3 マグロ類資源

マグロ属魚類には，クロマグロ，ミナミマグロ，タイセイヨウクロマグロ，ビンナガ，キハダ，メバチ，コシナガ，タイセイヨウマグロの8種があり，そのうち，水産資源として重要な魚種は最初の6種である．これらの種名は標準和名であり，ビンナガ，キハダ，メバチ，コシナガには長年呼び親しまれた名称の経緯から「マグロ」という名前はついていない．また，大西洋に生息し産卵場をメキシコ湾と地中海にもつタイセイヨウクロマグロは，太平洋に生息するクロマグロと同種とみなされた時代もあったが，現在では別種として取り扱われている．したがって，遺伝的な交配はなく分布域も重なっていないが，同じ温帯性マグロとして回遊生態の特徴には似た部分があり，肉質が似ていることからクロマグロと同等に高値で取引されている．

#### a. クロマグロへの影響

太平洋に生息するクロマグロは，沖縄南方から台湾東方にかけての先島諸島海域が産卵場となっており，成魚は太平洋を横断できるまでに遊泳能力を高めるものの，5～6月には先島諸島海域にまで帰ってきて産卵を行う非常に限定的な時期と場所で産卵を行う代表的な魚種といえる．また，産卵適水温は26℃であり，その変動範囲は±2℃以内ときわめて限定的である（Kimura et al., 2010）．そのため，これを外れると親魚による産卵自体が行われないか，産卵があったとしても仔魚の成長生残はきわめて悪くなるとみられる．したがって，温暖化が進行した場合には，親魚の産卵行動に直接影響を及ぼすだけでなく，孵化仔魚の生残や成長に影響を与えて，資源量全体の減少をもたらすことが考えられる．

IPCC第3次評価報告書（TAR）のA2シナリオに基づく気候モデル（Model for Interdisciplinary Research on Climate：MIROC）による温暖化予測結果では（MIROC, 2004），2100年の産卵場における5月の表面水温は28℃を大きく上回る結果が出ていることから，29℃での死亡を仔魚の輸送分散モデルに組み込こむと，2050年に稚魚の生息に適した日本沿岸に到達する仔魚の割合は現在とあまり変わりはないが，2100年には37％にまで落ち込むという数値シミュレーション結果が得られた（Kimura et al., 2010）．クロマグロと近縁にあるタイセイヨウクロマグロの場合，それらの産卵場は大西洋のメキシコ湾と地中海にあるが，このうちメキシコ湾での稚魚の存在確率が2050年にはおおむね半減し2100年には9割以上減少すると推定されており（Muhling et al., 2011），太平洋と大西洋に生息する2種の温帯マグロが壊滅的な影響を受けることが想定されて

いる．このような状況を克服するために，クロマグロの場合には現在でもわずかに行われている日本海での産卵が増える可能性があるが，その場合であっても前述の数値シミュレーションによると日本沿岸域に到達できる個体の割合は50％にまで落ち込む．産卵時期が2～3月に早期化することで温暖化の影響を回避することも可能であるが，一般的に魚類の産卵は日長で決まっていると考えられているため，生理的にそのような順応が可能かどうかはわからない．

マグロ属魚類に関しては，近年資源量が減少していることが国際的に問題となっている．資源保護の観点からCITES（通称，ワシントン条約）の付属書Ⅱへの記載が議論になっており，すでにIUCN（国際自然保護連合）のレッドリストではそれらの一部の種が記載される事態に陥っている．したがって，温暖化に伴う回遊行動や資源量の変動が実際に起きているのかを検証することは，適切な資源管理を実施する上でも重要な課題である．もともとクロマグロには，仔魚の狭い成育・生残の適水温帯を考慮した輸送分散メカニズムと，広大に回遊するためのオーバーヒートを起こさない体温調節機構（クロマグロの場合には成長に伴って産熱速度が低下して体温上昇を防ぐ）が存在しているが（Kitagawa et al., 2006），その調節機構には温暖化による水温上昇を吸収するだけの余裕はなく，温暖化が予測通りに進行した場合にはオーバーヒートが常態化して太平洋を横断するようなダイナミックな回遊行動ができなくなる可能性がある．近年増えている日本海での漁獲は，先島諸島海域での水温上昇を避けるために産卵海域を北上させた結果であり，温暖化が顕在化してきているとも考えることができる．

しかし，定量的にその割合を推測することはきわめて困難であり，膨大な予算が必要な海洋調査に頼ることなく推定できる手法の開発が望まれている．その1つの解決策として，漁獲された成魚の耳石を採取して輪紋の中央部にある仔魚期の酸素安定同位体比を計測すれば，産卵水温を推定することが可能となる．そのためには，仔魚の耳石の酸素同位体比の水温依存性の関係式を飼育実験から構築する必要があり，実験区を23～28℃の範囲で1℃ごとに設定して，成長した仔魚から約6000個の耳石を採取し微量炭酸塩安定同位体比分析法を用いて$\delta^{18}O$を計測した結果，クロマグロ仔魚の有意な温度依存性が確認され（Kitagawa et al., 2013），求められた関係式に成魚の耳石から計測された仔魚期の酸素同位体比をあてはめれば，産卵水温を推定することが可能性になる．この手法を用いると，先島諸島海域と日本海では産卵水温が異なるので漁獲によって得られた成魚の生まれたときの水温を推定することが可能となる．また，ひいては産卵割合もわかることになるため，新たな研究が展開している．

**b. 他のマグロ属魚類への影響**

クロマグロやタイセイヨウクロマグロと同じように温帯性マグロに分類され，オーストラリア西部を産卵場として南半球に分布するミナミマグロは，温暖化に伴って今世紀末には分布域が南に移動し縮小すると推定されている（Hobday, 2010）．つまり，ミナミマグロを含めた温帯性マグロ属3種は，きわめて限定的な海域に特定の季節に産卵するため温暖化の影響を直接的に受ける魚類といえ，温暖化に伴う漁場や漁期の変化が資源管理の方向を惑わせないようにそれらの生態研究を充実させる必要がある．

一方で，熱帯性マグロの一種であるメバチは，亜熱帯から熱帯域に広く産卵場をもつため産卵水温の上昇が必ずしも負の要因となるわけではない．温暖化が進行すると，亜熱帯域と熱帯域の東部太平洋で表明水温が産卵に適した水温帯になり仔魚の現存量が増えることになる．さらに，溶存酸素の増加が親魚のより深い水深帯への索餌行動を可能にすることも親魚の現存量を増やす効果がある．それに対して，もともと海水温が東部よりも高い西部太平洋では，水温が産卵に適さないほどに高くなりすぎてしまい産卵量が減少する．しかし，温暖化は東部でも西部でも低次生物生産の減少をもたらし，これが自然死亡率の上昇をもたらす．したがって，結果としては今世紀末のメバ

チの資源量は安定あるいはやや減少と推定することができる（Lehodey *et al.*, 2010）．Hobday（2010）の推定では，オーストラリアの東海岸沖と西海岸沖に生息する同種の多くの魚種が南偏し分布域を縮小するとなっているが，ビンナガとメバチは分布域を拡大すると推定していることから，熱帯性のマグロにとっては，温暖化は必ずしも資源の減少をもたらすわけではないと考えられる．

### c. 鉛直移動による対応

　表層を常に遊泳するイワシ類と異なり，マグロ属魚類は数百mも潜るダイビングと呼ばれる鉛直遊泳行動をすることが知られており，水平的な分布海域の変化だけではなく，鉛直分布やダイビング頻度を変えることによって温暖化の影響に対応することも考えられる．熱帯性マグロであるメバチは，クロマグロに比較し水温躍層下の深い水深帯を遊泳する．温度生理学的な観点からすると，クロマグロの場合には産熱速度の変化が温帯域への適応をもたらしたと考えることができるが，メバチの場合には熱伝導率を鉛直遊泳時に変化させることによって深い水深帯の低い環境水温に適応できるようになったため（Holland and Sibert, 1994），熱帯域への適応が可能になったものと考えられる．同じ熱帯性マグロに属するキハダはメバチよりも浅い水深帯に生息するが，もともと産熱速度が低いことが熱帯適応の要因とみなすことができる．

　マグロ属魚類の場合には，奇網と呼ばれる熱交換を行う血管の網状の組織が他の多くの魚類と比較して発達していることが特徴であり，複雑な温度調節機構が存在する．したがって，温暖化によってどのような回遊行動の違いがもたらされるのかを予測するには，魚種別に温度生理モデルを構築する必要がある．　　　　　　　〔木村伸吾〕

### 5.3.4　イカ類資源

　イカ類の一生は"live fast, die young"と表現されることがある．それはほとんどの種の寿命がわずか1年であること，その短い一生の間に数mmの幼生から大きな種では体重数十kgまで急速に成長し，1回の繁殖期の後すぐに死亡するためである．このようにイカ類は急速に成長するが，その成長率は環境水温や餌の得やすさで大きく変動する．日本で最も重要な水産資源の1つであるスルメイカ（*Todorodes paciticus*）は，温かい東シナ海で生まれ，餌の豊富な北海道沿岸まで北上し，産卵期にはまた南下するという季節的な大回遊を行う．海洋環境が変化すれば，このような季節的な移動も強い影響を受けると予想される．

　実際に，数十年サイクルで生じた過去の海洋環境の変化に対応して，スルメイカの漁獲量は大きく変動してきた．1970年代後半から1980年代の寒冷な年代には漁獲量が減少し，1990年代の温暖な年代には漁獲量が回復したのである．また，資源量だけでなく，産卵期や分布海域も変化した．スルメイカはほぼ周年にわたって産卵するが，おもな産卵群は秋生まれ群と冬生まれ群に分けられる．秋生まれ群は10～12月頃に能登半島以南の日本海沿岸から東シナ海北部で生まれ，対馬暖流によって日本海を北へ運ばれる．一方，冬生まれ群は1～3月頃に東シナ海で生まれ，黒潮によって太平洋へと運ばれる．寒冷だった1980年代には冬生まれ群が減少し，秋生まれ群が主体となったため，分布は日本海が中心になった．一方，温暖だった1990年代には冬生まれ群が増加し，太平洋にも多く分布するという変化がみられた．

### a. 産卵回遊への影響

　このような過去の資源動向から考えると，地球温暖化はスルメイカの再生産に少なからず影響を与えるはずである．スルメイカの繁殖生態に関して，この20余年にわたり，水槽での産卵行動，人工授精による卵の発生適水温，孵化幼生が遊泳可能な水温，野外で採集された孵化幼生の分布水温や産卵水深と海底地形の関係などが調べられてきた．このような基礎研究からスルメイカの産卵に適した環境条件が明らかとなり，これらの条件をすべて満たす海域を，再生産可能海域として推定できるようになった．海水温の予測値から，再

5　海洋生態系への影響

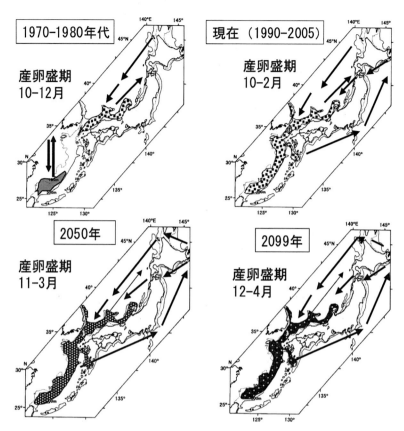

図5.9　1970〜1980年代（寒冷期），1990〜2005年（温暖期），2050年（海水温2℃上昇），2099年（海水温4℃上昇）におけるスルメイカの再生産海域予想図（桜井，2015, p.190）．回遊ルートを表す矢印は，太いほど主なルートであることを示す．

　生産可能海域がいつどこに形成されるかを調べることにより，温暖化による産卵海域と産卵期の変化を予測した（桜井，2015）．日本周辺海域の水温が50年後に2℃，100年後に4℃上昇すると仮定したシナリオの下では，再生産可能海域は対馬海峡から東シナ海にかけたエリアで現在とほぼ変わらないが，秋に高水温が続くことによって産卵のピークは冬にずれ込み，現在の10〜2月から，50年後には11〜3月，100年後には12〜4月へと遅れることが考えられた（図5.9）．

　また，海洋中の栄養塩や一次生産者，スルメイカの餌となる動物プランクトンなどを組み込んだ生態系モデルによって，温暖化がスルメイカの成長にどのように影響するかが検討されている（Kishi et al., 2009）．日本海を回遊するスルメイカ秋生まれ群のなかでも，日本海中部に分布する群より，日本海北部の冷水域に分布する群のほうが，成長がよいことが知られている．上述の生態系モデルから，この成長の違いは北方において夏期の餌密度が高いことによって生じると推測されている．このモデルに温暖化予測を組み込むと，餌の状況にはそれほど大きな変化はみられず，冷水域の群では回遊中に経験する水温は2℃上昇するが成長にはほとんど影響がないことが示されている．一方，日本海中部に分布する群では回遊中に経験する水温が4℃上昇し，代謝エネルギーの消費が増大する．その結果，成長後の体サイズは，温暖化の影響がない場合には230ｇと予測されるのに対し，温暖化の影響によって145ｇまで減少すると予測された．回遊ルートの水温が生息上限の23℃を超える可能性も示され，この結果からも回遊ルートや産卵場が変化しうると考えられている．

**b. 分布水深への影響**

　次にイカ類が分布する水深にはどのような影響が生じうるか考えてみよう．温暖化と海洋酸性化

が生息水深に与える影響は，アメリカオオアカイカにおいて詳細に検討されている（Rosa and Seibel, 2008）．アメリカオオアカイカ（*Dosidicus gigas*）は東部熱帯太平洋に生息する，大きいものでは体重50kgにもなる大型のイカであり，近年は北方のカナダやアラスカまで急速に生息域を拡大している．高い遊泳性をもち，その酸素要求量は高次大型捕食者であるクロマグロやサメ類よりも高い．夜間は酸素要求量の閾値よりも酸素濃度が高い表層に分布する一方で，日中は酸素濃度が閾値より低い中深層へ潜る日周鉛直移動を行うことが知られている（図5.10）．水温や海水中の二酸化炭素濃度を変化させながら酸素消費量を測定した実験結果から，日中を過ごす低酸素環境下では，アメリカオオアカイカは代謝を強く抑制していることが明らかとなった．そのため温暖化と海洋酸性化が進行すれば，本種の活動性が抑制されたり，酸素要求量の閾値となる水深の浅化と表層水温の上昇により夜間生息する水深の幅が現在よりも狭くなったりすると考えられる．このように深さ方向の分布が狭くなると，餌となる魚類との遭遇確率に影響し，本種の成長や繁殖，資源量変動に影響するだけでなく，高次捕食者としての生態系への影響力も変化すると考えられる．

c. 生活史への影響

これまで述べてきた海の温暖化の影響は，現在観察されている生活史パターンのもとで，水温変化に対しイカ類がどう反応するかを予測したものである．しかし，イカ類は海洋環境の変化に応じて生活史を激変させ，これまでとまったく異なる生活史をみせることもある．アメリカオオアカイカは通常は寿命が1年〜1年半で成熟サイズが外套長60cmくらいである．しかし2010〜2011年のエルニーニョのときには，分布域を大きく変化させただけでなく，生まれて約半年，30cm以下という小型で成熟していたことが報告されている（Hoving *et al.*, 2013）．このような変化は1997〜1998年のエルニーニョでも観察されており，成熟サイズが通常に戻ったのは数年後であった．エルニーニョをきっかけに，時間をかけて大きく成熟してたくさんの子を生む戦術から，早く少しずつでも子を残し世代を繰り返す戦術へ切り替えたと考えられる．他のイカ類でも地理的な海洋環境の違いによって，成熟齢や成熟サイズが大きく変化し，より高水温で餌環境が劣る海域に生息する個体は若齢・小型で成熟することが観察されている．このような生活史の大きな可塑性はイカ類がもつ特徴の1つであり，これにより環境変動に柔軟に対応できる能力を秘めているといえる．エルニーニョの場合は変化が急激で顕著に観察されたものの，緩やかに進む海の温暖化によっても，イカ類の早熟・小型化を引き起こす可能性は十分に考えられる．また，温暖化のように長期間一方向に進む環境変化の場合，生物の進化的応答も考慮する必要がある．生物の生活史が進化的時間スケールのなかでどのように決定されてきたのかに対する深い理解を抜きにして，海の温暖化が生物に与える影響を予測することはできないだろう．

〔岩田容子〕

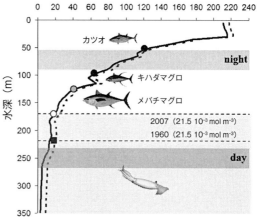

図5.10 水深と酸素濃度の関係．実線が2007年，点線が1960年．アメリカオオアカイカは酸素要求の閾値（21.5 10$^{-3}$ mol m$^{-3}$）以下では代謝を著しく抑制するが，その閾値となる水深は，1960年（■）から2007年（○）で約65m浅くなった（Rosa *et al.*, 2008 図2-Bより改変）．

## 5.3.5 岩礁資源

岩礁域には，岩盤はもちろんのこと，その間には砂礫，そして海藻群落が存在する．この多様な

## 5 海洋生態系への影響

環境には，魚類，甲殻類，貝類，棘皮動物，藻類などの我々の食生活に欠かせない資源生物たちが生息している．岩礁域は，波浪，干満，流れや水温などの大きな変化に常にさらされている．このような厳しい環境に身を置く生物は，海洋温暖化にどのように反応するのだろうか．岩礁域に生きる生物たちのつながりを理解することにより，岩礁資源の将来がみえてくる．

### a. 磯焼け

海洋温暖化が岩礁域で及ぼす影響の代表的な例は磯焼けといえよう．海藻が生い茂る藻場は，一般に岩礁域に形成され，水産資源生物に住処や餌料を提供する重要な場所である．その藻場が長い期間にわたり著しく衰退もしくは消失してしまう現象を磯焼けと呼ぶ．海洋温暖化は，海藻の成長を抑制するなど磯焼けの直接的な原因の1つとして考えられており，海藻藻場の衰退・消失は日本の広い範囲で岩礁域の資源生物を脅かしている．

海藻の適水温は種や成長段階により異なるが，水温が海藻の温度耐性の上限を超えた場合，成長や生残に悪影響を及ぼす．日本近海では水温上昇が認められ，海藻の温度耐性が要因の1つとなって，九州・四国の藻場でコンブ目からホンダワラ類の海藻への入れ替わりが発生していることが指摘されている（馬場，2014）．一方で，オーストラリアのカジメ属の海藻では，海洋温暖化よりも光条件の悪化の影響のほうが大きいとする実験結果もある（Staehr and Wernberg, 2009）．このため，海洋温暖化とともに他の環境要因やそれらの相乗効果にも注意を払わなければならない．

さてどのような資源生物が磯焼けの影響を受けるのだろうか．たとえば，海藻を餌料とする磯根資源である．そのなかでも特に高級食材として扱われるのが大型のアワビ類である．親潮などの寒流域にエゾアワビ，黒潮などの暖流域にクロアワビ，メガイアワビ，マダカアワビが生息している．大型アワビ類では，磯焼けが成長を鈍化させて小型化を招いたり（干川，2012），再生産量に悪影響を及ぼすことが指摘されており（清本ら，2012），磯焼けが大型アワビ資源の減少要因になることが考えられる．また，磯焼けが発生している場所では，アワビ類とともにウニ類でも身入り（可食部）が少なくなってしまうため，漁業にも大きな影響を及ぼしてしまう．

磯焼けの発生要因と持続要因は区別して検討されることが多い．発生要因には高水温や海水中の栄養塩不足など，持続要因には食植性生物による食害などが考えられる．本項では磯焼けの持続要因とされることが多い食害に着目する．日本の磯焼けに関するアンケート調査の結果から，全国の広い範囲にわたって海藻群落が継続的に衰退していることがわかり，ウニ類や食植性魚類による食害とその相乗効果が原因となっていることが危惧されている（桑原ら，2006a）．

ウニ類はご存知の通り重要な水産資源ではあるものの，飢餓耐性が高いために，何らかの理由により衰退した藻場に追い打ちをかけてしまう．藻場に影響を及ぼすウニには，キタムラサキウニ，エゾバフンウニ，ムラサキウニ，ガンガゼ，アオスジガンガゼ，ツマジロナガウニがあげられる（水産庁，2015）．実際にウニ類を除去することにより海藻が増加する例もある．藻場衰退を起こすウニには，身入りがよければ食用となるものが含まれているため，磯焼けにならないように注意が必要とされるが，身入り改善を目的とした藻場への移植が行われることがある（水産庁，2015）．

藻場への影響が大きい食植性魚類として，アイゴ，ブダイ，イスズミ類，ニザダイがあげられる（水産庁，2015）．アイゴやイスズミ類は，水産物としての利用が少ないために馴染みが薄いかもしれない．暖海性の魚であるアイゴは，磯焼けに関係する食植性魚類のなかでも代表的な魚として知られており，群れをなして海藻を摂餌することがあるため，その摂餌圧の影響は大きいことが予想される．それでは，なぜ近年植食性生物による食害が顕在化しているのだろうか．その理由の1つとして，摂餌圧の変化があげられる．

### b. 摂餌圧の増加

水温の上昇は食植性生物による海藻の食害を増大させ，磯焼けの持続に大きくかかわっていると

考えられている．静岡県では1990年代に約8000haという広大な藻場の消失が起きており，その持続要因の1つとして高水温時におけるアイゴの摂餌圧増加が指摘されている（長谷川，2004；霜村ら，2005）．アイゴやノトイスズミは水温の上昇とともに海藻の摂餌量を増やし（霜村ら，2005；水産庁，2015），水温低下に伴って活動が鈍くなるため，近年の秋から冬にかけての水温上昇が，これらの食植性魚類の活動を長期化・活発化させて藻場衰退の原因となっている可能性が指摘されている（山口ら，2006）．

熱帯・亜熱帯性のウニであるガンガゼ類は，暖流域で増加が認められており（沖ら，2004；金丸ら，2007），水温上昇とともに海藻の摂餌量を増大させることが知られている（道津ら，2002；金丸ら，2007）．ガンガゼ類の除去により海藻が増加するだけでなく，海藻の種数や他のウニ類の密度も増加することから，ガンガゼ類が生物群集全体に影響している可能性が指摘されている（倉島ら，2014）．カリブ海でもガンガゼ類の大量斃死後に海藻が繁茂したことが報告されており（Miller, 1998），ガンガゼ類による海藻摂餌の影響の大きさをうかがわせる．

食植性生物による食害の顕在化の原因は，人為的な環境改変など海洋温暖化だけに限らないが，今後，食植性生物が藻場を衰退させるだけでなく，岩礁域の生態系を変化させて磯根資源の低迷につながることが懸念される．

### c. 極方向への分布変化

海洋の生物に限らず多くの生物では，地理的分布がより低温の高緯度域や標高が高い場所へと移動しているという．多様な分類群にわたってみてみると，10年間に約17 kmの速度で分布が高緯度域へと移動していることが推定されている（Chen et al., 2011）．本項で焦点を当てている岩礁域だけに限っても，極方向への分布の変化を示す生物たちがいる．

今後の水温上昇に伴ってアラメなどの藻場種の分布が北上することが予想されている（桑原ら，2006b）．高知県では，黒潮の水温上昇の影響を受けて海藻の熱帯種の北上と温帯種の分布収縮が認められ，長期的な水温上昇でも同様の現象が起きる可能性が指摘されている（Tanaka et al., 2012）．また，アイゴによる食害を考慮してカジメの分布に対する水温上昇の影響を予測した研究では，その結果からカジメの分布が北上する可能性が示されており，今後の温室効果気体の排出が少ない場合でも食植性魚類による食害からの保護が重要になるとしている（Takao et al., 2015）．一方で，すべての海藻が極方向の分布変化を示すわけではない．たとえば，ポルトガルにおける海藻の研究では，南方種は北上するものの，北方種は北上と南下を示しているため，水温上昇に伴う極方向への分布変化を一般化することに注意を促している（Lima et al., 2007）．多様な生物を対象とした研究でも，一部の種の分布が赤道方向に変化していることが示されており（Chen et al., 2011），この点について我々は注意する必要があるであろう．

それでは海藻以外の生物はどうであろうか．アワビ類とともに磯根の高級食材として知られているイセエビの漁獲量は，日本南部で減少傾向を示す一方で，北限とされている千葉県では増加傾向が認められており，近年では，それよりも北に位置する茨城県や福島県でもイセエビが漁獲された．この漁獲量のシフトと海洋温暖化との明確な関係はわかっていないが，北上が進んだ場合には親エビから生まれた幼生が通常の回遊経路から外れることにより資源が悪化することが懸念される（Miyake et al., 2015）．南アフリカでは，イセエビ類の分布が極方向へ移動して，ウニ類などの食植性生物を捕食することにより海藻やアワビ類を含めた生物相に変化をもたらしている（Blamey et al., 2010）．日本でもイセエビ類に限らず岩礁生物の北上が進めば，生態系や漁業に影響が及ぶことは想像に難くない．

〔三宅陽一〕

## 5.4 温暖化と海洋動物の感染症

陸上動物に感染症があるように，野生，養殖を問わず，海洋動物にも多くの感染症が存在している．なかには，突然発生して野生個体群の大規模な消失の原因となった疾病も知られている．これらの海洋生物の疾病にどのように対応するかは，取り組むべき大きな課題である．日本では，水産資源保護法と持続的養殖生産確保法の施行規則が2016年7月より改正され，輸入防疫・国内防疫対象疾病が11から24に増やされた．米国では，2013年に大西洋岸の広い範囲でさまざまなヒトデ類が大量死し（原因は未特定．ウイルス感染が原因の1つとして疑われている），これを契機に，海洋生物（養殖動物，哺乳類，鳥類を除く）に疾病が発生したときの緊急対応のための法案（Marine Disease Emergency Act）が，2015年2月に米国連邦下院に議員提案された．

水生動物はほとんどが変温動物であり，環境の影響をより強く受けやすい．そのため，魚介類の感染症の発生には，病原体に加えて，環境ならびに宿主の生理状態が強くかかわるとされている．海水温の上昇などの環境変化は病原体と宿主の両方に影響し，それぞれへの影響が個別にあるいは相乗的に感染症の発生に影響する．

海水温の上昇は，病原体の活性を上げ増殖しやすくする．これにより，病勢や病原性が増し，また感染症が発生する期間も長くなる．これまで生息できなかったような病原体が水温の上昇によって生息できるようになり，結果的に感染域の拡大につながる．さらに，一部のウイルスや原虫・寄生虫のように生活環のなかに媒介生物や中間宿主を必要とする病原体では，水温上昇によりこれらの生物が生息可能になり，感染域が拡大する場合もある．

海洋の温暖化は降水量の増加，台風や嵐などの荒天の増加，海洋の酸性化にもつながる．降雨量の増加による塩分低下，酸性化は，このような環境に親和性の高い病原体の増殖を増加させる．また，台風などにより海底の泥が巻き上がり，海底に存在する病原体が宿主と触れる確率が上昇する．

一方，海水の温暖化が宿主の生理に与える影響も大きい．宿主にとっての至適水温を超えた高水温，海水の酸性化，低塩分ストレス，荒天による物理的刺激や海水の濁りは，宿主の免疫系に悪影響を与え，感染症の発生につながる．

海洋温暖化が感染症の発生に与えた影響を知るためには，環境条件とともに感染症の発生状況を長期にわたってモニタリングしなければならない．しかし，国内にはそのような観点での研究はほとんどない．一方，米国では野生動物を中心に研究が盛んである．そこで，本節では海洋温暖化の感染症への影響について，海外の事例を紹介するとともに，国内において今後発生する可能性のある潜在的リスクについていくつか紹介する．加えて，リスクに対応して我々が行うべきことについて考察する．

### 5.4.1 海外の事例

Burge et al.（2014）は，海洋温暖化が海洋動物の感染症の発生につながった例として，カリブ海のサンゴ生態系，アメリカガキ（*Crassostrea virginica*）の2つの原虫症，魚類のイクチオホヌス症（真菌症の一種），アワビ類のキセノハリオチス症（細菌症の一種）の例をあげている．本項では，サンゴの例とアメリカガキの原虫症について紹介する．

サンゴは高水温と酸性化などによりストレスを受ける．また，高水温により共生藻類が消失し白化が生じることもよく知られている．カリブ海やフロリダに生息するミドリイシ属（*Acrophora*）の2種の造礁サンゴは，1980年代頃から，人間活動の汚水に含まれている細菌セラチア・マルセッセンス（*Serratia marcescens*）の感染を受けて大量死した．同時に，当地域でキーストーン種となっているウニ類（タイセイヨウガンガゼ *Diadema antillarum*）は病原体が特定されていな

## 5.4 温暖化と海洋動物の感染症

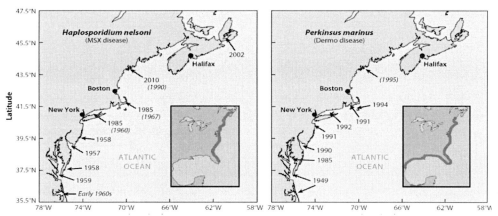

**図5.11** アメリカガキの *Haplosporidium nelsoni* と *Perkinsus marinus* の分布の拡大．数字はそれぞれの病原体による最初の死亡が確認された年，括弧書き体数字は感染が最初に確認された年．挿入図は，これまでにそれぞれの病原体が報告された海域を示す（Burge *et al.*, 2014）．

い感染症に罹患し大量死した．ウニ類の死亡によりウニ類が餌とする大型藻類がサンゴ礁上に過剰繁茂し，結果としてミドリイシ属のサンゴの加入が阻害されてしまった．これらが組み合わさって，これらのサンゴ類，ウニ類の90％以上が死亡し，その後30年以上にわたって回復していない．その他のサンゴ類も白化，荒天，さまざまな感染症によって影響を受け，カリブ海ではサンゴ礁，藻場が大きく変化し，生態系が大きく攪乱されてしまった．前述のサンゴ2種は米国の絶滅危惧種保護法（Endangered Species Act：ESA）により絶滅危惧種（threatened species）に指定された．この例は，温暖化の影響は，単に動物に生理学的障害を与えるだけでなく感染症の発生にもかかわり，これらが複合して生態系を攪乱することを示している．

北米のメキシコ湾岸ならびに大西洋岸に生息するアメリカガキ資源はパーキンサス・マリヌス（*Perkinsus marinus*，通称 Dermo）とハプロスポリジウム・ネルソニ（*Haplosporidium nelsoni*，通称 MSX）という2種の原虫感染によって大きな打撃を受けている．米国東海岸では年間25万 t あったアメリカガキの漁獲量は，現在では数万 t ときわめて低い水準にある．Dermo は1940年代にメキシコ湾岸に突然現れアメリカガキの大量死を引き起こした．MSX は1957年にデラウエア湾に出現し，同じく大量死を引き起こした．その後の研究で，MSX はもともと極東のマガキを自然宿主とし，病原性がほとんどない状態で感染していたものが，種苗の輸入，移動により米国東海岸に持ち込まれたと考えられている．

Dermo は高水温ならびに高塩分条件下で増殖する種であり，冬季の低水温期には増殖が抑制される．メキシコ湾岸では冬季でも水温が高いため，高水温の影響はそれほど大きくないが，エルニーニョ・南方振動により降水量が減少し，海水の塩分が上昇して Dermo の増殖が促進される．Dermo は従来メキシコ湾岸と大西洋岸南部で問題となっていたが，1990年代以降，大西洋岸中北部に分布を広げている（図5.11）．これは，冬季の水温低下が小さくなったためと考えられている．MSX の分布は1980年代までは大西洋岸中部海域にとどまっていたが，1980年代，1990年代に海水温上昇とともに分布を北方に広げている．しかし，分布を広げても大量死が発生しないケースもあり，温暖化との関係は Dermo ほど明確でない．

### 5.4.2 国内の潜在的リスク―養殖

**a. 魚類**

養殖魚類では基本的に高水温環境で感染症が発生する．しかし，病気ごとにみていくと，発生の季節性はそれぞれの感染症によって大きく異なる．たとえば，鹿児島県のカンパチ養殖の例をみ

## 5 海洋生態系への影響

| 感染症名 | | 1月 | 2月 | 3月 | 4月 | 5月 | 6月 | 7月 | 8月 | 9月 | 10月 | 11月 | 12月 |
|---|---|---|---|---|---|---|---|---|---|---|---|---|---|
| 細菌病 | 類結節症 | | | | | ■ | ■ | ■ | ■ | ■ | | | |
| | ノカルジア症 | | | | | | | ■ | ■ | ■ | ■ | ■ | |
| | 新型レンサ球菌症 | | | | | | | ■ | ■ | ■ | ■ | | |
| | 従来型レンサ球菌症 | | ■ | ■ | ■ | ■ | ■ | ■ | | | | | |
| | ビブリオ病 | | | | ■ | ■ | ■ | ■ | | | | | |
| | 滑走細菌症 | | | | ■ | ■ | ■ | ■ | | | | | |
| | ミコバクテリア症 | ■ | ■ | ■ | ■ | ■ | ■ | ■ | ■ | ■ | ■ | ■ | ■ |
| ウイルス病 | マダイイリドウイルス病 | | | | | | ■ | ■ | ■ | ■ | ■ | | |
| | ビルナウイルス病 | ■ | ■ | ■ | ■ | | | | | | | | |
| 寄生虫病 | ゼウクサプタ症 | | | ■ | ■ | ■ | ■ | | | | | | |
| | 住血吸虫症 | | | | ■ | ■ | ■ | ■ | | | | | |
| | ハダムシ症 | | | | ■ | ■ | ■ | ■ | ■ | ■ | ■ | ■ | |
| 平均水温 | | 17.1 | 16.4 | 16.7 | 18.4 | 20.9 | 23.5 | 27.1 | 28.8 | 27.7 | 25.0 | 22.1 | 19.3 |

**図5.12** 鹿児島県におけるカンパチの魚病発生カレンダー(発生盛期の月を灰色で示す.柳ら,2012をもとに作成).

ると,鹿児島湾では8〜9月に平均水温が28〜29℃に達し,2〜3月に15〜16℃と最も低い.細菌病であるノカルジア症,新型レンサ球菌症,ウイルス病であるマダイイリドウイルス症(最初にマダイから発見されたためこの病名がつけられている),は水温が最も高い時期に発生件数が多い(図5.12).一方,細菌病の類結節症,従来型レンサ球菌症,ビブリオ病と寄生虫症であるゼウクサプタ症などでは,水温上昇期の5〜7月に発生件数が多い.しかし,水温上昇期と同様の水温になる秋の下降期の発生件数は少ない.これは8〜9月の高水温によりにそれぞれの病原体の個体群が大きく減少するために,秋に増殖適水温になっても病勢が上がってこないためと考えられる.

ハダムシ症はカンパチやブリの皮膚に寄生する単生類による寄生虫症である.4〜11月と長い流行期をもつが,カンパチには28℃付近に高温限界をもつ中温性のハダムシ(ブリハダムシ *Benedenia seriolae*)と,より高温に耐えうる中温性のハダムシ(ネオベネデニア・ギレレ *Neobenedenia girellae*)の2種類が寄生しており,この2種類が水温に合わせて異なる流行期をもつために,長い流行期を形成している.

カンパチは亜熱帯域に分布する魚種であり,比較的高温性で15℃以下や32℃以上では成長が抑制され,適水温は20〜30℃,最適水温は28℃とされている.低水温には弱いため,カンパチ養殖は九州南部,四国,三重など比較的温暖な地域に限られている.海水温の上昇は,カンパチ養殖が可能な海域の拡大につながる.すでに,近年の海水温上昇でカンパチ養殖海域が徐々に拡大している.

海水温の上昇により高温性の感染症は流行は拡大する.一方,中温性の感染症は,流行期は早く終息するが開始は早期化する.したがって,全体として,海水温の上昇は,疾病の流行期の長期化につながり,治療のための投薬期間の延長や投薬量の増加が予想される.

ハダムシ症の治療は,生け簀内においたキャンバス水槽内に淡水を溜め,生け簀の中の魚を集めてそのなかで3分間淡水浴を行う.高水温期には10日から2週間に1回淡水浴を行う必要があり,多大な労力が必要であるとともに,魚体にも大きなストレスを与える.海水温が上昇すると淡水浴を行う期間と頻度が大きくなり,カンパチ養殖に大きな影響を与える.

以上のカンパチ養殖の例は,基本的に病原体の温度感受性に起因するものであるが,荒天が発生を促進するものとしては,海産白点虫病をあげることができる.この疾病は繊毛虫の一種である海産白点虫(*Cryptocaryon irritans*)の寄生によるものである.この寄生虫はほとんどすべての海産硬骨魚に寄生するが,特にマダイ養殖場ではしばしば大きな被害を生じている.

この繊毛虫は,生活環のなかに宿主の体表上皮内で成長するステージと宿主から離れて水底でシスト形成して分裂するステージという,2つのス

テージをもつ．また，高水温性で28〜30℃で最も成長・発達が促進される．しかし，養殖場では，高温期ではなく秋の水温低下期と台風などの後に頻発することが経験的に知られている．その理由としては，シスト内での発達は低溶存酸素条件下では抑制され，さらに感染期幼虫は繊毛で運動するものの積極的な移動能力は低いことがあげられる．すなわち，高水温期には養殖生け簀下に温度躍層が形成されているため，成層している高水温期にはシスト発達が抑制され，同時に，感染期幼虫は養殖生け簀のある海水面にまでほとんど到達できないと考えられる．一方，水温低下期ならびに台風などによる成層の崩壊と海水の攪拌により水底に酸素が供給され，かつ感染期幼虫は海面にまで到達できるようになる．これが，秋季と荒天後の発生頻度の上昇のメカニズムだと考えられる．温暖化による台風の頻発により，本疾病の頻度は上昇すると考えられる．現在，本疾病に有効な薬剤やワクチンは存在せず，発生した場合は対処療法として生け簀を潮通しのいい場所に移動させることしかできない．本疾病は，しばしば養殖場のある湾全体で一度に発生し，湾全体で数億円規模の被害を生じることがある．この疾病の頻発はきわめて大きな被害につながる可能性が高い．

b. 貝類

マガキは，卵母細胞に寄生する原虫マルティリオイテス・チュンムエンシス*Marteillioides chungmuensis*によって生じる卵巣肥大症により卵巣に膨隆患部が形成されると，商品価値を失ってしまう．肉眼で膨隆患部が形成される個体が3〜4割になる海域もある．膨隆患部をもつ個体はむき身にされた段階で廃棄されるが，罹患率が高い場所では殻つきカキとして販売ができなくなる．本症の発生は三重県以西の海域に限定されており，宮城県以北のマガキからは見つかっていない．本原虫の生活環はいまだに解明されていないが，直接的な感染はしないことから，何らかの中間宿主が存在していると想定されている．おそらく中間宿主となる生物が東北地方には分布していないと予想される．温暖化によって中間宿主の分布が変わると，東北地方に本症が発生するようになることが危惧される．

アコヤガイによる真珠養殖は1990年代半ばに病原体未特定の外来感染症（赤変病）の発生を契機に，生産額が発生以前の1/5程度に減少しているが，真珠が輸出産業の1つとして隆盛していた1960年代には吸虫寄生症が問題となった．*Bucepalus*属吸虫のセルカリア幼生が寄生したアコヤガイは発育，生残ともに悪く真珠養殖の阻害要因となっていた．研究の結果，ロウニンアジやギンガメアジが終宿主であることが明らかになり，これらの終宿主が生息する海域では真珠養殖を行わないという対策が構築された．温暖化によって予想されるこれらの終宿主の分布の変化はこの吸虫症の発生にも大きく影響するであろう．

このように原虫や大型寄生虫のように生活が複雑な病原体では，温暖化は生活環全体に影響を与えることから，細菌やウイルス病に比べて予測が難しい．

 **5.4.3 潜在的リスク—野生動物**

アサリに寄生するパーキンサス・オルセニ（*Perkinsus olseni*）は，アメリカガキに寄生する*P. marinus*と近縁で，アサリ，ヨーロッパアサリ，豪州のアワビ類2種への病害性が強く，発生した場合に国際獣疫事務局（OIE）への報告義務がある重要病原体である．日本では北海道東部を除くほとんどの海域のアサリ個体群に広く感染している．海域によっては感染率100％に近く，感染強度が実験的に求められた致死的強度に達している．これらの感染レベルの高い海域ではアサリ個体群の減耗要因になっていると考えられ，1980年頃より始まった全国的なアサリ個体群の減耗の主要な原因の1つと疑われている．本原虫は高温性で，28〜30℃程度に至適増殖温度を有する．また，宿主の死亡によってはじめて新たな宿主に感染できるという特性をもつため，水温の上昇は感染強度の上昇とともに，高水温条件と高感染強度によってアサリの死亡が促進され，感染レベル

がさらに上昇し，アサリ個体群への影響が増すと考えられる．

1990年代後半以降，日本各地の天然ヒラメに吸血性単生類ネオヘテロボツリウム・ヒラメ（*Neoheterobothrium hirame*）寄生による貧血魚が高頻度に漁獲されるようになった．海域や季節によるが，漁獲魚の50％程度に肉眼的に貧血が確認される例も発生した．本虫は日本近海に突然現れた寄生虫で，その後の研究で，もともと北米大西洋岸に生息するヒラメの一種サザンフラウンダー southern flounder（学名 *Paralichthys lethostigma*）に低レベルに寄生している種であることが判明し，何らかの経路によって極東にもち込まれ宿主転換したものと考えられる．貧血ヒラメが顕在化した直後各地でヒラメ漁獲量の減少が確認され，本虫がヒラメ資源の減少につながったと強く危惧されたが，近年は全国的なヒラメ漁獲量は増加傾向にある．しかしながら，日本海西部・東シナ海系群など西日本では1990年代半ば以降，資源状況や再生産成功率はおおむね低く，本虫の寄生が影響しているのではないかと考えられる．海水温の上昇は本虫の増殖速度を上げることから，本虫のヒラメ資源への影響が北日本にも拡大していくことが懸念される．

### 5.4.4 ヒトの健康へのリスク

海洋に常在しているビブリオ属細菌 *Vibrio vulnificus* はヒトへの重大な健康被害を起こす細菌として1980年に記載された．この菌に汚染された魚介類の生食だけでなく，菌に汚染された海水や泥に接触した場合，手足の傷口から感染することも多い．海外では手足からの病原体の侵入例が多いが，魚貝類の生食の文化をもつ日本では汚染された魚貝類の生食が主要な感染経路となっている．健康な人の場合，症状は軽く下痢程度であるが，肝臓に疾患をもつ人，免疫力が低下している人など，ハイリスクの人や貧血の治療で鉄剤を摂取している人では，敗血症など重い症状を示す．血行性の全身感染に至ると致死率は50～70％に達する．本菌は水温20℃以上，塩分2～3％でよく増殖する．したがって，高温と大量降雨による海水中塩分の低下は本菌が増殖するのに適した環境をもたらす．現在は，有明海などを中心に7～10月に患者が発生しているが，海洋温暖化に伴う水温の上昇と大量降雨による沿岸水の塩濃度低下により，本菌感染の発生海域の拡大や発生期間の延長，感染患者の増加が危惧される．

###  5.4.5 感染症という観点からみた海洋温暖化への対応

温暖化という環境変化が病原体，宿主そして病原体と宿主の関係がどのように変化してきたのか，これから変化していくのかを理解するには，我々の知識はあまりに不足している．今後，病原体，宿主の両方について研究を進めることはもちろんであるが，感染症の発症状況について長期間にわたってモニタリングすることが必要である．また，そのために必要な鋭敏な診断ツールや研究ツールの開発も不可欠である．さらに，原虫や寄生虫など生活環が不明なまま残されている病原体については，生活環の解明が不可欠であると同時に，生活環にかかわる生物全体の分布，生息状況が環境変化にどのように影響されるかも不可欠な情報である．

温暖化が進んだ場合，養殖場をより水温の低い海域に移動させることが有効であろう．ただし，養殖適地である波浪の影響を受けにくい内湾域は，日本では連続して分布しておらず，太平洋側では紀伊半島以南と三陸海岸以北に限定される．日本海沿岸は能登半島を除くと養殖適地は少ない．このような地形的特性からすると，養殖海域を北部に移動させることは簡単ではない．また，温暖化は海水温が徐々に高くなるだけではなく，夏の猛暑，大型台風などの異常な気象状態が頻発するというような進行が予想される．日本の養殖業者の多くは，それぞれの地域を基盤とした家族を中心とした零細な業者が多い．海洋の温暖化はこのような業者が対応できない変化をもたらすことが予想され，地域経済への影響も強く懸念され

る.

　対策としては，暖海性の養殖対象種を探すことが必要であろう．また，内湾域は陸上の環境変化の影響を受けやすいため，外洋域以上に温暖化の影響を受けやすい．内湾域を離れて沖合域での養殖が可能になるように沖合養殖のための技術開発も有効であると考えられる．

　現在，将来の温暖化に備えて高温耐性を付与する育種研究が盛んになっている．これらの努力は重要であるが，それらだけでは，感染症の病勢の増大や発生の長期化に対応できない．現在，魚類の感染症対策としてワクチン開発が研究主流となり，さまざまなワクチンが開発されつつある．高温性の疾病に対するワクチンの開発が必要となる．一方，二枚貝類やエビ類は獲得免疫能をもたないためワクチン開発は不可能であり，プランクトン食性の二枚貝類には投薬も困難である．その ため，高温性の病原体に対する耐病育種も大きな課題になると考えられる．

　野生海洋動物の疾病の研究は日本では低調である．ここで紹介した感染症以外にも，シャコの真菌症，中国種苗とともに国内にもち込まれ養殖場から天然海域に蔓延したクルマエビのホワイトスポット病（ウイルス性急性ウイルス血症）などは，近年さまざまな海域で生じているシャコ資源やクルマエビ資源の減少への関与が疑われている．日本では，海洋資源生物が減少すると，環境の変化あるいは乱獲を前提とした研究が行われ，感染症という観点からの研究はほとんどなされてない．海外の例をみても明らかなように，感染症は海洋資源生物，野生生物に大きな影響を与えている．海洋の温暖化に対応するためには，養殖動物だけでなくこれら野生動物の感染症の研究を加速させる必要がある．

〔良永知義〕

## 5.5　サンゴ礁域における影響

### 5.5.1　二酸化炭素上昇による海洋環境の変化

　地球表面の約7割は海であるが，そのなかで，サンゴ礁の海が占める割合はわずか1％である．ところが，海産魚類の約25％がこの海域に生息し，サンゴ礁は生物の多様性の観点から，とても重要な場所となっている（Spalding *et al.*, 2001）．2015年に大気中の二酸化炭素濃度はついに400 ppmの大台にのり，過去74万年間で人為起源のない自然の営みによる環境が経験した最高値（300 ppm）より100 ppmも高くなってしまった．このため，20世紀の100年間に，気温は0.74℃，海面も17 cm上昇し，炭酸イオンは約30 mmol kg$^{-1}$，pHも0.1下がってしまった．大気中の二酸化炭素の今後の増加に伴い，地球温暖化もさらに進行し，サンゴ礁にも大きな影響が出てくるものと危惧されている．

### 5.5.2　サンゴ礁への影響

　その代表例が，サンゴ礁のサンゴが白くなる 「サンゴの白化」という現象である．サンゴはイソギンチャクの仲間の動物であるが，その体内に褐色の単細胞藻類（褐虫藻）を共生させている．褐虫藻類は，光合成により合成された有機物をサンゴに与え，逆に，サンゴはアンモニアなどの窒素源である栄養を含む老廃物や呼吸により排出する二酸化炭素を褐虫藻に戻し，大変効率のよい共生関係を有している（図5.13）．この排出された二酸化炭素は，そのまま光合成に用いられるので，サンゴの一次生産は，熱帯雨林にも匹敵するほど大きくなっている．ただし，サンゴは，生産された有機物をすぐに消費して，炭素は二酸化炭素に戻ってしまうので，サンゴ礁に有機物が蓄積されるということはない（Suzuki *et al.*, 2003）．

　サンゴは自分がつくった白色の炭酸塩（$CaCO_3$）の骨格の上に生息している．海水温があまりに上昇してしまうと，直径0.01 mmほどの褐虫藻が抜け出してしまう．すると，サンゴの肉体は透明なので，透けて下の地肌が見え，サンゴ礁全体が白っぽくなる．さらに，数か月経つと，白化した

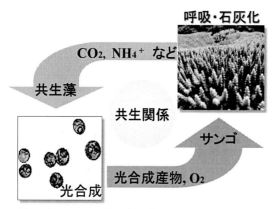

図5.13 サンゴと単細胞藻類（褐虫藻）の共生関係の模式図（中村，2012より改変）．

サンゴは褐虫藻からエネルギー源となる有機物を得ることができなくなり，栄養失調となって斃死してしまう．この段階に至ると，サンゴの肉体もなくなってしまうので，炭酸塩の骨格が海水に直接露出してしまう．すると，サンゴが生活していた空間には，比較的成長速度が速い藻類が繁茂したり，成熟群体からの新規幼生の供給も減少してしまうので，サンゴの再生力は著しく制限されてしまう．サンゴ礁は生物多様性の宝庫であるが，サンゴ礁が物理的・生物的に崩壊していくと，サンゴを食糧とする生物のみならず，避難・生活・保育・産卵場所としてサンゴの骨格を利用していた生物にもマイナスの影響は免れず，この海域からいなくなってしまう（中村，2012）．

### 5.5.3 エルニーニョによる影響

1997〜1998年にかけて，世界各地のサンゴ礁で，かつて例をみない大規模なサンゴの白化現象が発生した（鈴木・川幡，2004）．この期間に，強いエルニーニョが起こったので，その影響を受けたと考えられる．エルニーニョとは，太平洋赤道域の東部から南米のペルー沿岸にかけての海域で，海面水温が平年に比べて高くなる現象である．通常1年程度継続し，世界各地に影響を与える．たとえば，オーストラリアでは干ばつになり，GDP（国内総生産）が1％も減少するので大騒ぎになる．もちろん，日本にも大きな影響があることが近年わかってきた．たとえば，北日本では冷たい夏になる傾向がある．一方，沖縄では，冬から春にかけて気温は上昇し，夏は例年よりやや下がる傾向がある．しかし，エルニーニョが起こった1998年には，台風1号の発生が歴代で最も遅く（7月9日），沖縄本島が暴風域に入ったのは台風10号のみと台風襲来数も激減した．海の表面は太陽に温められて水温は高いものの，その下は冷たいので，台風がくると強い風で海水が撹拌され水温が下がる．この年は，猛暑と台風減少により，8月から高海水温が継続し，観測史上空前の規模でサンゴ白化現象が琉球列島の全海域で起こった．この年は，同様の高水温が熱帯・亜熱帯の広い海域に広がり，地球的規模でサンゴの白化が観察された．

1998年のサンゴの白化は，エルニーニョ・南方振動という数年の周期の中での短期的な海水温上昇に伴う現象ということもできるが，地球温暖化により長期的なトレンドとして海水温は着実に上昇してきている．海洋は気温の調節にも大きな役割を果たしている．すなわち，温度の上昇を海水が吸収し，温暖化を緩和している．1971〜2010年の40年間に地球全体で蓄積された熱エネルギーの約9割は海洋に吸収されたと計算されている．日本近海での1914年から100年間の海水温（年平均）の上昇は，+1.07℃だった．特に，九州・沖縄周辺では，この値は+1.14℃で，日本全体の平均値よりも，また，世界で平均した上昇率（+0.51℃）より大きくなっている（気象庁，2015）．そこで，この海域は，将来の海水温上昇の影響をより強く受けそうであるといえる．

### 5.5.4 温暖化する日本近海

サンゴの生息には，25〜28℃が最適水温といわれている．石垣島のサンゴ骨格の酸素同位体比の精密な分析に基づく成長記録の復元によると，20℃前後の冷たい冬には成長が停止し，30℃を超えた場合には白化する可能性が指摘されている

(Suzuki et al., 1999). サンゴ礁には，有孔虫，石灰藻など他の生物もたくさん生息している．通称「太陽の砂」や「ゼニイシ」などの大型有孔虫の水温実験によると，20〜29℃では健全に成長しているものの，30℃を超えると成長が抑制されることがわかってきた（Maeda et al., 2016). サンゴの場合，水温30℃を超える状態が長期間続くと白化が起こりうる．九州や本州など温帯域で局地的に高水温となると，サンゴが白化したことが報告されている．九州西岸の天草地方では，近年水温が上昇してきて，「九州の海」から「サンゴを伴う琉球の海」へと変化している．この海域では，高価なアワビの採取が漁業者にとって大きな収入だったが，冬の水温上昇によりアワビの好物である海藻の生育が難しくなってきたため，アワビが減少してしまった．

黒潮とこれが分岐した対馬海流と津軽暖流は，日本の気候にも大きな影響を与えてきた．この源流域はインドネシア多島海だが，ここは，世界で最も海水温が高い海域である．東部赤道太平洋では，東風（貿易風）により深部より冷たい海水が上昇してくるので表層水の温度は下がり，25℃以下と低温になっている．反対に，西部では28℃以上と高温になっている．この高温水は西太平洋暖水塊（Western Pacific Warm Pool：WPWP）と呼ばれ，先程のインドネシア多島海付近に存在している．この暖水塊の層厚は厚く，温度が高温から低温に大きく変わる躍層の水深は最大200 mに達している．この暖水塊は，氷期・間氷期といった地球環境の大きな変動のときにも，サイズは多少小さくなったが依然として存在していた．すなわち，氷期・間氷期といった大きな環境変動においても，赤道域はあまり海洋環境が大きく変化しなかった．一方，氷期には，アラスカ，スカンジナビア，北米大陸では，厚さ3000 mほどの氷床と呼ばれる氷の大地が形成され，現在は氷がほとんどない状態というように大きく環境は変化した．地球温暖化がこれから進行した将来には，温帯域や冷帯域は熱帯域より環境が大きく変わることが予想され，沖縄のサンゴ礁にも大きな影響が出ると考えられる．

これまでサンゴの白化は高水温が原因だと書いてきたが，高水温のときには，晴れの日が多くなるので，結果として太陽の光も十分にそそぐことになる．光阻害も重要な因子であるとの指摘がある．一般に光合成速度と光の強さは，線形の関係があるが，ある閾値を超えると，光合成速度は飽和してしまい，比例関係はなくなる．これは，光合成が単位時間あたりに処理できるエネルギーフラックスに上限があるために，利用可能以上の光は過剰エネルギーとなって光合成システムに悪い影響を与えるからである．日本のサンゴ礁海域ではミドリイシという種類のサンゴがいる．これは比較的水温に敏感だが，これを用いて光阻害と回復に対する高温ストレスを調べると，白化が起こる30℃付近を境に修復能力が急激に落ちることが示唆されている（Takahashi et al., 2004). その説明は以下のとおりである．共生藻が過剰な光や高水温環境によりストレスを受けると，葉緑体の酸素発生部分にエネルギーが過剰供給され，活性化酸素等が生成する．これは非常に不安定で化学的に強力な酸化剤として機能する．事実，ストレス状況下で，共生藻により過酸化水素が生成していることが確認されている．これが体内に蓄積すると，生物の組織は還元的な有機物でできているので，サンゴの細胞や組織まで破壊されてしまう（中村，2012).

### 5.5.5 複合ストレスによる影響

さらに，サンゴの白化の原因を詳細に探るとストレスの複合影響も重要であるとの見解に達する．先に述べた1998年白化では，梅雨期の降水に伴う淡水・土砂流など赤土流入も悪い影響を与えたものと考えられている．近年，白化だけでなくサンゴ礁の劣化が話題になっている．その原因として，①水温上昇によるサンゴの白化，②オニヒトデによる食害，③赤土の流入，④海水の富栄養化，⑤危険化学物質による汚染，⑥海洋酸性化などがあげられる（Hoegh-Guldberg et al., 2007).

## 5 海洋生態系への影響

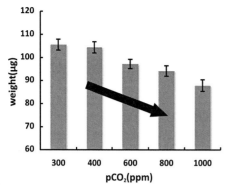

**図5.14** 海洋酸性化に呼応したコユビミドリイシ (*Acropora digitifera*) のポリプ成長 (Hayashi *et al.*, 2013).

これらのなかで④，⑤，⑥の因子は明らかに人間活動による排水が関係している．沖縄本島の調査によると危険化学物質のなかで，環境ホルモンなどは都市域が汚染源だったが，驚いたことに農薬に関係した化学物質も汚染域が源だった．厳密には特定されていないが，有力候補としては家庭菜園などで使用された薬品が河川よりサンゴ礁域周辺まで運搬されていた (Kawahata *et al.*, 2004; Kitada *et al.*, 2008)．いずれにしても，サンゴの基礎体力が弱っている状況で，環境負荷がかかるとサンゴ礁の劣化が加速されることは容易に想像できる．

化石燃料から放出される二酸化炭素の影響は，地球温暖化と海洋酸性化に直結する．これまで産業革命以来，化石燃料の燃焼によって放出された二酸化炭素の総量 ($9.1\,\mathrm{Pg\,C\,yr^{-1}}$) の約25% ($2.2\,\mathrm{Pg\,C\,yr^{-1}}$) が海洋に吸収された．この分，大気中の二酸化炭素濃度は減少したので，地球温暖化は抑制された．しかしよいことばかりではない．というのは，逆に海水には弱酸性の二酸化炭素が溶けたので，海洋酸性化が悪化していった (Hayashi *et al.*, 2013；図5.14)．さらに，地球温暖化による高水温と酸性化の複合ストレスは，サンゴの成長の悪化とサンゴの致死率の上昇を介して，サンゴ礁の回復力を明らかに下げている (Anthony *et al.*, 2011)．

顕生代（過去5億4700万年間）の温度と大気中の二酸化炭素濃度は定性的には正の相関が認められるものの，定量的には相関していない時代もあった．将来のサンゴ礁の状態を予測するためには，現在および過去のサンゴ礁と環境の関係をきちんと理解する事が必要である (Pandolfi *et al.*, 2011)．恐竜の活躍した1億年前の白亜紀の大気中の二酸化炭素濃度は1000 ppmを軽く超えていたと推定されている．極域でも水温が17℃と超温暖な環境が広がっていたが，海洋酸性化は起こっていなかった．事実，大量の炭酸塩が沈積していた．ミケランジェロが彫刻に使用した石灰岩もそのときのものである．両者で異なった結果となった理由は，白亜紀には二酸化炭素炭素による酸性度が陸の化学風化により中和されていたからである（図5.15）．現在は，大気中の二酸化炭素濃度の上昇スピードが，化学風化に比べてあまりに速くて，中和作用が追いつかないことに原因がある．すなわち，二酸化炭素のレベルというより，「速すぎるスピード」が問題なのである

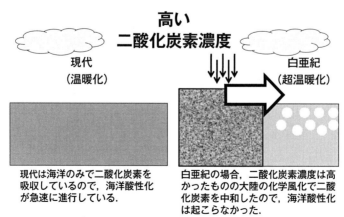

**図5.15** 高い二酸化炭素濃度における異なった環境．白亜紀は超温暖化していたが，大陸風化により海洋は中和された．逆に，現代は海洋酸性化が猛烈なスピードで進行している．違いを支配したのは，環境の変化速度である (Kawahata *et al.*, 2015).

(Kawahata et al., 2015). 現在, 大気中の二酸化炭素濃度上昇については, 地球的なレベルで有効な手だてが講じられていない. しかし, 局所的にサンゴ礁を守っていくことは可能である. 過漁猟, 汚染, 生育環境破壊などの複合因子のストレスを, まず軽減することがサンゴ礁の保全の第一歩と考えられる (Rodolfo-Metalpa et al., 2011).

〔川幡穂高〕

## 第5章のポイント

### 5.1
- 水産生物の回遊行動の変化から温暖化の影響が顕在化しつつあることが読み取れるが, エルニーニョやレジームシフトによって数年〜数十年スケールでも海洋環境は周期的に変化しており, 両者を区分することは難しい.
- 温暖化が水産生物に与える影響のメカニズムを解明するには, 自然変動する地球環境も考慮した生物の生理・生態に与える影響の理論構築とモデル化が必要であり, 資源変動に対して乱獲や環境改変などの人為的な影響が温暖化による影響を増幅させない努力が重要である.

### 5.2
- 地球温暖化に伴う水温上昇によって, 北海のタイセイヨウダラが高緯度側に分布域を移動している.
- タイセイヨウダラでは, そのほか, 餌料, 捕食者, 溶存酸素, 塩分, 海洋酸性化の影響が複合的に顕在化する可能性がある.
- サケ・マス類は, 陸水域, 汽水域, 海域を利用するため, 地球温暖化の影響は複雑な形をとる. 一部のサケ・マス類では, 地球温暖化による水温上昇に適応している可能性がある.

### 5.3
- 水温上昇に伴い, イワシ漁場はすでに北上している. また, 温暖化はイワシ類資源の自然変動サイクルを乱し, 食物網動態を通して生態系全体に影響が伝搬するおそれがある.
- 傾向的な海洋の温暖化に対して, サンマ資源が進化的な応答をみせて生物特性を変化させる可能性を考慮する必要がある.
- クロマグロに代表される温帯性マグロは資源が減少することが予想されているが, メバチに代表される熱帯性マグロは分布域が拡大するので温暖化が必ずしも資源の減少をもたらすわけではない.
- イカ類は海水温の変化により, 回遊ルートや産卵場だけでなく成熟サイズや成熟齢といった生活史特性を著しく変化させる.

- 海洋温暖化は, 岩礁域に生息する生物の分布の変化, 餌や住処を提供する海藻藻場の衰退・消失を通して生態系・漁業に影響を及ぼす可能性がある.

### 5.4
- 温暖化は, 病原体の活性化, 宿主への高温ストレスなどの直接的影響に加え, 媒介生物・中間宿主の分布の変化や荒天による病原体の分布の変化など, 宿主−寄生体−環境関係に大きな変化をもたらす.
- 温暖化による感染症の頻発は, 養殖生物のみならず野生生物にも影響を与え, 生態系全体への変化にもつながりえる. また, 人魚共通感染症の頻発にもつながりえる.
- 養殖における対策としては, 暖海性の養殖生物への移行, 温暖化の影響がより小さい沖合養殖のために技術開発, 高水温耐性の付与を目的として育種, 高水温性の感染症に対するワクチン開発が求められる.

### 5.5
- 健全なサンゴでは, サンゴ虫と褐虫藻は, 大変効率のよい共生関係を有し, 大規模に炭酸塩を沈積させる.
- サンゴ礁域が高海水温になると, 褐虫藻がサンゴの体内より抜け出てしまう「白化」現象が起こる. 地球温暖化に伴い, この頻度が将来高くなりそうで, ストレスの複合影響も加わりサンゴ礁の劣化が危惧される.
- エルニーニョ時には, 沖縄では夏期の水温が上昇する傾向があり, サンゴ礁は「白化」しやすくなる. さらに, 赤土などのストレスの複合影響も加わり劣化が危惧される.
- 現代の二酸化炭素の上昇は, 地球温暖化とともに海洋酸性化をもたらし, サンゴ礁にも悪影響を及ぼす. ただし, 二酸化炭素濃度が非常に高かった白亜紀には海洋酸性化が起こらなかった. 海洋酸性化現象には, 濃度のレベルよりも環境変化のスピードが重要である.

## コラム2　死滅回遊魚—地球温暖化の代弁者？

毎年秋になると，伊豆半島沿岸をフィールドとしているダイバーの心は浮き立つ．黒潮によって南の海から運ばれてきた色とりどりの魚の幼魚たちが目を楽しませてくれるからである（図5.16）．サンゴ礁が発達する熱帯や亜熱帯の海を分布域とする魚たちが，遊泳力に乏しい卵稚仔のときに黒潮に取り込まれて受動的に輸送され，何らかの離脱機構を経て沿岸に着底したものと考えられている．

こうした熱帯性の魚たちの出現は，高水温期のなかでも晩秋にピークを迎え，水温が低下する

| | 記録種数 | 死滅回遊魚の種数 |
|---|---|---|
| ハゼ科 | 109 | 35 |
| ベラ科 | 88 | 62 |
| ハタ科 | 67 | 23 |
| フサカサゴ科 | 53 | 7 |
| スズメダイ科 | 44 | 31 |
| チョウチョウウオ科 | 35 | 33 |
| アジ科 | 32 | 19 |
| テンジクダイ科 | 31 | 12 |
| フグ科 | 29 | 7 |
| ニザダイ科 | 26 | 24 |
| 合計 | 514 | 253 |

表5.1　相模湾で記録された魚類の上位10科（Senou *et al.*, 2006）に含まれる死滅回遊魚の種数．

12月下旬ともなると一気にその数を減じ，年を越す頃には姿を消してしまう．つまり，多くは幼魚のまま，低水温に耐えきれずに死に絶えてしまうというわけだ．もちろんその逆で，寒帯や亜寒帯性の魚が南下し，定着できない場合もあるが，黒潮の流向との関係からほとんどは南方起源である．生物地理学的には無効分散という現象であるが，そのような魚たちを死滅回遊魚と総称している．相模湾からは深海魚も含めて1500種以上の魚類が記録されているが，出現種数の多い上位10科には，死滅回遊魚が約5割も含まれている（表5.1）．

相模湾の魚類相を地点間で比較してみると，興味深い事実が浮かび上がってくる．図5.17は，相模湾沿岸の12地点について，種ごとに記録の有無に基づき星取り表を作成し，地点間の類似の程度を計算させた結果を地図上に示したものである．太いラインで括られている地点間の魚類相は似ているとご理解いただきたい．この図からわかることは，相模湾の魚類相は城ヶ崎海岸にある伊豆海洋公園と伊豆大島を含む地域と，その他の地域とに大きく2分されることである．ここで興味深いのは，2地域を分かつ境界が，沿岸浅所の水温が最低となる2月の表面平均水温である15℃の等温線にほぼ一致していることである．ただし，魚類相は水温以外に砂地や岩礁といった底質環境にも左右されるし，地形によってはわずかな距離でも海流による影響が魚類相を分かつ要因となるため，たとえば隣接する富戸と伊豆海洋公園との差は，水温以外の要因が効いている可能性にも留意しておく必要がある．また，伊豆海洋公園と伊豆大島との強い類似性は，両地点間に南から流入する黒潮分枝流の影響を受けやすいことによるのかもしれない．

いずれにしてもこの15℃という水温は，熱帯性の死滅回遊魚にとって重要な意味をもつ．多くの熱帯性魚類にとって，生きるか死ぬかの境界である低温致死限界が15℃付近にあるからだ（田名瀬ほか，1992）．言い換えると，1年を通じて生息地の水温が15℃を下回ることがなければ，熱帯性の魚が生き残ることを意味している．ただし，実際の海の中はそう単純なも

図5.16　伊豆の海を彩る死滅回遊魚．(a)：フタイロハナゴイ（ハタ科），KPM-NR 79024, 宇久須, 10.1～16.4 m, 1998年12月12日；(b)：トゲチョウチョウウオ（チョウチョウウオ科），KPM-NR 162776, 宇久須, 3.3 m, 2015年9月27日；(c)：ツユベラ（ベラ科），KPM-NR 72577, 宇佐美, 5m, 2010年11月14日（写真は神奈川県立生命の星・地球博物館魚類写真資料データベースより．いずれも内野啓道氏撮影）．

## コラム2　死滅回遊魚—地球温暖化の代弁者？

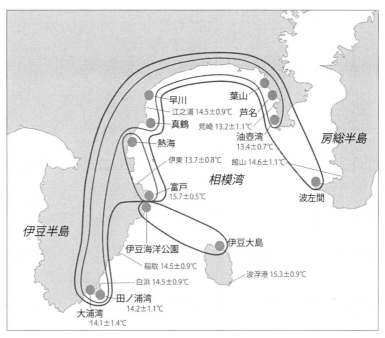

**図5.17** 相模湾における地点別魚類相の比較．水温は2月の表面平均水温（竹内ほか，2012に基づき作成）．

のではない．15℃はあくまで平均なので，それを下回る水温の日もあるし，暖かい時期であっても深層からいきなり冷たい海水が入り込むこともある．また，15℃を下回らない状況下でも，それに近い低水温が続けばやはり生き残ることは難しいだろう．事実，城ヶ崎海岸の富戸や伊豆大島の波浮港の平均水温は15℃をやや上回っているが，この地域で熱帯性魚類が越冬し，定着したと考えられる事例は稀である．

　今，地球規模での温暖化が進行しており，相模湾を含む日本近海の海水温は上昇傾向にあるという．近年，年によって変動はあるものの，相模湾や駿河湾では，越冬の目安となる3月や4月に熱帯性魚類が確認される事例が増えつつあるようにみえる．例年だと1〜5種程度に過ぎない越冬種が，2011年と2012年ではそれぞれ13種，21種と突出して多い年が現れているのだ．

　このまま水温の上昇傾向が続けば，いずれ定着するものが現れ，伊豆半島沿岸の魚類相に大きな変化が起きると予想されるが，それはいつどこでのことだろうか？　魚類相の地点別比較からいえることは，相模湾では最初の変化が城ヶ崎海岸や伊豆大島で起こると考えられ，冬季の平均水温がある一定以上の上昇をみたとき，多くの熱帯性魚類が一斉に越冬，定着する可能性が高いということである．

　ただし，それは必ずしも熱帯性魚類と温帯性魚類の急激な入れ替わりを意味するものではない．今から6000年前，海水温が現在よりも2℃高かった縄文時代に，熱帯性の貝類は相模湾付近，亜熱帯性の貝類は東北地方まで分布を拡大し，房総半島にはサンゴ礁が発達していた（神奈川県立生命の星・地球博物館，2004）．しかしながら，その当時にあっても縄文人は，マダイやスズキなどの温帯性魚類を食べていたことが貝塚の遺存体の調査からわかっている．当時，魚類においても熱帯や亜熱帯の種が分布を拡大していたはずだが，なぜか貝塚からはそうした証拠がみつからないのである．縄文人は食に関しては保守的だったのだろうか？

　それはさておき，現在の温帯域での熱帯性魚類の動態をモニタリングすることは，地球温暖化に関連する海洋環境変動の把握につながる．その意味で，伊豆半島沿岸における死滅回遊魚は，温暖化の指標としてうってつけなのである．

〔瀬能　宏〕

# 6

# 古気候・古海洋環境変動

　地球の46億年間の歴史のなかで，ダイナミックな変動が繰り返されてきた．そのなかには現在よりもはるかに温暖だった時代や，赤道域まで凍りついた極寒の時代があった．はるか遠い過去や将来のことなど，自分たちには関係のない夢物語と思われるかもしれない．しかし，我々が暮らす現在の地球環境は，何億年間もの地球の営みの上に築かれたものである．また，現在の人類の活動は，少なくとも今後数千年間の地球環境に大きな影響を及ぼし，確かな記録として地層に刻まれる．人の寿命よりもずっと長い時間の気候・環境変動を俯瞰することは，地球史における現在の地球環境の位置づけの理解に役立つことから，本章では地球史における気候変動と海洋環境変動を振り返る．

　地球の気候を駆動するエネルギーの源は，太陽放射（主に紫外線・可視光線・赤外線）である．太陽の中心部では水素原子4個が融合してヘリウム原子1個が生成される核融合反応が起こっている．ヘリウム原子1個の質量は，水素原子4個分の質量より0.7％ほど軽く，この失われた質量がエネルギーに変換されている．太陽エネルギーは地球表層が受け取るエネルギーの99.9％以上を占める．地球内部にも，放射性元素の崩壊熱によるエネルギー源（地熱エネルギー）がある．地熱エネルギーは，太陽エネルギーと比べてずっと小さいが，プレートテクトニクスの駆動源であるとともに，炭素循環を通じて長期的な気候の安定性に重要な役割を担っている（6.2.1項で詳しく述べる）．

## 6.1　地球史における現在気候の位置づけ──新生代氷河時代

　氷（氷床・氷河・海氷）は，太陽光の反射率（アルベド）が高く，地表や海面を覆うと地球表層が受け取る太陽のエネルギーが減少し地表温度が低下する．また，氷は断熱材としての働きをもつ．たとえば，北極の冬季平均気温は−20℃程度だが，海氷下の海水の温度は−2℃より高い（海水は−2℃で凍る）．これは，海氷が海に蓋をすることで，大気‐海洋間の断熱材となっているからである．これら2つの性質から，氷は地球の気候に大きな影響を与える．気温が低下し氷が形成されると，反射率が上がることでさらに気温が低下し，氷がますます増加する．反対に気温が上昇し氷が減少すると，反射率が下がることで気温がさらに上昇し氷の減少が加速する．つまり氷の増減は，反射率の変化をもたらし，最初の気温の変化を加速させる．このような初期の小さな変化をどんどん大きくする働きは正のフィードバックと呼ばれ，氷の変化が引き起こす雪氷アルベドフィードバック（ice-albedo feedback）は長い地球史における急激な気候変動の要因の1つになっている．

　我々は南極大陸やグリーンランドに巨大な氷の塊（氷床や氷河）があることを特別なこととは思わない．しかし，46億年間の地球史において，大陸に氷床が存在した時代（氷河時代）は短く，むしろ大陸にまったく氷床がない時代（温室時代）のほうが一般的な地球環境であった（図6.1）．また，氷河時代のうち，原生代初期のヒューロニアン氷河時代，原生代後期のスターチアン氷河時代およびマリノアン氷河時代には，赤道域まで氷

## 6.2 異なる時間スケールにおける気候変動と海

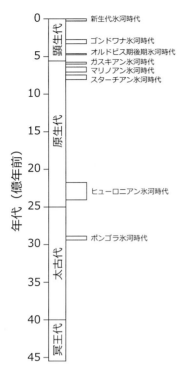

**図6.1** 地球史における氷河時代（田近, 2009）.

床が発達したスノーボールアース（Snowball Earth, 全球凍結）と呼ばれる状態であった.

ところで、なぜ何億年も前に大陸氷床が存在したことがわかるのだろうか？ その答えは地層にある. 大陸氷床はゆっくりと内陸から海岸へと流動し、氷山となって海へ流出する. 流動する氷床は大陸を削り、削りかすである岩石のかけら（礫）を取り込む. 礫は氷山とともに海へ流れ出て、氷山が融けると海底に堆積する. 氷山が運んだ礫は大きさがまちまちで、角張ったものや丸いものが混ざっており、水流で運ばれた礫と区別できる. また、大陸氷床が流動するとき、岩盤（基盤）が平らに削られ直線状の傷ができる（氷河擦痕）. このような礫を含んだ地層や、氷河擦痕が過去の大陸氷床の存在を示す証拠となる.

顕生代（過去5億年間）に入ると、約3億年前の古生代石炭紀からペルム紀にかけて顕著な氷河時代が訪れた. 当時、南半球に広がっていたゴンドワナ大陸に巨大な氷床が分布していた. その後、恐竜が繁栄した中生代（約2億5000万〜6600万年前）に入ると温暖な時代が続き、大陸氷床は存在しなかった. 6600万年前の隕石衝突によって恐竜が絶滅し、新生代に入ってからもしばらくは温暖な時代が続いたが、4000万年前頃から南極大陸で氷床が形成され始め、3400万年前の始新世–漸新世境界から持続的に氷床が存在するようになった. 現在を含む過去3400万年間は、新生代氷河時代と呼ばれている. すなわち地球史における現在の地球環境は、寒冷な氷河時代に位置づけられる.

## 6.2 異なる時間スケールにおける気候変動と海

 **6.2.1 プレートテクトニクスが支配する100万年スケールの変動**

### a. 二酸化炭素による温室効果

地球の気候は、何度かスノーボールアースに陥ったものの、液体の水で満たされた海洋が、数十億年間にわたり安定的に維持されてきた. このことは大気中の温室効果ガスが長期にわたり安定的に維持されることで、地球表層から海水がすべて蒸発したり、凍りついたままになったりしなかったことを示している. 長期的な地球の気候の温度調節機構として、温室効果気体である二酸化炭素が重要な役割を果たしてきたと考えられている（田近, 2009）. 大気中の二酸化炭素は、中央海嶺や沈み込み帯の火成活動に伴う脱ガスにより地球内部から供給される（図6.2）. もし、地球の大気から二酸化炭素を取り除く機構がなければ、大気中二酸化炭素濃度は上昇し、温室効果による気温上昇によって海水はすべて蒸発してしまうはずである. そうならないのは、岩石のケイ酸塩（$CaSiO_3$）の化学風化と海洋での炭酸カルシウム（$CaCO_3$）の沈殿により、大気から二酸化炭素（$CO_2$）が除去され海底堆積物中に固定されるからである（図6.2）. これらの過程は、下記の化学反応式として表される.

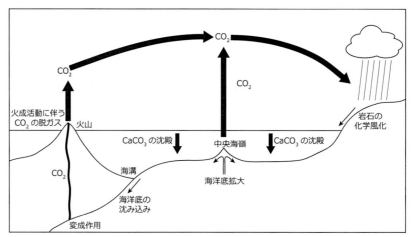

図6.2　地質学的な時間スケールにおける炭素循環．二酸化炭素（$CO_2$）は化学風化により大気から除去され，炭酸カルシウム（$CaCO_3$）として海洋底に堆積する．海洋底はいずれ海溝から沈み込み，中央海嶺や沈み込み帯の火成活動に伴う脱ガスによって二酸化炭素が大気へ戻る（Ruddiman, 2013をもとに作成）．

$$CaSiO_3 + 2CO_2 + 3H_2O$$
$$\rightarrow Ca^{2+} + 2HCO_3^- + H_4SiO_4$$
（岩石，ケイ酸塩鉱物の化学風化）
$$Ca^{2+} + 2HCO_3^- \rightarrow CaCO_3 + CO_2 + H_2O$$
（海洋での炭酸塩沈殿）

上記2式の正味の反応は，下記の化学反応式として表される．

$$CaSiO_3 + CO_2 + 2H_2O \rightarrow CaCO_3 + H_4SiO_4$$
（化学風化と炭酸塩沈殿の正味の反応）

沈殿した炭酸カルシウムは，プレートテクトニクスにより海溝へと沈み込み，中央海嶺や沈み込み帯の火成活動に伴う脱ガスによって再び二酸化炭素として大気へと戻ってくる．この一連のサイクルは数十万年もの時間を要し，非常にゆっくりとした過程である．火成活動に伴う脱ガスと化学風化のバランスは，プレートテクトニクスによる海洋底拡大速度に規制される．海洋底拡大速度が速いときは，火成活動に伴う脱ガスが盛んになり温室効果による温暖化が進み，全球平均の気温の上昇と降水量の増加が起こる．これらは化学風化を促進させるので，大気中の二酸化炭素が効率的に除去され，温暖化が抑制される．海洋底拡大速度が遅いときは，火成活動に伴う脱ガスが減少し，温室効果が弱まるため，寒冷化が進む．気温の低下と降水量の減少は化学風化を抑制し，より多くの二酸化炭素が大気にとどまるため，寒冷化が抑制される．このフィードバックは，初期に起きた変化を小さくするように作用するため，負のフィードバックと呼ばれ，何億年間にもわたり地球の気候を長期的に安定させてきたと考えられている（Ruddiman, 2013）．

海洋底拡大速度以外にも，プレートテクトニクスが長期的な気候に及ぼすことが2つある．1つは大陸の配置である．大陸はプレートに乗って移動し，衝突と分裂を繰り返している．大陸氷床が形成されるかどうかは，極域に大陸が存在するかどうかで大きく変わる．3億年前に南半球に大規模な氷床が発達したのは，当時の南極に巨大なゴンドワナ大陸が存在していたことが理由の1つである．また，大陸の配置は，海水の流れ（海流）を制約する．海流によって極域に輸送される熱量の変化は，極域での氷床や海氷の形成に影響を与える．もう1つは隆起である．プレートの衝突により山脈が隆起すると，侵食が活発になりケイ酸塩砕屑物（岩石が壊れてできた破片・細かな粒子）が大量に生成される．これらのケイ酸塩砕屑物が化学風化されることで大気中の二酸化炭素を除去し，温室効果を弱めることで寒冷化が進行する．

過去の大気中二酸化炭素濃度の見積もりは大変難しいが，いくつかの方法が提案されている．不確かさが大きいものの，復元された過去1億

5000万年間の大気中二酸化炭素濃度変動は，白亜紀末（約7000万年前）を除く白亜紀と，新生代前期（約5000万〜3000万年前）に高かった（図6.3）．

恐竜が繁栄した中生代（約2億5000万〜6600万年前）は，活発な火成活動で知られる．脱ガスが盛んだったため大気中二酸化炭素濃度が高く，温暖な時代が続いたため，大陸氷床は存在しなかった．それでは，現在の南極大陸やグリーンランドにある氷床はいつ頃から形成されるようになったのだろうか．過去6600万年間の新生代の気候変動をみていこう（図6.4）．

### b. 新生代の寒冷化

新生代の詳細な気候変動は，有孔虫殻の酸素同位体比記録によって明らかにされてきた（大河内，2008）．有孔虫は，海洋に生息する単細胞の原生動物の一種で，炭酸カルシウム（$CaCO_3$）の殻をつくる．この大きさ1mmにも満たない小さな有孔虫殻は，海底堆積物中に化石として保存される．有孔虫殻の化学組成は，生息当時の海水の組成を記録しており，その記録を解読できれば過去の海水の情報を復元できる．天然の酸素原子のほとんど（99.762 %）は，陽子8個と中性子8個の質量数16（$^{16}O$）である．しかし，ごくわずかに中性子が9個の質量数17の酸素原子（$^{17}O$, 0.038 %）と，中性子が10個の質量数18の酸素原子（$^{18}O$, 0.200 %）が含まれている．このように中性子の数が異なる同じ原子のことを同位体と呼ぶ．同位体は同じ原子なので化学的な性質はきわめてよく似ているが，質量数が違うために物理的に異なる挙動を示す．有孔虫殻にも$^{16}O$だけでなく$^{17}O$と$^{18}O$の3種類の同位体が含まれている．ここでは，これまで多くの研究が行われている$^{16}O$と$^{18}O$について説明する．

炭酸カルシウムの殻をつくる有孔虫が海水から酸素原子を取り込む際，酸素同位体の取り込まれる割合に温度依存性があるため，有孔虫殻の$^{16}O$

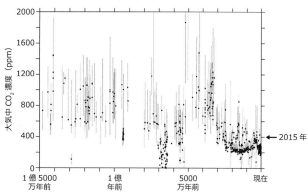

図6.3　さまざまな手法により推定された過去1億5000万年間の大気中二酸化炭素濃度変化（Hönisch *et al.*, 2012）．黒点は推定値，灰色の縦線は推定誤差を表す．2015年における大気中二酸化炭素濃度は約400 ppm．

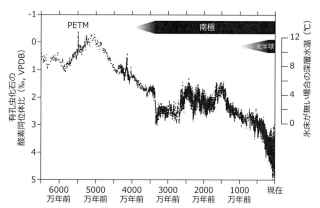

図6.4　新生代における底生有孔虫殻の酸素安定同位体比記録（Zachos *et al.*, 2001）．新生代を通じた大局的な気候の変化は，寒冷化と大陸氷床の発達に特徴づけられる．現在の深層水（水深2000 m以深の海水）の水温はおおむね−1〜3℃の範囲だが，5000万年前の深層水温は10℃を超えていた．南極氷床は3400万年前から持続的に形成され，北半球氷床は300万年前から大規模に発達するようになった．また，5600万年前にPETMと呼ばれる短期間の顕著な温暖化イベントが見つかっている．

と$^{18}O$の比率を測定することで殻がつくられた当時の海水温を復元できる（水温計）．有孔虫は，海洋表層に生息する浮遊性有孔虫と，海底に生息する底生有孔虫がいるため，それらの酸素同位体比から海洋表層水の水温と深層水の水温を復元できる．また，$^{16}O$と$^{18}O$を比べると，質量数の小さい$^{16}O$のほうが蒸発しやすい．反対に質量数の大きい$^{18}O$のほうが降水や降雪しやすい．したがって，海水が蒸発して雲ができ，雨や雪を降らせながら内陸へ移動していくと，雲の中の水蒸気の酸素同位体における$^{16}O$の割合が増加してい

く．内陸で降った雪が凍結して氷床が形成されると$^{16}$Oに富んだ水が陸に固定されるため，海洋の酸素同位体は，$^{18}$Oの割合が増加する．有孔虫殻の$^{16}$Oと$^{18}$Oの比率を測定することで殻がつくられた当時の大陸氷床量を復元できる（氷床量計）．なお，大陸に氷床が形成されない場合は，内陸に降った雨や雪は，河川により海へ戻るので海水の酸素同位体の比率は変わらない．上記のとおり，海底堆積物中に保存された有孔虫殻の酸素同位体比（$^{16}$Oと$^{18}$Oの比率）から，過去の海水温と大陸氷床量を復元できる．

新生代に入ってからもしばらくは温暖な時代が続き氷床は存在しなかった（図6.4）．底生有孔虫の酸素同位体は，当時の深層水の水温が約 8～12℃と現在（0～4℃）よりもずっと高かったことを示している．地球の気候は 5000 万年前を境に寒冷化に転じ，4000 万年前頃から南極大陸で氷床が形成され始め，3400 万年前の始新世-漸新世境界から持続的に氷床が存在するようになった．1000 万年前頃からは北半球にも氷床が形成されるようになり，約 300 万年前から北半球氷床が発達し顕著な寒冷化が起こった．

新生代の寒冷化を説明する有力な仮説として，①南極大陸の孤立と周極流の成立，および②海洋底拡大速度の減少，③ヒマラヤ山脈とチベット高原の隆起が提唱されている．①と②は，新生代前半の南極大陸の氷床発達を説明する説である．新生代前期に南極大陸は，オーストラリア大陸および南米大陸から分離し，南極大陸を周回する海流（南極周極流）が成立した．これにより，低緯度から温かい海水が南極大陸周辺に輸送されなくなったため，南極大陸が冷却され氷床が発達するようになった．また長期的な炭素循環に影響を与える海洋底拡大の速度は新生代前半に著しく減速した．海洋底拡大速度の減速は，火成活動に伴う脱ガスを減少させ，大気中二酸化炭素濃度が低下したことで，南極で氷床が発達するようになった．③は，新生代後期の長期的な寒冷化を説明する説である．新生代前期にインドはユーラシア大陸に衝突し，ヒマラヤ山脈とチベット高原の著し

い隆起が新生代後期に起こった．これに伴い侵食とケイ酸塩の化学風化が促進され，大気中二酸化炭素濃度が低下することで寒冷化が進行した．いずれの説もプレートテクトニクスが長期的な寒冷化に影響を与えたとするものであり，その主因は大気中二酸化炭素濃度の変化と考えられている．

### 6.2.2 地球の軌道要素が支配する数万～10万年スケールの変動

過去 80 万年間の地球の気候変動は，10 万年の周期で大陸氷床の消長（特に北半球氷床）を繰り返す氷期-間氷期サイクルで特徴づけられる（図6.5）．このような周期的な気候変動は，地球の公転軌道の変動により，地球に入射する緯度方向の日射量の季節分布が周期的に変動することによって起こる（大河内，2008；多田，2013）．この説を提唱した研究者の名前をとってミランコビッチサイクルとも呼ばれている．地球は太陽の周りを楕円軌道で回っているが，その楕円のつぶれ方（離心率）は約 10 万年の周期で変動している．楕円のつぶれ方が大きくなると季節差が大きくなる．また，地球の自転軸（地軸）は公転面に向かって約23°傾いている．この傾きは一定ではなく22～24.5°の範囲で変動しており，その周期は約 4 万年である．地軸の傾きが急になると季節差が大きくなる．加えて，地球の自転軸は公転軌道面を首振り運動（歳差運動）しており，近日点の季節が約 2 万年の周期で一回りする．たとえば近日点が夏至にくると，北半球の夏は暑く冬は寒くなる（季節差が大きい）．このとき，南半球の夏は涼しく冬は暖かい（季節差が小さい）．これらの 3 つの軌道要素の変動により，数万～10万年周期で気候が変動する．

ここで重要な点は，地球が受け取る年間の総日射量はほとんど変化がないことである．日射量の緯度分布と季節分布のうち，特に重要なのが北半球高緯度域（北緯65°）における夏の日射量である．南半球の南極大陸は氷期でも間氷期でも安定して氷床が存在しているため，地球上の大陸氷床量の増減は，北半球，特に北米大陸とユーラシア

大陸に氷床が成長するかどうかにかかっている．氷床が成長するためには夏に前年の冬に降った雪が融けないことが条件となるので，北半球高緯度域の夏季日射量が鍵を握っている．大陸氷床が成長し始めると，雪氷アルベドフィードバックにより氷床は急激に増加する．2万年前の最終氷期には，北米（現在のカナダと米国北部）とユーラシア大陸（現在の北欧諸国）に厚さ3kmと推定される巨大な氷床が存在していた．このため海水準は120mも低下し，広大な大陸棚が陸化していた．

大陸氷床は，積もった雪が押しつぶされた氷が積み重なって形成される．このとき雪の隙間にあった大気が氷に閉じ込められる．南極大陸中心部の厚い氷の下には地球上で最も古い氷が存在している．これまでに南極大陸で掘削された氷床から過去80万年間の氷の試料が採取され，氷の中に閉じ込められた二酸化炭素濃度が測定された（図6.5）．過去80万年間の大気中二酸化炭素濃度変動は，氷期-間氷期サイクルに連動して増減し，氷期の値が間氷期に比べて80〜90ppm低かったこと，そして氷期から間氷期への移行が急激な大気中二酸化炭素濃度上昇を伴って数千年間で起こったことがわかってきた．

氷期の大気中二酸化炭素濃度の低下分に相当する炭素が，どこにどうやって貯えられていたか（氷期炭素貯蔵庫）という問題は，長年にわたる古気候研究の謎である．氷期における90ppmもの大気中二酸化炭素濃度の低下は，間氷期の大気中に存在していた二酸化炭素の約30％が大気から別の貯蔵庫へ移動したことを意味する．その候補としては，森林と土壌・海洋・岩石と堆積物の3つが考えられる．まず，地球上で最大の炭素貯蔵庫である岩石と堆積物は，6.2.1項で紹介したように大気との二酸化炭素交換速度が遅く，氷期-間氷期サイクルの炭素循環変化の主役にはなりえない．また，氷期は気候が乾燥していた上，大陸氷床の拡大により森林が減少していた証拠が数多く見つかっており，森林や土壌が氷期の炭素貯蔵庫となることは難しい．したがって，海洋，特に海洋深層が氷期の炭素貯蔵庫となっていたと考え

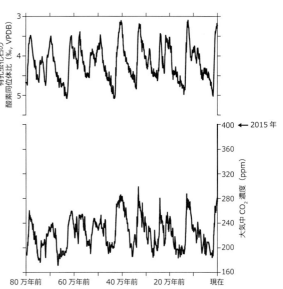

図6.5 過去80万年間の底生有孔虫殻の酸素安定同位体比記録（Lisiecki and Raymo, 2005）および大気中二酸化炭素濃度変化（Lüthi et al., 2008）．過去80万年間の地球の気候は，氷期と間氷期を10万年の周期で繰り返してきた．大気中二酸化炭素濃度は，氷期-間氷期サイクルに連動し，氷期に低く間氷期に高かった．2015年における大気中二酸化炭素濃度（400 ppm）は，過去80万年間における変動幅を大きく超える値である．

られている．

海洋深層は大気の60倍，植生と土壌の15〜20倍のサイズをもつ巨大な炭素貯蔵庫である．低温の海水は高温の海水よりも多くの二酸化炭素を溶かし込めるので，氷期の水温低下は90ppmの二酸化炭素濃度低下分の30％程度を説明できそうである．しかし，氷床が発達すると海水準が低下し海水の塩分が増加する．塩分増加は，逆に海水に溶解する二酸化炭素を減らすので，氷期の水温低下と塩分増加により説明できる正味の効果は，氷期の二酸化炭素濃度低下分の20％程度に過ぎない．その他の仮説として，植物プランクトンの光合成の活発化，海洋循環の大きな変化，海氷の拡大などが提唱されているが，今のところ氷期-間氷期における大気中二酸化炭素濃度の全変化を説明するには至っていない．

 **海洋循環が支配する1000年スケールの変動**

海洋には風によって駆動される風成循環（たとえば黒潮）と，海水の密度差によって駆動される

熱塩循環がある．風成循環は数年から数十年の時間スケールで変動するのに対し，熱塩循環は，海洋全体にわたる高い熱慣性のために，100～1000年スケールの気候変動の駆動源とみなされている．熱塩循環の構造は，北大西洋高緯度域において表層の海水が沈み込み，深層水として大西洋を南下し，南大洋を経由して，終着点の北太平洋高緯度域で湧昇する．この循環は，ゆっくりと世界の深海をめぐっている（約1000年をかけて一巡）．北大西洋高緯度域において表層水が沈み込み深層水が形成されるのは，蒸発量が淡水供給量を上回っていることと，メキシコ湾流による熱帯起源の高塩分水が供給されていることで，海洋表層で低温高塩分の高密度水がつくられるためである．熱塩循環は，海水が大気と比べ約1000倍の熱容量をもっていることから，膨大な熱を輸送する役割も担っている．その結果，熱塩循環の変動は，過去に起きた1000年スケールの気候変動を考える上で重要な物理プロセスになっている．

グリーンランド氷床を掘削して採取された氷の柱状試料（コア）に，過去10万年余りの気候変動が刻まれている（図6.6）．氷の酸素同位体比から，氷期に相当する7万～2万年前にかけて，グリーンランドの気温が1000年スケールで温暖期と寒冷期を繰り返してきたことが明らかにされた（Dansgaard *et al*., 1993；多田，2013）．この変動は，発見者らにちなんでダンスガード・オシュガーイベント（DOイベント，Dansgaard-Oeschger event）と呼ばれている．この変動は，数年間から数十年間に10℃ものきわめて急激な温暖化と，その後の数百年間から数千年間の寒冷化の繰り返しで特徴づけられる．また，DOイベントの寒冷期に，北大西洋高緯度域の海底堆積物中に砂や礫などの岩石片が増加することがわかった．6.1節で述べたとおり，これらの砂や礫は氷山によって運ばれたものである．

DOイベントは氷床と海洋の相互作用により引き起こされたとする説が有力であり，その具体的なメカニズムは北米氷床の成長・崩壊と大西洋の熱塩循環の変動によって説明されている．北米氷

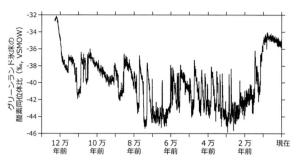

**図6.6** グリーンランド氷床の過去12万年間の酸素同位体比記録（North Greenland Ice Core Project members, 2004）．氷期（7万～2万年前）に，1000年スケールの激しい気候イベント（ダンスガード・オシュガーイベント）をはさんでいる．

床が成長し厚くなると，地熱により基盤に接する氷床底が融解して滑る．氷床の一部は氷山として北大西洋に流出して融け，氷床内に取り込んでいた北米大陸の岩石片を海底に堆積させる．氷山の融解は北大西洋の表層水の塩分を低下させるので，表層水の密度が小さくなり，深層水の形成が停止もしくは弱まる．深層水の形成が弱まるとメキシコ湾流も弱まるので，北大西洋高緯度域への熱輸送が減少し，グリーンランドやヨーロッパは寒冷化する．寒冷化が進むと氷山流出に伴う淡水供給が減少し，北大西洋の表層塩分が上昇していく．塩分上昇により北大西洋表層水の密度が十分に大きくなると，沈み込みが再開される．沈み込み再開に伴い，メキシコ湾流も北上を再開するため，膨大な熱と塩分が北大西洋高緯度域へと運ばれ，急激な温暖化が起こる．

このシナリオは，南北半球で温暖と寒冷のタイミングが逆位相を示していることも説明できる．すなわち，北半球が温暖なときは，メキシコ湾流により南半球から北半球に熱が輸送されるので，南半球は寒冷化する．反対に北半球が寒冷なときは，メキシコ湾流が停滞することで南半球に熱がとどまり，南半球は温暖化する．この南北間の熱のやり取りはバイポーラーシーソー（bipolar seesaw）と呼ばれている．

DOイベントの発見は地球の気候は長い時間をかけてゆっくりと変化するものであるというそれまでの常識を覆し，気候状態が臨界閾値（転換点：ティッピング・ポイント）を超えると，急激な気

候変化が生じうることを示した点において意義深い.

## 6.3 過去の顕著な温暖化

### 6.3.1 PETM（5600万年前）

　新生代は，暁新世（6600万〜5600万年前），始新世（5600万〜3390万年前），漸新世（3390万〜2300万年前），中新世（2300万〜530万年前），鮮新世（530万〜258万年前），更新世（258万〜1万1700年前），完新世（1万1700年前から現在）に区分されている.

　南大西洋で掘削された深海底堆積物（水深2500〜5000 m）から，暁新世と始新世の境界の地層に，前後の地層と明らかに異なる炭酸カルシウムがほとんど含まれない堆積物が発見された（図6.7）．また，図6.4で示した有孔虫の酸素同位体比変動から，この時代にアンテナ状の顕著なピークが見つかった．当時は，大陸氷床が存在していなかったのでこの酸素同位体比ピークは一時的かつ顕著な深層水温上昇を示している．このとき，平均気温は数千年間で5℃上昇し，深層水温も4℃上昇したと推定されている．この温暖化イベントは，PETM (Paleocene-Eocene Thermal Maximum) と呼ばれ，暁新世-始新世境界温暖化極大事件という和訳があてられることもある．顕著な温暖化は2万年間ほど続いたのち，10万年以上かけてPETM以前の気候状態に回復した．時間スケールはまったく異なるものの，このイベントの温度上昇幅が，現在進行中の温暖化の気候変動予測シナリオの1つと類似するため，研究対象として注目されている．

　PETMには，二酸化炭素による温室効果に加え，深刻な海洋酸性化が起こった．二酸化炭素は水に溶けると酸性となり海水のpHを低下させる．その結果，海底に堆積した炭酸カルシウム（有孔虫などのプランクトン殻）を溶解させる．幅広い水深における炭酸カルシウムがほとんど含まれない深海底堆積物の存在は，PETMにおける顕著な海洋酸性化を示しており，推定2000 GtCの大量の二酸化炭素が大気と海洋に放出された証拠となっている．

　では，大量の二酸化炭素はどこから放出されたのだろうか？　そのヒントは質量数12の炭素原

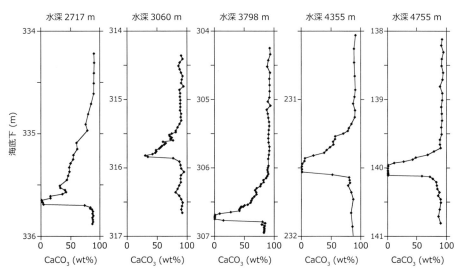

**図6.7** 5600万年前の顕著な温暖化イベント（PETM）における海底堆積物中の炭酸カルシウム含量変化．南大西洋ウォルビス海嶺の2700〜4800 mの水深で掘削された5本の堆積物から，炭酸カルシウムがほとんど含まれない地層が見つかり，顕著な海洋酸性化の証拠となっている（Zachos *et al.*, 2005）．

子（$^{12}C$, 98.93%）と質量数13の炭素原子（$^{13}C$, 1.07%）の比である炭素同位体比から見つかった．PETMにおける有孔虫殻の炭素同位体比は，異常に$^{13}C$に乏しいものであった．$^{13}C$に乏しい大量の二酸化炭素が，海底下のメタンハイドレート崩壊によりもたらされたとする有力な説がある．近年，資源として注目されているメタンハイドレートは，水分子がつくるカゴ状構造のなかにメタン分子が取り込まれたもので，低温・高圧な海底下で安定的に存在している．地中の微生物によりつくられるメタンは，$^{13}C$に乏しい炭素をもっている．一説では，インドのユーラシア大陸への衝突などのプレートテクトニクス変動により，メタンハイドレートが安定的に存在できなくなり気化してメタンガスが放出された．メタンガスは，強力な温室効果ガスであるとともに，大気や海洋中では酸化されて二酸化炭素になる．メタンハイドレートの気化に伴い放出された$^{13}C$に乏しいメタンガスと，メタンガスが酸化してできた二酸化炭素の温室効果により起こったPETMは，温室効果ガスの大量放出がもたらした急激かつ顕著な気候変動イベントの代表例である．

### 6.3.2 中期鮮新世の温暖期（330万〜300万年前）

今から330万〜300万年前は中期鮮新世の温暖期と呼ばれ，地表平均気温は現在よりも2〜3℃高かったと推定されている．この時期は大陸配置が現在とさほど変わらず，大気や海洋の循環が現在とほぼ同じであることから，今後100年間の温暖化した地球の気候を予測する上で重要な時代である．地表平均気温が2〜3℃高い世界では，グリーンランドの氷床は現在よりかなり小さく，西南極の氷床はほとんど失われていた．その結果，海水準は現在よりも13 mほど高かったと推定されている．また海洋の状態も現在とは大きく異なり，当時の熱帯の暖水塊は著しく発達していて，亜熱帯域まで拡大していた．また高温の表層水が海表面を厚く覆っていたため，温度躍層は現在よりずっと深く，湧昇域の表層水温は現在のように顕著に低下していなかった．すなわち，赤道太平洋における表層水温の東西の勾配が現在よりもずっと小さくなっており，中期鮮新世の温暖期の熱帯の平均的な気候状態が，現在のエルニーニョ時の状況に似ていたことを示唆している．ただし，このことは鮮新世温暖期に周期的なエルニーニョ・南方振動（El Niño-Southern Oscillation）サイクルが存在しなかったことを意味するわけではない．

なぜ鮮新世は温暖であったのか，という謎の解明にむけて研究が精力的に行われている．さまざまな説があるが，大気中二酸化炭素濃度が高かった説が有力である．もし大気中二酸化炭素の上昇が主因であるなら，鮮新世温暖期の研究は気候感度の見積もりにも役立つ．気候感度とは，地球を1つのシステムと考えたときに，大気中二酸化炭素濃度の増加などのある一定の放射強制力に対して全球気温がどのくらい変化するかを示す指標である．特に大気中二酸化炭素濃度を2倍にしたまま一定に保ち，気候システムが平衡になったときの全球・年平均の地表面温度の変化として定義される平衡気候感度は，重要な指標として気候変動に関する政府間パネル（Intergovernmental Panel on Climate Change：IPCC）などで報告されている．IPCC-AR4とAR5では，平衡気候感度として2〜4.5℃を提示している．この推定値には古気候記録も利用されている．鮮新世温暖期における気温と大気中二酸化炭素濃度を正確に復元できれば，平衡気候感度の推定に役立ち，気候モデルシミュレーションとの整合性を議論できる．

これまでの研究により，鮮新世温暖期の大気中二酸化炭素濃度は250〜450 ppmと見積もられている．現時点では，復元手法の不確かさが大きいため，大気中二酸化炭素濃度の推定値の下限と上限とでは，算出される平衡気候感度が大きく異なってしまう．大気中二酸化炭素濃度の復元手法の精密化が，過去の温室地球からの信頼性の高い気候感度を得る鍵となるため，今後の研究の進展が待たれる．

## 6.3 過去の顕著な温暖化

### 6.3.3 最終退氷期（2万〜1万年前）

最近の氷期である最終氷期は，およそ7万年前に始まり2万年前に最寒期を迎えた．その後の1万年間で北米大陸やユーラシア大陸北部に存在した巨大氷床の大半が消滅し，海水準は100 mほど上昇した．このとき，大気中二酸化炭素濃度は，190 ppmから260 ppmに増加した．最終氷期から現在へと続く間氷期（完新世）へ移行する1万年間を最終退氷期と呼ぶ．

最終退氷期の気候変動は寒冷期から温暖期へと徐々に移行したのではなく，1000年スケールの激しい変動を伴うものであった（図6.8）．北半球高緯度において顕著な寒冷化イベントと温暖化イベントが2回ずつ起こったことがグリーンランド氷床コアに明瞭に記録されている．最終退氷期の北半球寒冷化イベントは，ハインリッヒ亜氷期1（Heinrich Stadial 1：H1）とヤンガードリアス期（Younger Dryas：YD）に見つかっている．両者とも，北米大陸氷床の融け水が，北大西洋へ流れ込み，深層水の沈み込みとメキシコ湾流の北上が弱まったことで，北半球が寒冷化したと考えられている．なお，このとき，南半球はバイポーラーシーソーにより温暖化した．ヤンガードリアス期の名前は，このときヨーロッパの平野部で，極地や高山に生息する植物であるドリアス（*Dryas*，和名チョウノスケソウ）の花粉が多数発見されることに由来している．最終退氷期の北半球温暖化イベントは，ベーリング・アレレード期（Bølling-Allerød：BA）と完新世の始まりに見つかっている．DOイベントと同様，急激な温暖化が特徴であり，グリーンランドにおいて数十年間で約10℃の気温上昇が報告されている．またベーリング・アレレード期の開始直後には急速な氷床の融解が起こっていた．そのときの海水準の上昇速度は数 cm yr$^{-1}$ とされ，これは現在進行中の海水準上昇速度の約10倍の速度である．

最終退氷期は海洋循環とともに炭素循環に大き

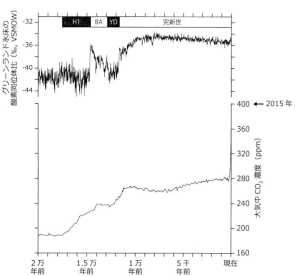

**図6.8** 過去2万年間のグリーンランド氷床の酸素同位体比記録（North Greenland Ice Core Project members, 2004）および大気中二酸化炭素濃度変化（Monnin *et al.*, 2001）．地球の気候は，2万〜1万年前にかけて急激な変化を伴いながら，氷期から間氷期へと移行した．このとき，大気中二酸化炭素濃度は190 ppmから260 ppmへ上昇した．1万年前以降，気候は安定し，大気中二酸化炭素濃度の変動幅も小さかった．図中のH1，BA，YDは，それぞれハインリッヒ亜氷期1，ベーリング・アレレード期，ヤンガードリアス期を示す．

な変動があった時代である．大気中二酸化炭素濃度の70 ppmの増加は，氷期の深海にあった炭素貯蔵庫から，炭素の一部が大気へと放出されたことを示唆している．炭素の同位体比などから，氷期のあいだ隔離されていた炭素が大気へと放出された状況証拠が多数見つかっている．また，顕著な温暖化が起こったベーリング・アレレード期に，北太平洋各地の数百〜2000 mまでの幅広い水深において採取された海底堆積物試料から縞模様の堆積構造が発見された．通常，海底にはウニや貝，ゴカイといった底生生物が生息し，表層堆積物をかき混ぜているため縞模様の堆積物は形成されない．ベーリング・アレレード期に北太平洋広域で発見された縞模様の堆積物は，酸素に乏しい中深層水が広く分布し，底生生物が生息できない環境になっていたことを示している．このように最終退氷期は，1000年スケールの海洋循環と炭素循環の変動に伴う激しい気候変動が起こった時代であった．激動の最終退氷期のあと，地球の気候は温暖で安定した時代（完新世）が1万年間

続き，穏やかな気候とわずかな海水準変動の下で，人類は定住・農耕生活を営み，安定的に食糧を確保することで人口が増加し，文明を築くことができた．

## 6.4 人類活動と地質記録

### 6.4.1 Anthropocene ―人類の時代

穏やかな完新世の気候の下で文明を発達させてきた人類は，地質記録に活動の痕跡を残すようになった．たとえば，稲作の証拠は，堆積物中の花粉組成や極域の氷の中に閉じ込められた気泡中のメタンガス濃度などに記録されている．産業革命以降，地球環境に及ぼす人類活動の影響は大きくなり，1950年以降，特に甚大な影響を与えるようになった（図6.9）．1950年以降の加速度的に増大する地球環境に与える人類の影響を，Great Accelerationという言葉で表す（Steffen et al., 2004；2015）．人類の活動が地球環境に与える影響は完新世の枠を超越しており，すでに人類活動が優占する新しい地質時代が始まっていると主張する研究者によって，人類の時代を意味するAnthropoceneという言葉がつくられた（Crutzen and Stoermer, 2000）．人類が地球環境に与えている影響の例としては，化石燃料由来の二酸化炭素の放出・化学肥料による窒素循環の改変・放射性核種やフッ素化合物，石油製品といった新物質の使用・生物の大量絶滅などがあげられる．これらは，人類活動の明白な証拠として地層に刻まれる．

現在の地球温暖化の特徴を，過去の地球環境変動の視点から捉えてみよう．400 ppmという現在の大気中二酸化炭素濃度は，過去80万年間の氷期–間氷期サイクルの時間スケールの変動幅（170〜290 ppm）をはるかに超えた異常に高い濃度であることがわかる（図6.5）．一方で，2000万年前より昔の大気中二酸化炭素濃度は，おおむね400 ppm以上で時には1000 ppmに達していた（図6.3）．このように現在の大気中二酸化炭素濃度については，過去の気候に類例を見つけられる．しかし，人類活動による二酸化炭素排出の速度（炭素量換算で毎年100億t = 10 GtC）は，少

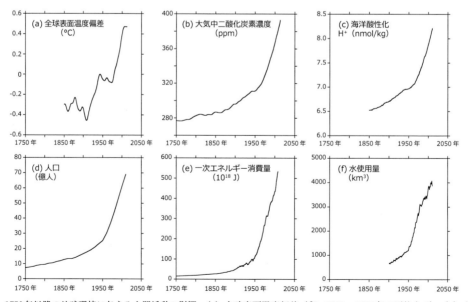

**図6.9** 1750年以降の地球環境に与える人間活動の影響．(a) 全球表面温度偏差（℃，1961〜1990年の平均を0），(b) 大気中二酸化炭素濃度（ppm），(c) 海洋酸性化（平均水素イオン濃度，nmol kg$^{-1}$），(d) 世界の人口（億人），(e) 世界の一次エネルギー消費量（10$^{18}$ J），(f) 世界の水消費量（km$^3$）(Steffen et al., 2004；2015). 1950年以降，変化が加速している．

なくとも過去3億年間の地球史に例がない速さである．6.3.1項で紹介したPETM事件は，数千年間に2兆〜6兆t（炭素量換算）の二酸化炭素が大気に放出されたと推定されているが，その速度は最大でも年間10億t（炭素量換算）程度と，現在の1/10以下である．現在の地球温暖化の最大の特徴は，人類活動による二酸化炭素の排出速度にある．この点において，現在は未知の気候変動のさなかにあるといえよう．

### 6.4.2 人類が排出した二酸化炭素のゆくえ

人類は毎年100億t（炭素量換算）の二酸化炭素を排出している．大まかにその半分が森林と海洋にそれぞれ1/4ずつ吸収され，残りの半分が大気にとどまり二酸化炭素濃度を上昇させ温室効果が強くなっている．人類が排出した二酸化炭素が最終的にどうなるのか，ということを考える上で，6.3.1項で紹介したPETM事件が参考になる．人類の二酸化炭素排出量は，自主的な排出削減，もしくは採掘コストの採算が取れる化石燃料の枯渇により，遅くとも数百年以内に大幅に減少する．排出された二酸化炭素は，海洋に吸収され海水を酸性化しながら，熱塩循環により徐々に世界の深海に運ばれる．酸性化した深層水は，海底に堆積した炭酸カルシウムを溶解することで中和される．海底の炭酸カルシウムとの中和反応を介して，最終的に海洋炭素循環が平衡状態に達するまでには，5000年程度の時間を要する．海底表層の堆積物中に含まれる炭酸カルシウム量は炭素換算にしておよそ7500 GtC（7500 PgC）と見積もられており，採掘可能な化石燃料由来の二酸化炭素をすべて中和できるだけの量がある（Broecker, 2006）．これから数千年間，PETM事件のような炭酸カルシウムに乏しい地層が，海底堆積物中に形成されるだろう．

ジオエンジニアリングにより人類が排出した二酸化炭素を深海に隔離するという考えがある．これは，数千年かけて起こる海底の炭酸カルシウムとの中和反応を早回しするものである．いずれにせよ，海底堆積物中の炭酸カルシウムの乏しい地層は，海洋プレートが海溝に沈み込むまでの数千万年間から1億年余りにわたりこの時代を特徴づける特異的な層となるだろう．

### 6.4.3 人類が利用している資源の素性

人類が利用している資源は，地球史のなかで蓄積されたものである．化石燃料の石炭は，過去の植物が地中に埋没し地熱や地圧により炭化水素中の水素と酸素が抜け，炭素の比率が高くなったものである．3億5000万〜3億年前の石炭紀の地層からは，その名のとおり石炭が多く産出される．当時は大気中の酸素濃度が高く（30％以上と推定），巨大な森林が形成され，埋没した植物の石炭化が進んだと考えられている．なお，夕張や筑豊をはじめとした日本の石炭の大部分はずっと新しく，新生代前半に形成された．

化石燃料の石油は，植物プランクトンなどの遺骸が海底に堆積し，ケロジェンと呼ばれる高分子有機物となった後，地熱や地圧により熟成されて放出された炭化水素が濃集してできたものである．現在知られている油田の多くは，白亜紀に形成されたものである．白亜紀には，現在のカリブ海や中東，地中海に相当する低緯度海域にテチス海と呼ばれる遠浅の海が広がっていた．温暖な気候と高い大気中二酸化炭素濃度の下，植物プランクトンによる光合成が活発に行われていた．油田の多くは，当時のテチス海およびその周辺域で発見されている．新生代に入ると，インドのユーラシア大陸への衝突や大西洋の拡大などプレートテクトニクスによりテチス海は消滅した．化石燃料の石炭と石油はいずれも太古の植物や植物プランクトンが光合成で固定した炭素をエネルギー源としている．したがって化石燃料は，太古の太陽エネルギーの濃縮物とみなすことができる．

我々が生きていく上で，水（淡水）と食物は欠かせない．米国はトウモロコシ，大豆，小麦などの一大生産国である．米国の穀倉地帯は，中西部のグレートプレーンズ（Great Plains, 大平原）と

呼ばれる乾燥地帯にある．氷期に氷河によって侵食された土壌がこの地に堆積することで，肥沃な土壌が形成された．この地の農業は，氷期に蓄えられた地下水（化石水）に依存している．水や土壌も文明を支える大切な資源であり，その形成には過去の地球環境変動と密接な関係がある．

〔岡崎裕典・関 宰・近本めぐみ・原田尚美〕

## 第6章のポイント

- 地球が経験してきた46億年の気候・環境変動を概観することは，地球史における現在の地球環境の位置づけの理解に役立つ．

### 6.1
- 46億年間の地球史の大半は，大陸に氷床がない温暖な時代であった．南極やグリーンランドに氷床がある現在は，寒冷な氷河時代である．

### 6.2
- 二酸化炭素の温室効果で，地球史を通じて気候が安定し，海洋が液体の状態で維持されてきた．
- 地球深部のエネルギーによって駆動されるプレートテクトニクスは，大陸配置を変え，陸を隆起させる働きがある．また，化学風化は，大気中二酸化炭素濃度を調節する働きがある．
- 地球の気候は5000万年前を境に寒冷化に転じ，3400万年前から南極に持続的に氷床が存在するようになった．さらに300万年前から北半球の大陸上にも氷床が発達し寒冷化が加速した．
- 地球の公転軌道の楕円のつぶれ方・地軸の傾き・地軸の歳差運動は，それぞれ10万年・4万年・2万年の周期で変動している．これら軌道要素の変動が，地球が受け取る日射量の緯度・季節分布を変化させている．
- 過去80万年間，上記の地球軌道要素の周期に連動して氷期–間氷期が繰り返し生じ，それに伴って大気中二酸化炭素濃度も増減した．
- 氷期のグリーンランドの気候の特徴は，数年間から数十年間で10℃を超える急激な温暖化と，その後に数百年間ほどかけて徐々に進行する寒冷化といった1000年程度の温暖–寒冷変動である．
- 1000年程度の気候変動のメカニズムは，北半球の大陸氷床の成長・崩壊と海洋の熱塩循環の相互作用と考えられている．

### 6.3
- 5600万年前に，数千年間で地球の平均気温が5℃，深層水温が4℃も上昇する極端な温暖化が起こり，顕著な海洋酸性化を引き起こした．この温暖化の引き金は，海底下のメタンハイドレートの崩壊と考えられている．
- 中期鮮新世（300万年前）は現在よりも平均気温が2〜3℃高かった．この時代の気候を復元することは100年後の温暖化した地球の気候を予測する上で良い参考例となる．
- 2万年前から1万年前にかけて，北半球に存在した巨大な大陸氷床が融解し，海水準が100 mほど上昇した．この時，1000年程度で海洋循環と炭素循環の変動や温暖–寒冷変動が起こった．
- 過去1万年間は温暖な気候が安定して続き，人々が定住し農耕生活を営むことが可能になった．

### 6.4
- 文明の発展に伴い，人類の活動が地球環境に及ぼす影響は加速度的に増大している．人類活動が気候に影響を及ぼす近代から現代の時代をAnthropoceneという単語で表現することがある．ただし，Anthropoceneは正式な地質時代とは認められていない．
- 現在進行中の地球温暖化は，地球史上経験したことのない速さで大気中に二酸化炭素を排出することによって生じている．
- 現在大気中に排出されている二酸化炭素は，最終的に海洋に溶解し，数千年以上の長期間にわたって主に海底堆積物中の炭酸カルシウムによって中和されるだろう．
- 人類が利用している化石燃料は，46億年の地球史を通じて蓄積された．石炭と石油は，昔の陸上植物や植物プランクトンが光合成により固定した炭素である．

# 7 海洋環境問題

## 7.1 福島—放射性物質の挙動

　古来，海と我々人類とは深くつながってきた．豊かな恵みをもたらす母なる海であるとともに，多くの災害をもたらす魔の海でもある．海の科学は，母の理由，魔の原因を解き明かす．人類の活動が地球の営みに比べて大層小さなうちは問題にならなかったが，近年は我々の振る舞いが地球環境を大きく乱し，その行く末さえも変えうる程と考えられるようになってきた．その1つに地球温暖化問題があり，また人為起源の海洋汚染問題がある．日本でも，水俣病などで知られる有害物質による汚染，河川水を通じた富栄養化が引き起こす赤潮や青潮がよく知られている．海は長い間さまざまな物質を溶かし，薄めることで汚染を吸収し，地球環境の絶妙なバランスを保つ役割を果たしてきた．しかし現在，汚染物質の慢性的な供給過多のため，このバランスが崩れてきている．

　2011年3月，ここに人工放射性物質による新たな海洋汚染が加わった．『沈黙の春』で著名なレイチェル・カーソン（Rachel Louise Carson）女史は，人工放射性物質による海洋汚染の問題について，すでに1963年に行った講演のなかで「突発的な事故によっても生じる」ことへの警鐘を鳴らしていた（リア，2009）．約半世紀後，2011年3月11日の東日本大震災が引き金となった福島第一原子力発電所（以下，福島第一）からの放射性物質の海洋への漏洩は，まさにこの懸念が現実となった例といえよう．福島での事故は，一見突発的な事象であり，海洋の希釈効果のために，長い目でみた場合の影響はそれほど大きくないとの考えもあるかもしれない．しかし，放射性物質や有害化学物質による汚染は，生物濃縮や海底堆積物への移行などにより，その影響が非常に長く続く場合があることも知られている．食物連鎖の輪のなかで，母なる海の姿をみせながら魔の手を差し伸べることにもなりかねないのである．

　自然科学としての海の科学は，純粋に自然の摂理を追い求め，人類としての知識の蓄積に貢献することが根幹である．しかし，我々の生活に結びつく社会科学としての視点を取り入れるならば，物事の二面性は，常に考えておかねばならない．福島第一から海洋へと流れ出た放射性物質が海の中をどのように広がっていくのかを知ることは，放射性物質による影響を最小限に食い止めるために必要な情報となるが，一方で汚染される海域に生活の場をもつ，あるいは関連する活動にかかわっている場合には，その必要性を超えて悪影響を及ぼす場合もありうる．しかし，誰がどのような形で情報を提供するにせよ，その情報をつくる上で基礎となるデータや科学的裏づけを得ておく必要がある．これこそ自然科学が目指すものであり，その貢献が期待されるところであろう．たとえば海洋汚染という視点で考えた場合，「どれだけ」汚染物質が流入しているのか，「どのように」汚染物質が広がるのかという点が，状況を把握するためにも，また何らかの対策を講じる上でも重要になる．原発事故などにより放出される放射性物質のうち，長期にわたり環境へ影響を与える主要なものとして，半減期が30.2年のセシウム137および2.06年のセシウム134がある．半減期が約8日と短いヨウ素131は，事故直後の被曝に影響

を与えるものの，環境への汚染という点では，比較的早い段階でその影響は小さくなる．ここでは，「どれだけ」と「どのように」の2点に注目して，福島第一からの放射性物質，特に放射性セシウム137についてみてみよう．

### 7.1.1 海洋への放射性物質の流入経路と漏洩量・流入量の見積もり

放射性物質が海洋へ流入したと一口にいわれるが，おもに4つの経路を通じて入り込んでいると考えられている（図7.1）．1つは大気中へと放出された放射性物質が海洋上へと移動した後，雨粒に付着したものが降り注いだり，直接海面から海水に取り込まれることで海洋へと入り込むもの（大気からの沈着）である（図7.1の①）．大気中へ放出された放射性物質の一部は土壌や森林域などに留まっているが，降水などで徐々に流され，河川を通じて海洋へと流入する（図7.1の③）．また，冷却水や原子炉の冷却のために使われた放射性物質を含む水が敷地内から直接海洋へと漏洩したもの（図7.1の②），周辺から入り込む地下水を通じて海洋へ染み出してくるもの（図7.1の④）である．これらのうち，特に，大気からの沈着と直接漏洩が主要な経路であり，これらの流入量，漏洩量の見積もりを試みる研究が多数行われている．

大気からのセシウム137の沈着量（①）について

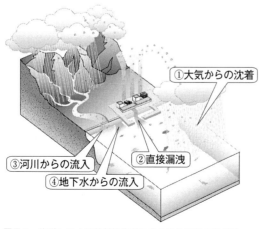

**図7.1** 海洋への人工放射性物質の主な流入経路の模式図．

ては，海洋上での直接観測データがほとんどないことから不確定性が大きく，大気の数値シミュレーションモデルの結果と陸上での観測データなどを用いて7 PBq（7ペタベクレル；$7 \times 10^{15}$ Bq）～37 PBqの幅で見積もられている（Chino et al., 2011; Stohl et al., 2012など）．一方，海洋への直接漏洩分（②）について，東京電力は2011年4月上旬の6日間に漏洩した量として0.9 PBqの見積もりを出しているが，さらに多くの観測データや数値シミュレーション結果などを用いて2.3～5.7 PBqと見積もられている（Kanda, 2013; Miyazawa et al., 2013など）．海洋への流入量として27 PBqの見積もりを示した結果もあるが（Bailly du Bois et al., 2012），これは直接漏洩分と大気からの降下分が合わさった値と考えられる．したがって，両者を合わせた流入量としては，9.3～42.7 PBqとなる．

一方，河川からの流入については，陸上での放射性物質の分布状況と河川流域との重なり具合，降水や降雪状況などによって，それぞれの河川で大きく異なる．すべての河川を調べることは難しく，全体として河川から海洋への流入量はほとんどわかっていない．一例として比較的観測が多く行われている阿武隈川の場合，2011年8月～2012年5月の9か月間における河口付近での放射性セシウム137の流量は約10 TBq（10テラベクレル；$10 \times 10^{12}$ Bq）と見積もられている（山敷ら，2013）．このうち，砂や泥の粒子に付着して流されている状態（懸濁態）では9.2 TBq，水に溶けた状態（溶存態）では1.2 TBqであり，約9割は懸濁態での輸送となっているとの結果を示している．一河川の限られた期間のデータではあるが，それを考慮しても大気からの沈着や直接漏洩分と比較して海洋への流入総量への寄与は小さいと考えられる．しかし，懸濁態での輸送が多いことから，河口近傍の海底堆積物への影響は無視できないであろう．

地下水を通じた流入については，どこでどれだけの地下水が海洋と通じていて，その中にどれだけの放射性物質が含まれているかのデータはほと

んどないのが現状である．ある海域での放射能が一定値以下に下がらず，その値で推移しているなどの状況証拠から，間接的に地下水による影響の可能性が定性的に示唆されるに留まっている．

では，この福島第一から海洋への漏洩・流入量はどの程度なのか．1つの比較がある．基準となるのは，1950〜1960年代に多く行われた核実験や1986年のチェルノブイリ事故などにより環境中に放出された放射性セシウムだ．北太平洋の海洋中の放射性セシウム137は，1970年には290 PBq存在していたが，放射壊変により徐々に減り，2011年はじめには69 PBqと推定されている（Aoyama et al., 2012）．ここに約9〜43 PBqのセシウム137が流入したことは，福島第一の事故直前の総量に対しておよそ13〜62％の増加をもたらしたことになる．前述の通りさまざまな不確定要素があり，大きな幅をもった値が示されていることに注意してほしい．この増加分が福島第一由来の放射性セシウムであることはなぜわかるのか？　この判別にはセシウム134が用いられる．セシウム134は半減期が約2年であるため，核実験やチェルノブイリ事故などを起源とするものはすでに観測できないほどの値まで減っている．したがって，もしセシウム134が検出された場合には，かなりの確率で福島第一に由来するものと考えられるのである．

### 7.1.2 事故後数か月の福島付近での挙動

海洋での放射性物質の広がりは，どのように決まるのか．放射壊変による変質や生物への取り込みの影響を受けるものの，半減期が比較的長いセシウムなどは，海の流れに流されて広がっていくと考えられる．このような物質の広がりに影響を与える流れには，黒潮や親潮などの数百〜数千kmの海流系から，cmやmm単位の微小な流れの変動まで，さまざまな現象がかかわってくる．宮城県から茨城県にかけての沖合は，北からの親潮と南からの黒潮が出会い，東に広がる太平洋へと流れ抜けていく海域であり，海流が複雑に変動することに加え，中規模渦と呼ばれる直径100 km程度の渦により局所的に流れが変えられることが頻繁に起こっている．ここでは福島付近の海域を例として，どのような現象が重要な役割を果たしているのかをみてみよう．

図7.2は，事故後1か月半経った4月下旬の10日間にモニタリング観測で得られた海面でのセシウム137の分布である．観測点は福島県の岸から数十kmの範囲に限られ，測定値が得られている場所では10000 Bq m$^{-3}$を超える値となっている．事故直後から関連機関が協力してモニタリング観測を行ったことは画期的であったといえるが，観測のための船や人員の手配，取得した海水サンプルの放射能測定の手配など，さまざまな制約から観測データのみから広域での放射性物質の分布を把握することは難しいことがわかるだろう．また，陸上での放射性物質の分布と異なり，海洋での分布は時々刻々，流れに伴って大きく変わっていくため，頻繁にこのような観測を行わなければならない．2011年5月以降は，さらに沖合の観測点や茨城県沖の観測点など，広域でのモニタリング観測が増えているものの，時空間的に十分とはいえない．

そこで一般的な汚染物質の海洋漏洩の場合と同

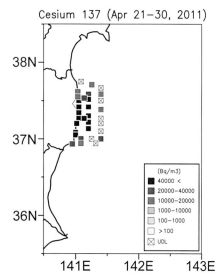

図7.2　2011年4月21日〜4月30日の10日間に観測された海面でのセシウム137濃度の分布．

# 7 海洋環境問題

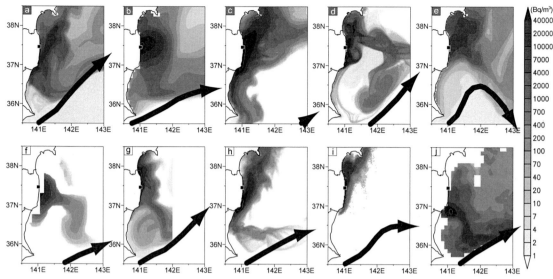

図7.3 複数のシミュレーションにより再現された，2011年4月21日〜4月30日の10日間の海面におけるセシウム137濃度の分布．黒矢印はそれぞれの数値モデルで再現された黒潮の流れを表す．(a)〜(e)は直接漏洩と大気沈着の両者を取り入れている．(f)〜(j)は直接漏洩の影響のみを扱っている．

じように，コンピュータを用いたシミュレーションも行われている．事後の研究用ではあるが，国内外の多くの研究機関で行った独自のシミュレーションの結果を，図7.3にまとめた．これらシミュレーションには，海の水温や海面の高さなどの観測データを用いて計算結果を現実に近いものへと修正する効果が取り入れられているものの，それぞれの計算のなかではそれ以外の効果によって流れが独自の振る舞いをするため，黒潮の場所や流れる向き（図中の黒い矢印）に違いがみられることに注意してほしい．それにもかかわらず，観測で示されている分布と同様に，多くの結果で福島沖に高濃度の分布がみられ，宮城県から茨城県にかけての沿岸域で南北方向に広がる共通の傾向が示されている．上段の5つの結果は，福島第一からの直接漏洩といったん大気へ放出されたものが海面を通じて流入した大気沈着の影響の両者を取り入れているものである．一方下段の5つの結果は，大気沈着は考慮せず，直接漏洩による影響のみを扱った結果である．すべての結果で福島沿岸域での高濃度分布が再現されていることから，この高濃度のセシウム137は，おもに直接漏洩によるものと考えられる．また下段右端の結果を除い

て，直接漏洩のみの場合にはセシウム137の分布はおもに沿岸付近に集中しており，沖合いではほとんどゼロ（白色）となっている．しかし大気からの沈着を考慮した結果では，大気中を短期間で広範囲に広がったものの影響を受けて，海洋表面でも広い範囲でセシウム137が分布していることがわかる．

このような共通点がみられる一方で，それぞれのシミュレーション結果では，岸に沿っておもに北寄りに広がる場合と南寄りに広がる場合とで違いがみられる．この原因は，親潮から枝状にさらに南下する流れや岸に沿って伝わる陸棚波と呼ばれる海洋波動に伴う流れ，中規模渦と呼ばれる直径100 km程度の渦の存在が，それぞれのシミュレーションで異なって再現されているためである．さらに，高濃度域の南東部では東に向かって比較的濃度の高い海域が延びているが，この海域は黒潮（図7.3中の黒矢印）の北縁に沿って広がっている場合が多い．比較的高い濃度域の東への広がりには，黒潮の場所と流れの向き，強さなどが大きく影響していることがわかるであろう．汚染物質などの広がりを再現したり，予測するためには，このような海洋の特徴的な現象を現実的に表

すことが必要となり，現在の沿岸海洋学の重要な研究テーマの1つとなっている．

それぞれの結果で観測値と合う部分と合わない部分があることを考えれば，これらのシミュレーションのうちどの結果が「最もよい」結果であるかを選ぶことはできないことも理解できるであろう．どこでどれだけの濃度の放射性物質がどの程度の期間とどまるのか，ある時間内にどちらの方向へどれだけ広がるのか．1つのシミュレーション結果だけをみていては不十分で，複数の結果で共通する特徴，異なる分布を明確にしつつ，天気予報の降水確率のように，確率論的な扱いをせざるをえないのが現状である．また日本の周辺海域は，黒潮のような強い流れに影響を受ける海域や，内海のように比較的穏やかで潮流の影響が大きい海域，季節的な風の影響を強く受ける海域など，場所や時間によって多様な流れの状況が現れる．福島の知見がそのまま他にも適用されうるものかも，今後検討しなければならない．

### 7.1.3 北太平洋の広域での広がり

さらに広い海域では，観測船によるモニタリング観測は非常に限られている．そのため，米国との間を行き来する商船などに依頼し，航行中に海水を採取してもらう篤志船観測が行われている（Aoyama et al., 2013；図7.4）．2011年4月から6月にかけて，日本と米国の間の太平洋域で福島第一起源と考えられる放射性セシウムが数 Bq m$^{-3}$ で広く分布し，所々で10 Bq m$^{-3}$ 程度が観測されている．観測点が多い北緯30〜50°の緯度帯は，黒潮や親潮から続く東向きの比較的ゆっくりとした流れが北太平洋を横断している海域にあたる．直接漏洩した放射性物質がこの流れによって2か月間に流される範囲は日付変更線付近までなので，それよりも東側の海域にみられる放射性セシウムは，大気からの沈着，特に，降水過程によって降り注いだものと考えられている．

太平洋の東端である米国やカナダの西海岸では，米国研究者らが観測船による調査を行うとともに，市民参加型のモニタリング活動も行われている（WHOI, 2015）．その結果，2014年から2015年にかけて，サンフランシスコ沖合からアラスカ沿岸にかけての広い範囲で，福島第一由来と考えられる放射性セシウムが検出されたとの報告があった．放射性セシウムの濃度自体はきわめて薄く，たとえば日本の水道水における管理目標値である10 Bq kg$^{-1}$ をはるかに下回る値ではあるが，福島第一起源の人工放射性物質が広範囲に広がっていることを示すデータである．

過去の核実験等に起因する放射性物質の追跡から，北太平洋の海面付近に広がる放射性物質は，時間とともに海洋内部へと入り込んでいくことが示されている．同様に，福島第一由来の放射性セ

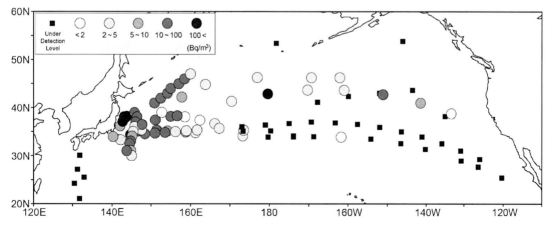

**図7.4** 2011年4月から6月にかけて北太平洋にて観測された海洋表面でのセシウム134濃度分布（Aoyama et al., 2013のFig.1 に対応するものを論文中のTable 1より作成）．

シウムについても海面付近だけにとどまらず，すでに海洋内部へと入り始めている証拠が観測により得られている（Aoyama *et al.*, 2016）．これは，北太平洋の中西部での冬季の強い季節風により，海面から数百 m の深さまで一様にかき混ぜられるため，放射性物質も深くまで到達するからである．数百 m の深さに沈み込んだ放射性物質は，その後，海洋亜表層（深さ 200 m 付近から 1000 m 程度までの層）の流れに乗って，またさらに深い層にも入り込みながら，太平洋の広い範囲に，さらには他の大洋へもゆっくりと広がっていくことになる．

### 7.1.4 さらに考えなければならないこと

このように海洋へと入った放射性物質は，複雑な流れや混合の影響を受けて徐々に希釈されていく．地球科学としての視点では，広大な海洋がさまざまな陸域起源の流入物質を受け取り，再分配して物質循環の担い手となっているのと同様に，放射性物質についても再分配の過程に取り込まれるのである．いつ，どこで，どのように再分配過程が進み，堆積物へと蓄積されていくのかを理解し，その将来予測が可能となるように準備をしておく必要がある．一方，再分配過程の別の経路として，生物への取り込みも考えねばならない．食物連鎖のなかでの効率的な汚染物質の濃集過程は，海洋生態系への影響のみならず，我々の健康，生活へも多大な影響を及ぼすことは，公害問題として過去の事例が明確に示している．

沿岸付近の浅い海域では，海底の底質によっては多くの放射性物質が吸着され，長期間海底堆積物中に残される場合がある．海底のホットスポットと呼ばれるこのような場所では，底生生物への影響や，それらを餌とする底魚などへの影響も考えられる．さらに，一度海底堆積物中に取り込まれた放射性物質は，再度海水中へと出ていく（再溶出）こともあり，台風通過時などには堆積物自体が移動することで大きく分布が変わってしまう場合もある．宮城-福島-茨城沿岸域での海底堆積物中の放射性物質の測定が試みられているものの（たとえば Otosaka and Kato, 2014），詳細な分布とその時間的な変化の把握は難しく，継続的な観測が必要となっている．特に河口付近では，河川からの影響によって今も放射性物質の海底堆積物への蓄積が進行している場所がある．

将来予測という点では，福島第一の事故直後に放射性物質の広がりに関する予測結果をすぐに提供できる海洋放射能汚染シミュレーションシステムは，国内にはなかった．そのため，複数の研究機関が研究目的のシミュレーションモデルを利用して，急遽，分布の予測に対応することになった．今後，放射性物質に限らず，海洋汚染物質に関するさまざまな状況に対応できるよう，これまでの海洋物理学，海洋生物学，沿岸海洋学，海岸工学などの知見と数値計算技術の粋を結集させ，重大事故に対する緊急対応も可能な予測システムの構築が求められている．しかし，このようなシステムからの情報が役に立つ事態が起こらないのが一番よいことは明らかだ．カーソン女史もそれを強く望んでいたに違いない． 〔升本順夫〕

## 7.2 瀬戸内海の栄養塩異変

### 7.2.1 瀬戸内海，その過去と現在

瀬戸内海は国内最大の閉鎖性水域で，世界においても比類のない美しさを誇る内海である．その海洋地形は海峡部（瀬戸）と灘部（内海）が繰り返されており，そのことが瀬戸内海を豊かな海にしていると考えられる．すなわち，陸域から供給された栄養塩を程よく保持できる閉鎖性をもった内湾と，鉛直混合が起きることで底層へは酸素が供給され，逆に表層へは底層の栄養塩が運ばれる海峡部が，交互に繰り返された構造になっている．このことが，生物多様性と絶妙の生物生産シ

## 7.2 瀬戸内海の栄養塩異変

ステムが維持される理由と考えられている.

瀬戸内海は過去,高度経済成長期に急激な重工業化と特定地域への人口集中,生活環境整備の立ち遅れなどのために著しく富栄養化が進行した.当時は赤潮の多発,貧酸素水塊の発生などの状況から「瀕死の海」と呼ばれるまでにその環境は悪化していた.1973年には瀬戸内海環境保全臨時措置法(1978年に特別措置法と改称,いわゆる瀬戸内法)が制定され,今日まで水質を中心に環境改善の努力が続けられた結果,水質はかなり改善されてきた.たとえば近年,瀬戸内海の赤潮発生件数は年間約100件前後で安定しており,最頻時(瀬戸内法制定当時の1976年に299件)の1/3に減少した.しかし,一方では,イワシ類やイカナゴやアサリなどの漁獲量の減少が問題になり始め,さらに,2000年代に入ってからはノリの不作(ノリの色落ち)の問題が起きている.このノリの色落ちの原因は,海水中の窒素濃度の不足であることがわかっている.

このように,瀬戸内海の各海域においては従来の富栄養化問題とは異なる漁業被害が顕在化し,逆に「きれいすぎる海」の問題に直面している.2015年10月には瀬戸内法の改正法が施行され「きれいな海」よりも「豊かな海・里海」を目指すことになった.

### 7.2.2 瀬戸内海の栄養塩濃度減少

海水中で植物プランクトンの成長に必要な物質のうち,増殖の制限要因になる物質,すなわち,不足しがちな成分(窒素(N)やリン(P)など)の無機塩類を指して栄養塩と呼ぶ.瀬戸内海のなかでは最も長期間の栄養塩のデータセットのある播磨灘の兵庫県側(兵庫県浅海定線調査結果)について栄養塩濃度の減少について示した(図7.5).この栄養塩濃度の長期変動をみてみると,無機三態窒素(dissolved inorganic nitrogen:$DIN = NH_4^+ + NO_3^- + NO_2^-$)濃度は1970年代後半から1980年代中盤にかけて約$4\,\mu M$減少した後,徐々に増加して1990年代初期には$5\,\mu M$を上回り,その後再び減少している.この1990年以降のDIN濃度の低下が,養殖ノリの色落ちのおもな原因となっている.また,瀬戸内海全域においても多くの湾や灘で1980年代以降に,DIN濃度の低下が報告されている(7.3節の図7.9参照).$PO_4$-P濃度は1970年代後半から1980年代中盤にかけて減少した後,1990年代初期まで徐々に増加し,その後$0.4\,\mu M$で一定している.このような栄養塩濃度の減少は栄養塩異変と呼ばれている.一方,陸域からの無機態NとPの年間負荷量のデータはないものの,全Nと全Pの負荷量は確実に減少しており,過去25年間でNは2割,Pは4割も削減されている(図7.6).このことから,

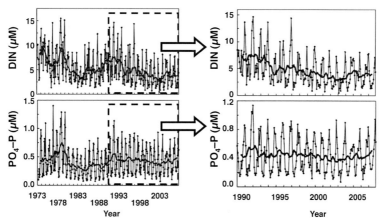

**図7.5** 播磨灘におけるDIN(無機三態窒素),$PO_4$-P(リン酸態リン)濃度の長期変動.細線は月ごとの表層から底層までの3層のデータの平均値.太線は13か月の移動平均(Nishikawa et al., 2010のFig.2を改変).

# 7 海洋環境問題

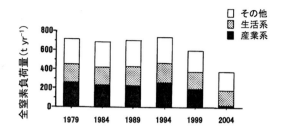

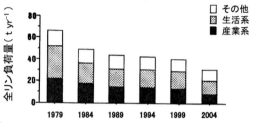

**図7.6** 瀬戸内海における全窒素,全リンの負荷量の経年変化（多田ら,2014のFig.2. 図はInternational EMECS Center, 2008を改変したもの).

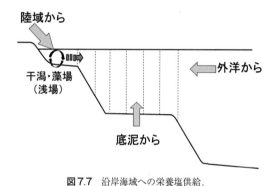

**図7.7** 沿岸海域への栄養塩供給.

ては,大阪湾では陸域負荷が海底溶出の2倍以上高く,播磨灘北部海域や備讃瀬戸では両者は同程度,播磨灘南部海域では逆に海底溶出が圧倒的に高い（陸域負荷の約12倍）と報告されている（阿保ら,2015b).以上のように,海底からの栄養塩溶出量も海水中の栄養塩濃度に大きく影響していることが考えられる.さらに,上記の3つの起源からの供給量の減少とは別に,海水中の栄養塩のN/P比の解析等から,海域によっては脱窒により系外へ失われる効果も大きいことが指摘されている.

上記の3つの負荷源の経時的な変化については,外洋域から流入する栄養塩の量は約40年前の高度経済成長期と現在ではそう大きく変化していないと考えられ,陸域からの負荷量は前述のように確実に減少している.一方,海底からの溶出量については過去のデータが乏しく,そのうえ海底溶出量の測定法による値の違いが大きく経時的な変化については不明である.ただし,近年では,夏季の成層期に底層水中のDIN濃度が減少する（底層に栄養塩が蓄積されない）傾向があり,海底からの溶出量が減少している可能性がある.以上のように,栄養塩の3つの負荷源の割合が正確にはわかっていないことに加え,特に海底からの溶出量の経時的変化が正確にわかっていないため,栄養塩濃度減少の原因の詳細は明らかではない.

##  瀬戸内海の栄養塩濃度減少がもたらすもの

現在,瀬戸内海の栄養塩濃度低下の事実は明らかで,そのために,植物プランクトン量が低下し,さらに魚類の餌となる動物プランクトン量にも影響を及ぼすことが予想はできるが,実際にそれを示すデータは揃っていない.しかし,栄養塩濃度低下に伴って,植物プランクトン群集の種組成が変化することがわかってきた.すなわち,栄養塩濃度低下に伴い,珪藻類の占める割合は高くなり,その珪藻類の中では優占種であったスケレトネス（*Skeletonema*）属の割合が減少し,キートセ

この栄養塩濃度低下は瀬戸内法の排水総量規制による効果と思われるが,実際にはそう単純ではない.

瀬戸内海への栄養塩の供給源は,陸域からの栄養塩負荷,底泥からの栄養塩溶出,および外洋域からの海水交換による流入と大きく3つあると考えられる（図7.7).大方の予想に反して,瀬戸内海に存在するNやPは,その半分以上が外洋起源であるといわれている.近年,外洋起源の栄養塩の見積もりの問題点も指摘されているが,N,Pの60％弱は外洋起源と考えられ,この割合は3つの起源のなかで最も大きい.一方,陸域からの負荷量と海底からの溶出量の割合は,海域によって大きく異なる.たとえば,冬季のDINについ

7.3 瀬戸内海西部における赤潮の変遷

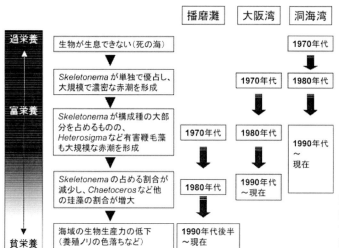

図7.8 内湾域における植物プランクトン種の変動と栄養塩レベルの関係（長期的なスケールで3海域の経年変化を示した場合）（多田ら，2014 Fig.12を改変）．

ロス属（*Chaetoceros*）をはじめとする他の珪藻種の占める割合が増大していることが報告されている．またこのことは複数の海域で共通している（図7.8）．さらに，漁獲量の低下については，魚類の生物量を決定する要因が餌生物量の変化や生育環境変化（藻場・干潟の減少）などさまざまなことが考えられ，栄養塩濃度低下が直接漁獲量低下に結びついているのかどうかは明らかではない．

以上のように，栄養塩濃度低下の事実だけが明らかなことであり，その原因や生物の応答についてはよくわかっていない．このことは，海の生態系は複雑であることを示している．栄養塩濃度低下の詳細な原因究明と生物の応答は，現場で起こっている現象をモニタリング観測によってしっかりと把握し，蓄積データの解析を進めることにより，早急に明らかにしなければならない問題である． 〔多田邦尚〕

## 7.3 瀬戸内海西部における赤潮の変遷

### 7.3.1 瀬戸内海における赤潮と栄養塩の長期変動

前節にある通りに，瀬戸内海の栄養塩濃度低下（富栄養化軽減）の事実は明らかであるが，一方では，21世紀以降も依然として100件程度の赤潮が発生している．特に，瀬戸内海西部の豊後水道においては，1997年以降赤潮件数が増加傾向にあり（図7.9），2012年以降は毎年のように大規模な漁業被害が発生している．また，赤潮が減少した海域においても発生面積や持続期間を考慮した赤潮の規模は近年拡大傾向にあり（石井ら，2014），気候変動と関連した水温や栄養塩などの環境要因の長期変動により，赤潮を引き起こす植物プランクトン種の変化もみられ始めている（山口，2013）．このように赤潮問題は，約45年前の同時期に発生した他の公害のような解決済みの環境問題とは異なり，現在も進行・拡大中の未解決の環境問題といえる．

この赤潮問題の解決に向けて，2013年に「瀬戸内海等での有害赤潮発生機構解明と予察・被害防止等技術開発」という水産庁による赤潮研究プロジェクトが発足し，瀬戸内海区水産研究所の鬼塚剛氏を中心に，愛媛大学，北海道大学，広島大学，高知大学，関係各県の水産研究センターなどが連携して研究を推進した．このプロジェクトは，瀬戸内海全域を網羅した広域モニタリング，遺伝子情報を用いた高感度分析，高解像度数値モデルによる時空間分布シミュレーション，さまざまな環境要因との関連性解析などを通し，近年の赤潮発生機構の解明と対策技術の開発をめざした

# 7 海洋環境問題

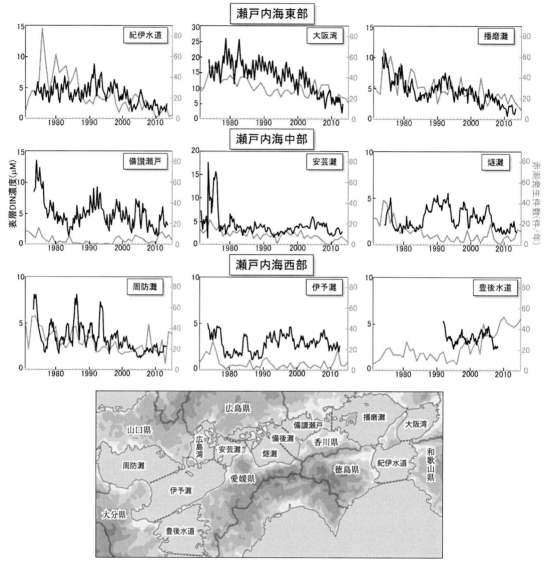

図7.9 瀬戸内海における海域別の栄養塩濃度と赤潮発生件数の長期変動．赤潮発生件数（灰色線）：1971〜2015年の各灘における赤潮の年間延発生件数．栄養塩濃度（黒線）：1973〜2013年の各灘における水深0mの5項移動平均溶存無機窒素（DIN）濃度．海域区分を示した地図は国土交通省中国四国整備局港湾空港部の図を改変．
注：各海域の栄養塩濃度は，紀伊水道には紀伊水道（徳島県），播磨灘には播磨灘（兵庫県），備讃瀬戸には備讃瀬戸・播磨灘（岡山県），燧灘には燧灘（愛媛県），周防灘には周防灘（山口県），伊予灘には伊予灘（大分県）の浅海定線調査データ（阿保ら，2015a）を使用し，豊後水道には愛媛県水産研究センターによる沿岸定線調査データ（小泉ら私信）を使用．

ものである．

　このような研究には長期にわたる観測データが必要不可欠であるが，沿岸各県の水産研究センターによる地道な海洋モニタリングに支えられ，瀬戸内海には世界にも類をみない貴重な長期かつ詳細な海洋観測データが蓄積されてきた．赤潮については，水産庁瀬戸内海漁業調整事務所が関係機関による毎月の観測データをとりまとめ「瀬戸内海の赤潮」として1971年以降毎年刊行してきた（水産庁，1971〜2015）．水温や栄養塩濃度などの海洋環境については，瀬戸内海区水産研究所が1973年以降の各県による毎月の浅海定線調査データを「瀬戸内海ブロック浅海定線調査観測40年成果」としてとりまとめている（阿保ら，2015a）．

　これらの長期観測データをもとに，海域別に栄

養塩濃度と赤潮発生件数の長期変動をグラフ化したのが図7.9である．図上段の瀬戸内海東部では，赤潮は1970年代半ばをピークとして顕著に減少しており，中段の瀬戸内海中部では，もともと発生件数が少なく，緩やかな減少傾向か横ばいである．一方，下段の瀬戸内海西部では，1970年代半ばから1990年代半ばにかけては緩やかに減少しているが，豊後水道においては1997年以降明らかに増加しており，周防灘においても2001年以降増加傾向である．栄養塩濃度の推移は，東部では顕著な減少傾向，中部では1990年以降に緩やかな減少傾向，西部ではもともと栄養塩濃度が低く緩やかな減少か横ばいである．

栄養塩濃度が比較的高い東部においては，栄養塩の減少に伴い赤潮も減少しており，特に，播磨灘では栄養塩と赤潮が密接にリンクしている様子が窺われる．一方，栄養塩濃度が低い中部および西部においては，そのような栄養塩と赤潮の対応関係は不明瞭である．また，西部においては，近年の栄養塩濃度がDIN濃度として3 $\mu$M以下と十分に低いにもかかわらず赤潮が増加している．このことは，近年の瀬戸内海西部，特に豊後水道においては，「富栄養化による赤潮」という一般的な赤潮発生機構とは異なるメカニズムにより赤潮が生じていると考えられる．

 **7.3.2 豊後水道におけるカレニア赤潮の影響とカレニアの生理特性**

豊後水道は，四国の愛媛県と九州の大分県に挟まれた海域であり，温暖かつ静穏なリアス式海岸の特性を活かした魚類養殖が盛んである．2014年の愛媛県の漁業生産に占める豊後水道における養殖漁業の割合は，生産量で41%，生産額では61%にのぼり，大分県においても同程度の割合を占め，地域水産業の中核をなしている．近年多発する赤潮は，この養殖漁業に壊滅的な被害をもたらす深刻なものである．2001年以降，両県の漁業被害額が合わせて1億円を超えるような赤潮が頻発しており，2012年に被害額が15億円を超える広域大規模赤潮が発生したのを皮切りに，2014年，2015年と立て続けに大規模赤潮が発生している．この豊後水道における漁業被害の大部分（98%）は，Karenia mikimotoi（以降ではカレニアと記載する）と呼ばれる渦鞭毛藻が原因の赤潮によるものであり，現在，このカレニア赤潮の発生機構の解明と対策技術の確立が急務とされている．

カレニアの生理的特徴は，大きさが長さ18〜37 $\mu$m，幅14〜35 $\mu$m，増殖可能な水温と塩分の範囲が非常に広く（水温：10〜30℃，塩分：10〜30），水温25℃・塩分25にて最も活発に増殖する．また，かなりの弱い光環境・貧栄養環境下においても増殖可能であり，一般的な植物プランクトンが利用できない有機態窒素・リンも栄養塩として利用できる（山口，2000）．さらに，植物でありながら動物のように鞭毛を用いて回転しながらひらひら遊泳し，夜間には栄養塩が豊富な海底に移動し，日中には光環境のよい海表面へ移動する日周鉛直移動能をもつ（Koizumi et al., 1996）．このようにカレニアは通常の植物プランクトンにはない多くの特徴をもつ特異な生物である．

一般的に，海水中のカレニアの細胞密度が危険濃度である約1000 cells ml$^{-1}$を超えるとカレニア赤潮とされるが，赤潮状態以前の低密度であっても約150 cells ml$^{-1}$以上でアワビ類を致死させ，約1000 cells ml$^{-1}$以上では魚類を致死させる（宮村，2015）．この危険細胞密度に至るまでに必要な最低限の栄養塩量は，細胞当たりの最小窒素含有量が3.13 pmol cell$^{-1}$，最小リン含有量が0.25 pmol cell$^{-1}$（山口，2000）であることから，窒素で3.13 $\mu$M，リンでは0.25 $\mu$Mと見積もることができる．このことは，わずか3 $\mu$M程度のDINが何らかの形で海域の有光層中に供給されれば，カレニア赤潮が発生する可能性があることを示す．

 **7.3.3 豊後水道東岸におけるカレニア赤潮の時空間変動と環境要因との関連性**

カレニア赤潮の発生機構はどのようなものであろうか？ 2000年以降の豊後水道東岸におけるカレニア赤潮の時空間変動について詳細な解析を

した結果，赤潮の発生時期が早期であればあるほど長期化・広域化し，大規模被害につながることがわかってきた．

この赤潮発生時期には，発生前の半年から数か月間の環境が重要であると考えられている．たとえば，豊後水道よりも閉鎖的な内湾である三重県五ヶ所湾では，冬期水温が高いほどカレニアの越冬細胞数が多くなり早期発生につながることが知られており，発生時期の予測に利用されている(Honjo *et al.*, 1991)．同様に，豊後水道東岸におけるカレニア赤潮発生前のさまざまな期間の水温と発生時期について解析したところ，初春3月の水温と発生時期との相関が最も高く，3月の水温が高いほど早期に発生することがわかった．また，2000年以降の3月水温の経年変化は，緩やかな上昇傾向を示し，発生時期の早期化傾向と一致していた．

水温以外の環境要因では何が関与しているのだろうか？　気象条件との関連性を調べたところ，61％の赤潮ケースにおいてカレニア赤潮発生直前の10日間に大量の雨が降っていたことがわかった．この結果は，発生直前の大雨が赤潮発生の要因として重要であるらしい．また，この大雨は，単純に陸域から海へ栄養塩を供給するだけではなく，大雨をもたらす雲による低い日照と，泥水の流入で海水を濁らせ，海中に届く光量を著しく低下させる．そして，このような大雨時の弱い光環境に適応できるカレニアが優占的に増殖し，赤潮の発生につながるものと考えられる．

これらの結果から，豊後水道東岸のカレニア赤潮対策として，初春3月の水温状況から夏季のカレニア赤潮の発生時期を推定し早期警戒を行い，梅雨時期の発生直前期には天気予報をもとに発生直前の注意喚起を促すことができるかもしれない．ただし，豊後水道では，上記では触れなかった太平洋からの外洋水進入現象も非常に重要であり，その頻度や強度は栄養塩環境を左右し(小泉，1999；武岡ら，2002)，赤潮の移流・拡散にも大きな影響を及ぼすため(兼田ら，2010)，それらの影響を考慮したさらなる研究が必要である．今後の広域・高感度モニタリング，高解像度数値モデルシミュレーション，環境要因と赤潮の統計解析による発生シナリオ抽出などを通して，瀬戸内海西部海域において頻発するカレニア赤潮の発生機構が解明され，予測・防除技術が確立されることを期待している．　　　　　　　〔吉江直樹〕

## 7.4　マイクロプラスチック

###  7.4.1　汚染の現状

海岸に散乱する人為的な海ゴミ（図7.10）の7割程度は，プラスチック製品に由来する．リサイクルやリユースの網の目から漏れた廃プラスチックである．そもそも廃プラスチックの環境への漏出を，世界の至る所で完全に止めることなど不可能だろう．一方で，プラスチックは環境中で分解することがない．したがって，ひとたび環境中に漏出した廃プラスチックは，形を変えて地球のどこかに蓄積されるはずである．すなわち，この世界は廃プラスチックの袋小路といえる．

比較的温度が安定し，紫外線の刺激も和らぐ海水中とは違って，海岸に打ち上がった廃プラスチックは，紫外線や寒暖差，あるいは物理的な刺激にさらされる．野外においたプラスチック製品の引っ張り強度は，約半年で半減するとの実験結果もある．長期間にわたって屋外に放置されたプラスチック製の洗濯バサミを思い出せばよい．手にして力を加えれば容易に砕けたはずである．環境中に蓄積していく廃プラスチックも，さまざまな刺激を受けて次第に細かく砕けていく．研究者は，1つの目安として，大きさが5mmを下回ったプラスチック片をマイクロプラスチックと呼んでいる（図7.11）．海岸を散策されたならば，砂を手にすくって注意深く観察してほしい．場所は，直近の満ち潮で打ち上げられた海藻や漂着物の下がよい．色とりどりのマイクロプラスチック

## 7.4 マイクロプラスチック

図7.10 沖縄県石垣島平久保地区で2011年に撮影した漂着プラスチックゴミ.

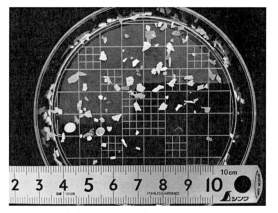

図7.11 山陰沖日本海で2014年に採集したマイクロプラスチック. ➡カラー口絵

ランクトンの体内から発見された．マイクロプラスチックの海洋生態系への侵入は，すでに進行しているとみてよいだろう．

次項で述べるように，海水中に溶けた化学汚染物質がマイクロプラスチックの表面に吸着し，誤食を介して海洋生態系に運び込まれる危惧がある．もっとも今のところ，実海域の海洋生物に，マイクロプラスチック由来のダメージが現れたとの報告はない．1つには，まだマイクロプラスチックの浮遊数が少ないためだろう．後述するように世界の海に比べて浮遊数が多い日本近海ですら，1tの海水中に3～4粒程度なのである．しかし，地球は廃プラスチックの袋小路であって，今後海での浮遊数は増えていく可能性がある．無数のマイクロプラスチックが漂う未来の海では，生態系に起きる「海洋プラスチック汚染」が顕在化するかもしれない．そして，ひとたびマイクロプラスチックが浮遊数を増やしてしまえば，我々には，これを回収して汚染を軽減する手段がない．

さて，汚染の現状を監視するには，異なる観測者であっても共通の手法でマイクロプラスチックを採取し，そして，共通のルールに従ってデータを集計しなければならない．そうしなければデータを相互に比較しづらい．あるいは，複数の観測者が得た海域の浮遊数を，1つのデータセットに統合できない．ところが，マイクロプラスチックは最近になって認識された海洋汚染物質であって，これら手法の統一・標準化が徹底されていない．たとえば物理量の相互比較には，まずなによりも，数値の単位（unit）を揃える必要がある．ところが，ある研究者は海面の単位面積あたりで浮遊数（個 $km^{-2}$）を求め，別の研究者は海水の単位体積あたりで浮遊数（個 $m^{-3}$）を求めている．個数ではなく重量で浮遊密度（$mg\,m^{-3}$）を示した研究も少なくない．共同して人類が取り組むべき研究課題ならば，まずは研究手法を共通にしなければならない．2015年のG7エルマウサミットの首脳宣言では，海洋プラスチックゴミが喫緊の環境問題として言及され，そして付属文書には，

が，砂に混じって，いくつも見つかるはずである．

廃プラスチックがマイクロプラスチックになってしまえば，もはや回収など不可能である．今となっては，太平洋や大西洋といった大洋の中央にさえ，マイクロプラスチックの浮遊が観測される．海水よりも比重の小さなプラスチック片は，浮力を得て海洋上層を漂う．そのまま地球をめぐる海流に乗ることで，生活圏から遠く離れた海域まで分布を広げていったのだろう．そして，大きさが動物プランクトン程度であるマイクロプラスチックは，誤食を通して容易に海洋生物に取り込まれてしまう．実際，これまでに，実海域で採集された鯨類や魚類，そして甲殻類や貝類の体内から，マイクロプラスチックが検出されている．ごく最近では，さらに細かくなったマイクロプラスチック（数 $\mu m$ 以下になればナノプラスチックと呼ばれる）が，やはり実海域で採集された動物プ

観測手法の統一・標準化の推進が謳われている．

ここで，最近の研究者が採用するマイクロプラスチックの採集方法や，浮遊数の算出方法を紹介しよう（図7.12）．詳しくは日本海洋学会のウェブサイト[*1]から，海洋観測ガイドライン第10巻『バックグラウンド汚染物質』をダウンロードしてほしい．まず，表層浮遊生物を採集する専用の網を調査船で曳く．採集に用いる網の目合には0.3mm程度のものを用いることが多い．これが採集できるマイクロプラスチックの最小の大きさとなる．船速2～3ノット（時速5km程度）で20分も曳けば，200～300tの海水中に浮遊するマイクロプラスチックが採集できる．このとき，網を通過した海水の体積を，網に取り付けたフローメータで計測して記録しておく．採集したマイクロプラスチックを海水ごと実験室にもち帰り，目視で判別したプラスチック片を丁寧にピンセットで取り出していく．それでも，小さなプラスチック片は，生物起源の微細片と区別がつけにくい．この場合は，分光学的な方法（FT-IRなどの利用）によって材質判定を行う．顕微鏡で拡大してサイズを計測したのち，マイクロプラスチックの数を集計する．あとは網を通過した海水体積で割れば，海水単位体積当たりの浮遊数（浮遊密度（個 $m^{-3}$）と呼ぶ）を求めることができる．ただし，表層浮遊生物を採集する網では，海面近くを漂うマイクロプラスチックしか採集できない．風や波の影響によっては浮遊する深度が変わるため，穏やかな海と荒れた海ではマイクロプラスチックの回収量に差がついてしまう．そこで，採集の際に記録した風速や波高データを用いて，海面近くの浮遊密度から深さ方向の分布を推定し，深さ方向に積分した浮遊数（個 $km^{-2}$）を求めておく．

図7.13では，このようにして得た浮遊数（個 $km^{-2}$）を海域ごとに比較した．日本近海での浮遊数は突出して多く，北太平洋平均の16倍，そして世界平均の27倍に達している．この膨大な

**図7.12** マイクロプラスチックの観測と分析．ニューストンネットによる採集（a）と，目視による海水からの取り出し（b），顕微鏡を用いたサイズの計量（c）．

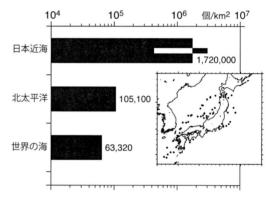

**図7.13** 日本近海のマイクロプラスチック浮遊数と他の海域との比較．日本近海はIsobeら（2015）の集計で他海域はEriksenら（2014）の集計を用いた．日本近海の採集位置を地図上の黒点で示す．数値は深さ方向に積分した単位面積当たりの浮遊数（本文参照）で，日本近海の棒グラフに重ねた細いバーは，全測点の標準偏差を示している．

マイクロプラスチックは，海流に流されつつも，一部は微生物付着で重量が増して深海に沈み，一部は海洋生物に誤食され，また一部は海岸に打ち上がってさらに微細片化するのだろう．しかし，実のところ，マイクロプラスチック輸送の実態は，まだよくわかっていないのである．標準化された手法による精度よい監視が継続されることで，今後は実態解明の進むことを期待したい．浮遊密度が大きな東アジアの海では，マイクロプラスチックの環境影響が世界に先んじて顕在化する可能性がある．このため，東アジアにおけるマイクロプラスチック研究を世界が注視している．

〔磯辺篤彦〕

---

[*1] http://kaiyo-gakkai.jp/jos/

## 7.4.2 有害化学物質の輸送媒体としてのマイクロプラスチック

### a. 海洋生物によるプラスチックの摂食

海洋漂流プラスチックの最大の問題は，海洋生物による摂食である．大きなものは，クジラ等の大型の生物により摂食されている．サイズが小さくなると，海鳥，魚，とそのサイズに応じた生物に摂食されている．海鳥の場合はmmサイズのプラスチックを摂食しているが，$\mu$mサイズのものは二枚貝や小魚により摂食されることが室内実験や野外の観測から明らかになってきている（山下・高田，2014）．東京湾で釣ったカタクチイワシ（体長十数cm）の消化管内から数百$\mu$mのマイクロプラスチックが検出されている（Tanaka and Takada, 2016）．さらに数$\mu$mのマイクロプラスチックが動物プランクトン中からも検出されている．マイクロプラスチック汚染は生態系全体に広がっており，約200種の海洋生物がプラスチックを摂食していると考えられる．消化管の内壁の損傷，消化管の詰まりなどの摂食したプラスチック自体による物理的な影響も報告されている．

プラスチック自体は生化学的には不活性な物質であり，生体内での生化学的反応によりプラスチック自体の毒性影響が発現することはないと考えられる．しかし，海洋を漂うプラスチックにはさまざまな有害化学物質が含まれていることが最近の研究で明らかになってきており，それらの化学物質による影響が懸念される．プラスチックに含まれる有害化学物質は①添加剤やその分解産物，②周辺海水中から吸着してきた疎水性の成分，に大別される．プラスチックの大きさは，それを取り込む生物の違いだけでなく，有害化学物質の輸送媒体としての特性にも大きな影響を及ぼす．本項では，mmサイズ（1～5mm）と$\mu$mサイズ（1mm以下，おもに数百$\mu$m）に分けて，それを概観する．実際には粒子の大きさは連続的に分布しているが，本項では便宜上2つに区別して記述する．

### b. 添加剤—疎水性添加剤の外洋プラスチック片中での検出

プラスチックにはその性質を維持したり，特定の特性を付与するために，可塑剤，酸化防止剤，帯電防止剤，難燃剤などさまざまな添加剤が加えられる．それらの添加剤のなかには有害なものも存在する．これらの添加剤のうちで疎水性の低い，すなわち水溶性の高い成分は海を漂っている間に海水に溶け出す．一方，プラスチックからの化学物質の溶出速度は疎水性が大きい成分ほど遅くなるので，疎水性の大きな添加剤は漂流中も海水に溶け出さずに，mmサイズの海洋漂流プラスチックから検出される．海洋漂流および海岸漂着プラスチック片中の難燃剤の一種の臭素化ジフェニルエーテル（polybrominated diphenyl ethers：PBDEs）を分析した結果，海洋漂流および海岸漂着プラスチック片からPBDEs，特に高臭素の成分が検出された（高田ら，2014）．遠隔地の海岸漂着プラスチック片や外洋の漂流プラスチック片からも都市域と同程度の高濃度のPBDEsが検出される場合があった．最近，気象庁の調査船により日本列島から1000 km以上離れた西部北太平洋で採取されたマイクロプラスチック中のPBDEsを分析した結果，マイクロプラスチックのうちで比較的大きなもの（1～5 mm）からは，高臭素のPBDEsが検出された．これらの結果は，疎水性の高い添加剤の場合は，海洋を漂流してもその間に，完全に溶出しきるわけではなく，外洋や遠隔地のプラスチック片中に残留することを示している．

### c. 汚染物質の吸着とInternational Pellet Watch

海洋漂流プラスチックに含まれる化学物質は添加剤だけではない．海水中から疎水性の汚染物質がプラスチックへ吸着してくる．海水中には都市沿岸域はもちろん外洋，極域に至るまで，残留性有機汚染物質（persistent organic pollutants：POPs）が存在する．これらはポリ塩化ビフェニル（polychlorinated biphenyl：PCB）や有機塩素系農薬などの人工化学物質である．POPsは疎水性が高いため海水中の溶存濃度は低いが，生物の脂肪組織に濃縮されやすく，さらに食物連鎖を通して生物組織中の濃度が増幅される．プラス

チックは全般に疎水性が高い素材であり，疎水性の高い化合物との親和性が高い，すなわちマイクロプラスチックはPOPsを吸着，濃縮する．マイクロプラスチックは，周囲の海水に対して最大100万倍にPOPsを濃縮する（高田，2014）．POPsのマイクロプラスチックへの吸着は，吸着実験だけでなく，実際の環境中で世界中どこでも起こっている現象であることが，International Pellet Watch（IPW）[*2]というプラスチックレジンペレット（以下ペレット）を利用したモニタリングから明らかになっている．

ペレットは直径2～4mm程度の球状，円盤状，あるいは円柱状のプラスチックの粒である．ペレットはプラスチック製品の中間材料で，プラスチックは石油からペレットの形で合成される．ペレットは成型工場に運ばれ，成型工場で型に入れて圧力をかけて，さまざまなプラスチック製品がつくられる．輸送や取り扱いの際に環境へ流出したペレットが，雨で洗い流され，水路や河川を経て，最終的に海洋へ運ばれてくる．海上輸送の際の事故で直接海洋に放出される場合もある．プラスチックの安定性と生産量の多さから，世界中の海岸にペレットは漂着している．IPWではインターネット，雑誌への記事掲載，講演等によって，世界中のボランティアに砂浜でペレットを拾い，東京農工大学にエアメールで送ってもらい，その中の有害化学物質を分析して，世界的な有害化学物質のモニタリングを行っている．IPWによって，プラスチックへの有害化学物質の蓄積，すなわちプラスチックの有害化が世界中で起こっていることが明らかになった．

### d. プラスチックの大きさと汚染物質の輸送動態

IPWの結果から，ペレット中のPCB濃度は，先進工業化国の都市域で高く，非都市域で低い傾向が認められた（図7.14）．先進工業化国で1960年代に使用され海洋環境へ流入したPCBが海底の堆積物中に残留しており，それが堆積物の再懸濁と溶出により，依然海域を汚染しているため，

このような傾向が認められる．最近の研究では，沿岸域の堆積物中に$\mu$mサイズのマイクロプラスチックが多数含まれていることが明らかにされ，この堆積物中のマイクロプラスチックがPCBの動態にも影響している可能性が考えられる．たとえば，東京湾運河部の堆積物の表層30cmに存在するマイクロプラスチックは1m$^2$当たり8万個であった．これに対して表面海水中に漂流するマイクロプラスチックは1m$^2$当たり3個程度であり，現存量でみると堆積物中のマイクロプラスチックの存在量は海水中に存在するマイクロプラスチックに比べて桁違いに多く，汚染物質の輸送に大きく寄与している可能性も考えられる．比重が海水よりも小さく浮いているプラスチックにも生物膜が付着すると沈降力を得る．特に$\mu$mサイズのプラスチックは比表面積が大きく付着生物膜の沈降力が浮力を上回り，沈降し堆積物へ取り込まれる．堆積物中でマイクロプラスチックは海底堆積物中に蓄積しているPCBを吸着する，次にマイクロプラスチックから生物膜が分解等によりはずれ，再び軽くなり海面へ再浮上し，表層海水中でPCBが海水中に脱着する，という過程が考えられる．$\mu$mサイズのプラスチックには再び生物膜が付着し，再沈降・再浮上を繰り返し，海底堆積物中に蓄積しているPCBを表層海水中に運び上げ，PCB汚染を長引かせる原因にもなっている可能性も考えられこの過程をヨーヨーメカニズムという．ただし，このヨーヨーメカニズムはまだ仮説の段階であり，実測による検証が必要である．

一方，mmサイズのプラスチックは遠隔地の生物への汚染物質の運び屋になっている．疎水性化学物質のmmサイズのプラスチックへの吸脱着がきわめて遅く，平衡に達するまで1年程度かかるため，いったん汚染されたプラスチックが非汚染地域まで運ばれる間に，POPsが抜けきらないものがある．最近日本列島の沖合いのマイクロプラスチック中のPCBを分析した結果，銚子沖約100kmの海域の1～5mmのマイクロプラスチック中に，動物プランクトンなどと比べて相対

---

[*2] http://pelletwatch.jp/

的に高い濃度のPCBを検出した．これはマイクロプラスチックが急速に運ばれることにより，PCBが脱着しきらないためと考えられる．この点が，生物にとっては問題である．これまで自然界にあったPOPsの輸送媒体は懸濁粒子や堆積物であるが，それらは発生源に近い海域に沈むので，長距離運ばれることはない．しかし，プラスチックは浮いて流れるので，遠い所まで運ばれ，汚染物質を遠隔地域の生体系に運び込む．

### e. プラスチックを媒介した化学物質の生物への移行

前述したように，海洋漂流プラスチックに有害化学物質が含まれているので，海洋生物によるプラスチックの摂食は，海洋生物への有害化学物質の体内曝露になる．しかし，有害化学物質のプラスチックから生物体内への移行・蓄積についての研究例はきわめて限られており，一般論が述べられる段階ではない．ベーリング海で混獲されたハシボソミズナギドリを使った研究例（高田ら，2014）を紹介する．この海域のハシボソミズナギドリはほとんどすべての個体でプラスチック摂食が観測されている（綿貫，2014）．ハシボソミズナギドリの腹腔脂肪中の低塩素PCB濃度と各個体の摂食プラスチック重量の間には正の相関が認められ，胃内のプラスチックが多くなると，脂肪中の低塩素PCBの濃度が増加する傾向が認められた（図7.15）．このことは，胃内のプラスチックから体内の脂肪へのPCBの移行を示唆している．しかし，この相関は有意ではあるが弱く，回帰直線のY切片は正の値をもつ，つまりプラスチック摂食が0であっても，脂肪中にPCBの蓄積は起こることも示された．プラスチック摂食以外，すなわち餌からもハシボソミズナギドリはPCBに曝露されていることを意味している（高田ら，2014）．

プラスチックから生物への汚染物質移行のより決定的な証拠として，同じベーリング海のハシボソミズナギドリのPBDEsに注目した研究も紹介しよう．PBDEs，特に高臭素のPBDEsはプラスチックに特異的に含まれている．調査したハシボソミズナギドリ12個体中，3個体から高臭素のPBDEs（BDE209, BDE183）が卓越するPBDEsが検出された．そして，それらの個体の胃内プラスチックからも同じ高臭素PBDEsが検出された．

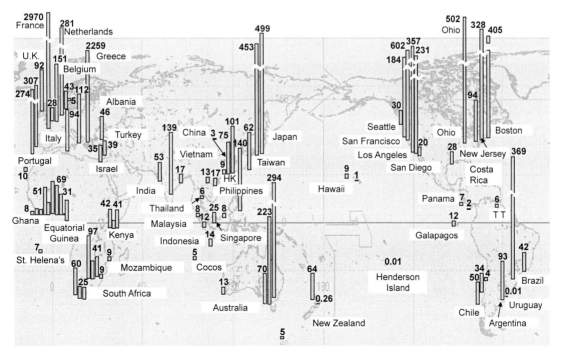

図7.14　海岸漂着レジンペレット中のPCB汚染マップ．単位はng/g（高田，2014）．

このPBDEs組成の一致から，プラスチックからそれを摂食した鳥の脂肪へPBDEsが移行していることが明らかになった．さらなる課題は，添加剤として練り込まれている化学物質の生物組織への移行機構の解明であった．海鳥は食べた餌の魚の難消性の油をストマックオイルという液体として胃の中に保持している．これが有機溶媒のように作用して，プラスチックからの添加剤の溶かし出しを促進するのである．魚油や実際の海鳥から採取したストマックオイルと添加剤含有プラスチックを使って，このような溶かし出しが起こっていることも確かめられた（高田ら，2014）．

### f. これからの研究—グローバルサーベイランスとマイクロプラスチックの輸送媒体研究

ベーリング海で混獲されたハシボソミズナギドリの調査から，プラスチックから生物への化学物質の移行が確認された．しかし，この現象の広がりと規模，そして生物への影響についてはまだこれからの課題である．他の海域のハシボソミズナギドリ，他の種の海鳥，を対象に世界規模でのサーベイを行っていく必要がある．海鳥の90％がプラスチックを摂食しているという報告もある．しかし，摂食と化学汚染が直結しているわけではない．消化管内のプラスチックの滞留時間，プラスチックから消化液への化学物質の脱着速度，消化液の特性，もともとの餌生物中の化学物質汚染の程度，生物の採餌行動などさまざまな要因が化学物質の移行・蓄積には絡んでいる．さらにその影響となると生体内での代謝や生物の側の化学物質の感受性，も考える必要がある．海洋生物の研究者と連携して，世界規模でのサーベイを行い，ハイリスク域，ハイリスク種を特定し，それらについてバイオマーカーを使って，影響検知を行っていく必要がある．

マイクロプラスチックはその大きさにより，取り込む生物も異なることははじめに述べた．本項では，有害化学物質の吸脱着と海洋での輸送過程も大きさにより，大きく異なり，有害化学物質の輸送媒体としての特性にも影響することを最近の研究から例示してきた．それらをまとめると，mmサイズのマイクロプラスチックは，汚染物質を保持したまま海洋表層を急速に運ばれ，生物，特に遠隔地の生物の体内に運び込まれる．体内で生化学的な要因により，汚染物質が溶かし出されると，遠隔地の生物への汚染物質の体内曝露源となる．この様子はトロイの木馬と考えることができる．一方で，μmサイズのマイクロプラスチックの場合，吸脱着は急速であるが，鉛直方向の輸送が起こる．これが堆積物中に蓄積されている過去の汚染物質の海水中への回帰や汚染の長期化を起こす可能性がある．

マイクロプラスチックの鉛直輸送過程の研究はこれからの課題である．現在は現存量からの推測に過ぎないので，セディメントトラップ等の海洋科学的手法を適用して，フラックスでの議論をしていく必要がある．また，堆積物中に存在するマイクロプラスチックはAnthropocene（人新世）の明確なマーカーとなっている．人類が地質的なタイムスケールで地球に影響を与え始めていることを示している．プラスチックは安定であり，いったん海洋へ流入し微細になると回収は困難である．マイクロプラスチックの生態系への影響はまだ結論は出ていないが，予防原則的な対応をとることが必要である．海鳥を炭鉱のカナリアと捉えて，生態系全体に影響が及ぶ前に警告を発して，プラスチックの海への流入を抑えていくことが重要である．

〔高田秀重〕

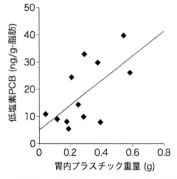

**図7.15** ハシボソミズナギドリの腹腔脂肪中の低塩素PCB濃度と各個体の摂食プラスチック重量（高田ら，2014）．

## 第7章のポイント

### 7.1
- 近年は人間の振る舞いが地球温暖化や環境汚染として地球の環境を乱し，その行く末を変えうる可能性さえある．
- 福島第一から海洋へ流出した放射性物質が海の中をどう広がっていくのかを知ることは，放射性物質による影響を最小限に食い止めることに役立つと同時に，生活の場を持つ人々にとって必要性を超えて悪影響を及ぼす場合もある．
- 放射性物質の海洋への流入経路は大気からの沈着，陸域からの河川による流入，福島第一敷地内からの直接流入，地下水からの流入と4つのうち，大気からの沈着と直接漏洩が主要な経路とされている．
- 放射性物質の沿岸域や沖合への広がりは，黒潮や親潮などの海流，岸に沿って伝わる陸棚波，中規模渦と呼ばれる直径100 kmほどの渦などの特徴的な流れが大きく左右する．
- 2011年6月までの間に福島第一由来の放射性物質が大気輸送され降水過程によって米国やカナダの西海岸にも極低濃度で広がっていた．
- 海洋へ入った放射性物質は徐々に希釈されていくが，海底では，現在も局所的に河川からの影響により蓄積している場所がある．海底堆積物に取り込まれた放射性物質が，再懸濁して海洋に放出された場合，底生生物を含む海洋生態系への影響が懸念される．

### 7.2
- 国内最大の閉鎖性水域である瀬戸内海は，高度経済成長期の富栄養化が改善され，現在では「きれいすぎる海」による漁業被害が顕在化している．
- 瀬戸内海の栄養塩の供給源は陸域から，底泥から，外洋からの3つある．過去25年間で減少している栄養塩は，窒素態が2割，リン酸態が4割であるが，どの供給源からの減少が大きく効いているのかは不明である．
- 瀬戸内海の栄養塩濃度の減少は植物プランクトンの珪藻の優占種を変えつつある．
- 漁獲量の減少が栄養塩濃度の低下とどう結びついているのかはさらなる研究が必要である．

### 7.3
- 瀬戸内海は，きれいすぎる海になった一方で，赤潮が年間100件程度発生している．栄養塩濃度が低い場合でも発生しており，富栄養化＝赤潮とは違った機構があると考えられる．
- 2010年以降，愛媛県，大分県の養殖漁業被害が1億円を超す大規模赤潮が豊後水道付近で多発するようになった．原因は渦鞭毛藻（カレニア）である．
- 冬期や春先の高い水温，梅雨時の大量降雨が夏場のカレニア赤潮の発生時期の早期化，拡大化につながっている可能性がある．

### 7.4
- 日本周辺のマイクロプラスチック（5 mm未満）の単位面積あたりの浮遊数は世界的にも突出しており，生物への影響が先んじて生じる可能性がある．
- マイクロプラスチックには添加剤やその分解産物，周辺海水から吸着した疎水性の成分などさまざまな有害化学物質が含まれている上，200種の海洋生物がプラスチックを摂食しているとされており，生態系へ及ぼす影響が懸念される．

## コラム3　温暖化と重金属

　重金属はさまざまな形態で海洋中に存在するが，温暖化はそれらの動態を変化させる．ヒトや大型生物への影響を考える場合，温暖化の影響が強く懸念されるのは水銀である．水銀は揮発性が高く，大気経由で広範囲に拡散し，おもに無機態の水銀として海洋に供給される（Mason et al., 2012）．水銀は人為的な放出量が大きく，大気中濃度は産業革命以前と比較して約3倍になったと推定されている（Mason et al., 1994；Amos et al., 2015）．2013年には，「水銀に関する水俣条約」が採択・署名され，水銀および水銀を使用した製品の使用・輸出が制限されることが決定している．

　水銀は，水中でメチル化することにより，生物に濃縮しやすくなる．海水–植物プランクトン間におけるメチル水銀の濃縮係数は数千から数十万と推定されており，さらに食物連鎖を介して高次生物に濃縮する（Hummerschmidt et al., 2013；Lavoie et al., 2013）．結果として，北太平洋海水中のメチル水銀濃度は$1〜10\ \mathrm{pg\ kg^{-1}}$程度であるのに対し，大型のマグロでは湿重量あたり$1\ \mathrm{mg\ kg^{-1}}$をしばしば超過し，ハクジラ類では$50\ \mathrm{mg\ kg^{-1}}$に達するものもある（Sunderland et al., 2009；Sunderland, 2007）．ハクジラ類の脳中メチル水銀濃度は水俣病患者で観測された濃度にも匹敵しており，その生態影響も懸念される．

　海洋におけるメチル水銀は，嫌気性バクテリアの作用により生成することが指摘されているが，詳細な反応機構は不明な点が多い（Parks et al., 2013；Hsu-Kim et al., 2013）．生成場については，沿岸性の堆積物が古くから指摘されてきたが（たとえばHummerschmidt and Fitzgerald, 2004），近年では外洋の酸素極小層（中深層に存在する酸素濃度が低い層．酸素極小層は海洋中で有機化合物の分解（無機化）に酸素が消費されるために形成され，世界の海に存在している）における生成量が大きいと考えられている（Sunderland et al., 2009；Mason et al., 2012）．

　地球温暖化は，①陸域から海洋への水銀供給量，②海洋中でのメチル水銀の生成，③食物網を介した生物濃縮，のすべてに影響する．日本は魚介類の摂取量が多く，毛髪中水銀濃度も世界的にみて高いレベルにある（Yasutake et al., 2003）．温暖化による水銀動態の変化は，日本の環境科学にとっては特に重要な研究課題である．

　水銀以外にも温暖化の間接的な影響が懸念される重金属がある．たとえば，気温上昇による海洋や湖沼の表層水温の上昇は，成層構造の強化をもたらし，深層への酸素供給を妨げ，底層の低酸素化の原因となるが（Altieri and Gedan, 2015；永田ほか，2012），この際にマンガンやヒ素などの重金属が底質から溶出する．マンガンは酸化的環境では二酸化マンガン（$\mathrm{MnO_2}$）として沈澱し，還元的環境下では$\mathrm{Mn^{2+}}$として溶出する．ヒ素も同様に，ヒ酸（$\mathrm{As^{5+}}$）からの亜ヒ酸（$\mathrm{As^{3+}}$）に還元されると溶出しやすくなる．これらの元素は，海底や湖沼表層に濃集することがあるが，このような堆積物が低酸素化の影響を受けると，顕著な溶出が起こる．通常溶出の影響は，底質から数十cm程度の領域に限られるが，底生生物への吸収効率が増大するため，その毒性影響評価が重要である．

　琵琶湖では1950年代以降湖底の年間の最低溶存酸素濃度が次第に減少しており，2007年には湖底で固有種イサザの大量死が観測された（永田ほか，2012）．当時の湖底付近における最低溶存酸素濃度は$0.57\ \mathrm{mg\ L^{-1}}$であり，固有魚イサザの体内から高濃度のマンガンとヒ素が検出された（Horai et al., 2011）．その後の地球化学的・生態毒性学的な検証により，重金属曝露は直接的な死因とは考えにくいと結論づけられたが，低酸素化が引き起こした水生生物への影響を示唆する事例である（Itai et al., 2012）．

〔板井啓明〕

# 参 考 文 献

**IPCC評価報告書**

IPCC, 2007：*Climate Change 2007：The Physical Science Basis. Contribution of Working Group I to the Fourth Assessment Report of the Intergovernmental Panel on Climate Change* [Solomon, S., D. Qin, M. Manning, Z. Chen, M. Marquis, K.B. Averyt, M. Tignor, and H.L. Miller (eds)]. Cambridge University Press, Cambridge, United Kingdom and New York, NY, USA, 996 pp.

IPCC, 2013：*Climate Change 2013：The Physical Science Basis. Contribution of Working Group I to the Fifth Assessment Report of the Intergovernmental Panel on Climate Change* [Stocker, T.F., D. Qin, G.-K. Plattner, M. Tignor, S.K. Allen, J. Boschung, A. Nauels, Y. Xia, V. Bex, and P.M. Midgley (eds)]. Cambridge University Press, Cambridge, United Kingdom and New York, NY, USA, 1535 pp.

**第2章**

Church, J. A., and N. J.White, 2011：Sea-Level Rise from the Late 19th to the Early 21st Century. *Surveys in Geophysics*, **32**(4-5), 585-602, doi：http://dx.doi.org/10.1007/s10712-011-9119-1.

GISTEMP Team, 2016：GISS Surface Temperature Analysis (GISTEMP). NASA Goddard Institute for Space Studies. Dataset accessed 2017-06-22 (http://data.giss.nasa.gov/gistemp/)

Jeffries, M. O., J. Richter-Menge, and J. E. Overland, Eds., 2015：Arctic Report Card 2015 (http://www.arctic.noaa.gov/reportcard/)

気象庁，海の健康診断表（http://www.data.jma.go.jp/gmd/kaiyou/shindan/index.html）

Schmitz, W, 1996：On the world ocean circulation. Volume II, the Pacific and Indian Oceans/a global update. *Woods Hole Oceanographic Institution Technical Report*, WHOI-96-08, 241pp.

Talley, L. D., G. L. Pickard, W. J. Emery, J. H. Swift, 2011：*Descriptive Physical Oceanography：An Introduction (Sixth Edition)*, Elsevier, Boston, 560pp.

**コラム1**

Nakanowatari, T., K. I. Ohshima, M. Wakatsuchi, 2007：Warming and oxygen decrease of intermediate water in the northwestern North Pacific, originating from the Sea of Okhotsk, 1955-2004. *Geophysical Research Letters*, **34**, L04602, doi：10. 1029/2006GL028243.

**第3章**

Bauer, J. E., W.-J. Cai, P. A. Raymond, T. S. Bianchi, C. S. Hopkinson, and P. A. G. Regnier, 2013：*Nature*, **504**, 61-70.

Charlson, R. J., J. E. Lovelock, M. O. Andreae, and S. G. Warren, 1987：*Nature*, **326**, 655-661.

Laruelle, G. G., R. Lauerwald, B. Pfeil, and P. Regnier, 2014：*Global Biogeochem. Cycles*, **28**, 1199-1214.

Quinn, P. K., and T. S. Bates, 2011：*Nature*, **480**, 51-56.

Rödenbeck, C., D. C. E. Bakker, N. Gruber, Y. Iida, A. R. Jacobson, S, Jones, P. Landschützer, N. Metzl, S. Nakaoka, A. Olsen, G. -H. Park, P. Peylin, K. B. Rodgers, T. P. Sasse, U. Schuster, J. D. Shutler, V. Valsala, R. Wanninkhof, and J. Zeng, 2015：*Biogeosciences*, **12**, 7251-7278.

Singh, H. B., Y. Chen, A. Staudt,. D. Jacob, D. Blake, B. Heikes, and J. Snow, 2001：*Nature*, **410**, 1078-1081.

Stefels, J., J. M. Steinke, S. Turner, G. Malin, and S. Belviso, 2007：*Biogeochemistry*, **83**, 245-275.

Takahashi, T., S. C. Sutherland, R. Wanninkhof, C. Sweeney, R. A. Feely, D. W. Chipman, B. Hales, G. Friederich, F. Chavez, C. Sabine, A. Watson, D. C. E. Bakker, U. Schuster, N. Metzl, H. Yoshikawa-Inoue, M. Ishii, T. Midorikawa, Y. Nojiri, A. Körtzinger, T. Steinhoff, M. Hoppema, J. Olafsson, T. S. Arnarson, B. Tillbrook, T. Johannessen, A. Olsen, R. Bellerby, C. S. Wong, B. Delille, N. R. Bates and H. J. W. de Baar, 2009：*Deep-Sea Res. II*, **56**, 554-577.

**第4章**

Agostini, S., S. Wada, K. Kona, A. Omori, H. Kohtsuka, H. Fujimura, Y. Tsuchiya, T. Sato, H. Shinagawa, Y. Yamada, and K. Inaba, 2015：*Regional Studies in Marine Science*, **2**, 45-53.

Albright, R., and C. Langdon, 2011：*Glob. Change Biol.*, **17**, 2478-2487.

Albright, R., B. Mason, and C. Langdon, 2008：*Coral Reefs*, **27**, 485-490.

Barton, A., B. Hales, G. G. Waldbusser, C. Langdon, and R. A. Feely, 2012：*Limnol. Oceanogr.*, **57**, 698-710.

Bednaršek, N., G. A. Tarling, D. C. Bakker, S. Fielding, A. Cohen, A. Kuzirian, D. McCorle, B. Lézé, and R. Montagna, 2012a：*Glob. Change Biol.*, **18**, 2378-2388.

Bednaršek, N., G. A.Tarling, D. C. E Bakker, S. Fielding, E. M. Jones, H. J. Venables, P. Ward, A. Kuzirian, B. Lézé, R. A. Feely, and E. J. Murphy 2012b：*Nature Geoscience*, **5**, 881-885.

Bellwood, D. R., T. P. Hughes, C. Folke, and M. Nystrom, 2004：*Nature*, **429**, 827-833.

Bibby, R., P. Cleall-Harding, S. Rundle, S. Widdi-combe, and J. Spicer, 2007：*Biol. Lett.*, **3**, 699-701.

Boyd, J. N., and L. E. Burnett, 1999：*J. Exp. Biol.*, 202, 3135-3143. Brander, L. M., K. Rehdanz, R. S. J. Tol, and P. J. H. van Beukering, 2012：*Climate Change Economics*, **3**, 1-29.

Brander, L. M., K. Rehdanz, R. S. J. Tol, and P. J. H. van

# 参考文献

Beukering, 2012 : *Climate Change Economics*, **3**, 1-29.
Burkhardt, S., I. Zondervan, and U. Riebesell, 1999 : *Limnol. Oceanogr.*, **46**, 683-690.
Comeau, S., G. Gorsky, R. Jeffree, J.-L. Teyssié, and J.-P. Gattuso, 2009 : *Biogeosciences*, **6**, 1877-1882.
Connell, J.H., 1978 : *Science*, **199**, 1302-1310.
Cooley, S. R., and S. C. Doney, 2009 : *Environ. Res. Lett.*, **4**, 024007.
Cooley, S. R., N. Lucey, H. Kite-Powell, and S. C. Doney, 2012 : *Fish and Fisheries*, **13**, 182-215.
Costanza, R., R. d'Arge, R. de Groot, S. Farber, M. Grasso, B. Hannon, K. Limburg, S. Naeem, R. V. O'Neill, J. Paruelo, R. G. Raskin, P. Sutton, and M. van den Belt, 1997 : *Nature*, **387**, 253-260.
Crain, C. M., Kroeker, K., and Halpern, B. S., 2008 : *Ecol Lett.*, **11**, 1304-1315.
Duarte C. M., 2002 : *Env. Conserv.* **29**, 192-206.
Duarte, C. M., N. Marbà, E. Gacia, J. W. Fourqurean, J. Beggins, C. Barrón, and E. T. Apostolaki, 2010 : *Global Biogeochem. Cycles*, **24**, GB4032.
Dupont, S., and M. C. Thorndyke, 2009 : *Biogeos. Discuss.*, **6**, 3109-3131.
Enochs, I. C., D. P. Mazello, E. M. Donham, G. Kolodziej, R. Okano, L. Johnston, C. Young, J. Iguel, C. B. Edwards, M. D. Fox, L, Valentino, S. Johnson, D. Benavente, S. J. Clark, R. Carlton, T. Burton, Y. Eynaud, N. N. Price, 2015 : *Nature Climate Change*, doi : 10.1038/NCLIMATE2758. Fabricius, K. E., C. Langdon, S. Uthicke, C. Humphrey, S. Noonan, G. De'ath, R. Okazaki, N. Muehllenner, M. S. Glas, and J. M. Lough, 2011 : *Nature Climate Change*, doi : 10.1038/NCLIMATE1122.
Fabricious, K. E., C. Langdon, S. Uthicke, C. Humphrey, S. Noonan, G. De'ath, R. Okazaki, N. Muehllehner, M. S. Glas, and J. M. Lough, 2011 : *Nature Climate Change*, doi : 10.1038/NCLIMATE1122.
Falkwoski, P. G., and J. A. Raven, 2007 : *Aquatic photosynthesis*. Princeton University Press, Princeton, NJ, 465pp.
Feely, R. A., C. L. Sabine, J. M. Hernandez-Ayon, D. Ianson, and B. Hales, 2008 : *Science*, **320**, 1490-1492.
Gattuso, J.-P., A. Magnan, R. Billé, W. W. L. Cheung, E. L. Howes, F. Joos, D. Allemand, L. Bopp, S. R. Cooley, C. M. Eakin, O. Hoegh-Guldberg, R. P. Kelly, H. -O. Pörtner, A. D. Rogers, J.M. Baxter, D. Laffoley. D. Osborn, A. Rankovic, J. Rochette, U. R. Sumaila, S. Treyer, C. Turley, 2015 : *Science*, **349**, aac4722, doi : 10.1126/science.aac4722.
Gazeau, F., C. Quiblier, J. M. Jansen, J.-P. Gattuso, J. J. Middelburg, and C. H. R. Heip, 2007 : *Geophys. Res. Lett.* **34**, L07603.
Giordano, M., J. Beardall, J.A. Raven, 2005 : *Ann. Rev. Plant Biol.*, **56**, 99-131.
Gruber, N., C. Hauri, Z. Lachkar, D. Loher, T. L. Frölicher, G. -K. Platther, 2012 : *Science*, **337**, 220-223.
Gutowska, M.A., H.-O. Pörtner, F. Melzner, 2008 : *Mar. Ecol. Prog. Ser.*, **373**, 303-309.
Hall-Spencer, J. M., R. Rodolfo-Metalpa, S. Mar-tin, E. Ransome, M. Fine, S. M. Turner, S. J. Rowley, D. Tedesco, and M.-C. Buia, 2008 : *Nature*, **454**, 96-99.
Hauri, C., N. Gruber, G.-K. Plattner, S. Alin, R. A. Feely, B. Hales, and P. A. Wheeler, 2009 : *Oceanography*, **22** (4), 60-71.
Hepburn, C. D., D.W. Pritchard, C. E. Cornwall, R. J. McLeod, J. Beardall, J. A. Raven, and C. L. Hurd, 2011 : *Glob. Change Biol.*, **17**, 2488-2497.
Hoegh-Guldberg, O., P. J. Mumby, A. J. Hooten, R. S. Steneck, P. Greenfield, E. Gomez, C. D. Harvell, P. F. Sale, A. J. Edwards, K. Caldeira, N. Knowlton, C. M. Eakin, R. Iglesia-Prieto, N. Muthiga, R. H. Bradbury, A. Dubi, and M. E. Hatziolos, 2007 : *Science*, **318**, 1737-1742.
Inoue, S., H. Kayanne, S. Yamamoto, and H. Kurihara, 2013 : *Nature Climate Change*, doi : 10.1038/NCLIMATE1855.
Ishimatsu A., M. Hayashi, and T. Kikkawa, 2008 : *Mar. Ecol. Prog. Ser.*, **373**, 295-302.
Jokiel, P. L., K. S. Rodgers, I. B. Kuffner, A. J. Andersson, E. F. Cox, and F. T. MacKenzie, 2008 : *Coral Reefs*, **27**, 442-483.
Kawaguchi, S., A. Ishida, R. King, B. Raymond, N. Waller, A. Constable, S. Nicol, M. Wakita, and A. Ishimatsu, 2013 : *Nature Climate Change*, **3**, 843-847.
Kawaguchi, S., H. Kurihara, R. King, L. Hale, T. Berli, J. P. Robinson, A. Ishida, M. Wakita, P. Virtue, S. Nicol, and A. Ishimatsu, 2011 : *Biology Letters*, **7**, 288-291.
Keeley, J. E., 1999 : *Funct. Ecol.*, **13**, 106-118.
Kleypas, J.A., R. A. Feely, V. J. Fabry, C. Langdon, C. L. Sabine, and L. L. Robbins, 2006 : Report of a workshop held on 18-20 April 2005, St. Petersburg, FL, sponsored by NSF, NOAA, and the U.S. Geological Survey. (http://www.isse.ucar.edu/florida/report/Ocean_acidification_res_guide_compressed.pdf)
Koch, M., G. Bowes, C. Ross, and X.-H. Zhang, 2013 : *Glob. Change Biol.*, **19**, 103-132.
Kroeker, K. J., F. Micheli, and M. C. Gambi, 2012 : *Nature Climate Change*, doi : 10.1038/NCLIMATE1680.
Kroeker, K.J., R. L. Kordas, R. N. Crim, I. E. Hendriks, L. Ramajos, G.G. Singh, C. M. Duartes, and J.-P. Gattuso, 2013 : *Glob. Change Biol.*, **19**, 1884-1896.
Kurihara, H., and Y. Shirayama, 2004 : *Mar. Ecol. Prog. Ser.*, **274**, 161-169.
Kurihara, H., S. Kato, and A. Ishimatsu, 2007 : *Aquat. Biol.*, **1**, 91-98.
Kurihara, H. 2008 : *Mar. Ecol. Prog. Ser.*, **373**, 275-284.
Kurihara, H., and A. Ishimatsu, 2008 : *Mar. Pollut. Bull.*, **56**, 1086-1090.
Kurihara, H., T. Asai, S. Kato, and A. Ishimatsu, 2008 :

*Aquat. Biol.*, **4**, 225-233.

Martin, S., R. Rodolfo-Metalpa, E. Ransome, E. C. Rowley, M.-C. Buia, J.-P. Gattuso, and J. Hall-Spencer, 2008： *Biol. Lett.*, **4**, 689-692.

McDonald, M. R., J. B. McClintock, C. D. Amsler, D. Rittschof, R. A. Angus, B. Orihuela, K. Lutostanski, 2009： *Mar. Ecol. Prog. Ser.*, **385**, 179-187.

Mcleod, E., G. L. Chmura, S. Bouillon, R. Salm, M. Björk, C. M. Duarte, C. E. Lovelock, W. H. Schlesinger, and B. R. Silliman, 2011： *Front Ecol Environ*, **9** (10), 552-560, doi： 10. 1890/110004.

McNeil, B.I., and R.J. Matear, 2008： *Proc. Natl. Acad. Sci.*, **105**, 18860-18864.

Melzner, F., M. A. Gutowska, M. Langenbuch, S. Dupont, M. Lucassen, M. C. Thorndyke, M. Bleich and H.-O. Pörtner, 2009： *Biogeosciences*, **6**, 2313-2331.

Michaelidis, B., C. Ouzounis, A. Paleras, and H. O. Pörtner, 2005： *Mar. Ecol. Prog. Ser.*, **293**, 109-118.

Moberg, F., and C. Folke, 1999： *Ecol. Economics*, **29**, 215-233.

Moy, A. D., W. R. Howard, S. G. Bray, and T. W. Trull, 2009： *Nature Geoscience*, **2**, 276-280, doi： 10.1038/NGEO460.

Munday, P. L., N. E. Crawley and G. E. Nilsson, 2009： *Mar. Ecol. Prog. Ser.*, **388**, 235-242.

Narita, D., K. Rehdanz, and R. S. J. Tol, 2012： *Climatic Change*, **113**, 1049-1063, doi： 10.1007/s10584-011-0383-3.

Nilsson, G. E., D. L. Dixson, P. Domenici, M. I. McCormick, C. Sorensen, S.-A. Watson, and P. L. Munday, 2012： *Nature Clim. Change*, **2**, 201-204.

O'Donnell, M. J., M. N. George, and E. Carrington, 2013： *Nature Climate Change*, doi： 10.1038/NCLIMATE1846.

Odum, H.T., and E. P. Odum, 1955： *Ecol. Monogr.*, **25**, 291-320.

Ow, Y.X., C. J. Collier, and S. Uthicke, 2015： *Mar Biol*, doi： 10.1007/s00227-015-2644-6.

Palacios, S.L., and R. C. Zimmerman, 2007： *Mar. Ecol. Prog. Ser.*, **344**, 1-13.

Parker, L. M., P. M. Ross, and W. A. O'Connor, 2009： *Glob. Change Biol.*, **15**, 2123-2136.

Parker, L. M., P. M. Ross, and W. A. O'Connor, 2011： *Mar. Biol.*, **158**, 689-697.

Pörtner, H.-O., D.M. Karl, P.W. Boyd, W.W.L. Cheung, S.E. Lluch-Cota, Y. Nojiri, D.N. Schmidt, and P.O. Zavialov, 2014： Ocean systems. In： Climate Change 2014： Impacts, Adaptation, and Vulnerability. Part A： Global and Sectoral Aspects. Contribution of Working Group II to the Fifth Assessment Report of the Intergovernmental Panel on Climate Change [Field, C.B., V.R. Barros, D.J. Dokken, K.J. Mach, M.D. Mastrandrea, T.E. Bilir, M. Chatterjee, K.L. Ebi, Y.O. Estrada, R.C. Genova, B. Girma, E.S. Kissel, A.N. Levy, S. MacCracken, P.R. Mastrandrea, and L.L. White (eds)]. Cambridge Uni-versity Press, Cambridge, United Kingdom and New York, NY, USA, pp. 411-484.

Réveillac, E., T. Lacoue-Labarthe, F. Oberhänsli, J.-L. Teyssié, R. Jeffree, J.-P. Gattuso, S. Martin, 2015： *Journal of Experimental Marine Biology and Ecology*, **463**, 87-94.

Riebesell, U., J.-P. Gattuso, 2014： *Nature Climate Change*, **5**, 12-14.

Riebesell, U., and P. D. Tortell, 2011： In Ocean acidification. Gattuso J.-P., and L. Hansson (eds) pp. 99-121.

Riebesell, U., D. A. Wolf-Gladrow, and V. Smetacek, 1993： *Nature*, **361**, 249-251.

Ries, J. B., A. L. Cohen, and D. C. McCorkle, 2009： *Geology*, **37**, 1131-1134.

Rost, B., I. Zondervan, and D. Wolf-Gladrow, 2008： *Mar. Ecol. Prog. Ser.*, **373**, 227-237.

Royal Society, 2009： Geoengineering the climate： Science, governance and uncertainty, The Royal Society, UK (http://royalsociety.org/geoengineering-the-climate)

柴野良太・藤井賢彦・山中康裕・山野博哉・高尾信太郎, 2014：水産海洋研究, **78**(4), 259-267.

Spero, H. J., J. Bijma, D. W. Lea, and B. E. Bemis, 1997： *Nature*, **390**, 497-500.

Steinacher, M., Joos, F., Frölicher, T. L., Plattner, G. -K., and Doney, S. C., 2009： *Biogeo-sciences*, **6**, 515-533.

Wikinson, C., 2002： The status of the Coral Reefs of the world： 2002. Townsville, Australian Institute of Marine Science and the Global Coral Reef Monitoring Network：378pp.

Williamson, P., and C. Turley, 2012： *Phil. Trans. R. Soc. A*, **370**：4317-4342.

Wittmann, A.C. and H.-O. Pörtner, 2013： *Nature Climate Change*, **3**, 995-1001.

Wootton, J. T., C. A. Pfister, and J. D. Forester, 2008： *Proc. Natl. Acad. Sci.*, **105**, 18848-18853.

Yamamoto, A. *et al.*, 2012： *Biogeosciences*, **9**, 2365-2375.

Yamamoto-Kawai, M., F. A. McLaughlin, E. C. Carmack, S. Nishino, and K. Shimada, 2009： *Science*, **326**, 1098-1100.

Yara, Y., M. Vogt, M. Fujii, H. Yamano, C. Hauri, M. Steinacher, N. Gruber, and Y. Yamanaka, 2012： Ocean acidification limits temperature-induced poleward expansion of coral habitats around Japan, *Biogeosciences*, **9**, 4955-4968.

## 第5章

Anderson, J. T. 1988： *J. Northwest Atl. Fish. Sci.*, **8**, 55-66.

Anthony, K. R. N., J. A. Maynard, G. Diaz-Pulido, P. J. Mumby, P. A. Marshall, L. Cao, and O. Hoegh-Guldberg, 2011： Ocean acidification and warming will lower coral reef resilience. *Global Change Biology*, **17**, 1798-1808, doi： 10. 1111/j. 1365-2486. 2010. 02364.x.

# 参 考 文 献

Armstrong, J. L., J. L. Boldt, A. D. Cross, J. H. Moss, N. D. Davis, K. W. Myers, R. V. Walker, D. A. Beauchamp, and L. J. Haldorson, 2005：*Deep-Sea Res. Pt II*, **52**, 247-265.

馬場将輔，2014：海生研ニュース，**124**, 3-4.

Bellier, E., B. Planque, P. Petitgas, 2007：Historical fluctuations in spawning location of anchovy (*Engraulis encrasicolus*) and sardine (*Sardina pilchardus*) in the Bay of Biscay during 1967-73 and 2000-2004. *Fisheries Oceanography*, p. 1-15.

Blamey, L. K., G. M. Branch, K. E. Reaugh-Flower, 2010：*Afr. J. Mar. Sci.*, **32**(3), 481-490, doi：10.2989/1814232X.2010.538138

Brander K. M., 1995：*ICES J. Mar. Sci.*, **52**, 1-10.

Brochier, T., V. Echevin, J. Tam, A. Chaigneau, K. Goubanova, and A. Bertrand, 2013：Climate change scenarios experiments predict a future reduction in small pelagic fish recruitment in the Humboldt Current system. *Glob Chang Biol.*, **19**(6)：1841-1853.

Burge, C. A., C. M.Eakin, C.S.Friedman, B.Froelich, P. K. Hershberger, E.E. Hoffman, L. E. Petes, K. C. Prager, E. Weil, B. L. Willis, S. E. Ford, and C. Harvell, 2014：Climate change influences on marine infectious diseases：implications for management and society. *Annual Review of Marine Science*, **6**, 249-277.

Chen, IC., J. K. Hill, R. Ohlemüller, D. B. Roy, and C. D. Thomas, 2011：*Science*, **333**, 1024-1026

Cheung, W. W. L., V. W. Y. Lam, J. L. Sarmiento, K. Kearney, R. Watson, and D. Pauly, 2009：*Fish Fish.*, **10**, 235-251.

Cheung W. W. L, V. W. Y. Lam, J. L. Sarmiento, K. Kearney, R. Watson, D. Zeller, and D. Pauly, 2010：Large-scale redistribution of maximum fisheries catch potential in the global ocean under climate change. *Glob Chang Biol.*, **16**(1), 24-35.

Clark, R. A., C. J. Fox, D. Viner, and M. Livermore, 2003：*Glob. Change Biol.*, **9**, 1669-1680.

Comeau, S., G. Gorsky, R. Jeffree, J. L. Teyssié, and J. P. Gattuso, 2009：*Biogeosciences*, **6**, 1877-1882.

Conover, DO, and SB. Munch, 2002：Sustaining fisheries yeilds over evolutionary time scales. *Science*, **297**, 94-96

Cooke S. J., S. G. Hinch, G. T. Crossin, D. A. Patterson, K. K. English, M. C. Healey, J. S. Macdonald, J. M. Shrimpton, J. L. Young, A. Lister, G. Van Der Kraak., and A. P. Farrell, 2008：*Behav. Ecol.*, **19**, 747-58.

Dalpadado, P., R. B. Ingvaldsen, L. C. Stige, B. Bogstad, T. Knutsen, G. Ottersen, and B. Ellertsen, 2012：*ICES J. Mar. Sci.*, **69**, 1303-1316.

道津光生・太田雅隆・益原寛文，2002：海生研研報，**4**, 1-10

Drinkwater, K. F., 2005：*ICES J. Mar. Sci.*, **62**, 1327-1337.

Drinkwater, K. F., 2006：*Prog. Oceanogr.*, **68**, 134-151.

江草修三（監）・若林久嗣・室賀清邦（編），2004：魚介類の感染症・寄生虫病，恒星社厚生閣，424pp.

Eliason, E. J., T. D. Clark, M. J. Hague, L. M. Hanson, Z. S. Gallagher, K. M. Jeffries, M. K. Gale, D. A. Patterson, S. G. Hinch, and A. P. Farrell, 2011：*Science*, **332**, 109-112.

Eriksen, E., R. Ingvaldsen, J. E. Stiansen, and G. O. Johansen, 2012：*ICES J. Mar. Sci.*, **69**, 870-879.

Fogarty, M., L. Incze, K. Hayhoe, D. Mountain, and J. Manning,J., 2008：*Mitig. Adapt. Strateg. Glob. Chang.*, **13**, 452-466.

Friedland, K. D. and C. D. Todd, 2012：*Polar Biol.*, **35**, 593-609.

Frommel, A. Y., R. Maneja, D. Lowe, A. M. Malzahn, A. J. Geffen, A. Folkvord, U. Piatkowski, T. B. H. Reusch, and C. Clemmesen, 2012：*Nat. Clim. Chang.*, **2**, 42-46.

Groner, M., R. Breyta, A. Dobson, CS. Friedman, B. Froelich, M. Garren, F. Gulland, J. Maynard, E. Weil, S. Wyllie-Echeverria, and D. Harvell, 2015：Emergency response for marine diseases. *Science*, **347**, 1210.

Hare, S. R. and N. J. Mantua, 2000：*Prog. Oceanogr.*, **47**, 103-145.

長谷川雅俊，2004：豊かな海，**3**, 26-30.

Hayashi, E., A. Suzuki, T. Nakamura, A. Iwase, T. Ishimura, A. Iguchi, K. Sakai, T. Okai, M. Inoue, D. Araoka, S. Murayama, and H. Kawahata, 2013：Growth-rate influences on coral climate proxies tested by a multiple colony culture experiment. *Earth Planetary Science Letters*, **362**, 198-206.

Hermansen, Ø. and K. Heen, 2012：*Aquac. Econ. Manag.*, **16**, 220-221.

Hobday, A.J., 2010：Ensemble analysis of the future distribution of large pelagic fishes off Australia. *Progress in Oceanography*, **86**, 291-301.

Hoegh-Guldberg, O., P.J. Mumby, A.J. Hooten, R.S. Steneck, P. Greenfield, E. Gomez, C. D. Harvell, P.F. Sale, 2007：Coral Reefs Under Rapid Climate Change and Ocean Acidification. *Science*, **318**, 1737-1742, 2007.

Holland, K.N. and J.R. Sibert, 1994：Physiological thermoregulation in bigeye tuna (Thunnus obesus). *Environmental Biology of Fishes*, **40**, 319-327.

Holst, S., Effects of climate warming on strobilation and ephyra production of North Sea scyphozoan jellyfish., *Hydrobiologia*, **690**(1), 127-140.

干川　裕，2012：日本水産学会誌，**78**(6), 1208-1212.

Hoving, H.J., W. Gilly, U. Markida, K.J. Benoit-bird, Z.W. Brown, P. Daniel, J.C. Field, L. Parassenti, B. Liu, B. Campos, 2013：*Global Change Biol.*, **19**, 2089-2103, doi：10.1111/gcb.12198.

Hubbs, CL, and RL. Wisner, 1980：Revision of the sauries (Pisces, Scomberesocidae) with descriptions of two new genera and one new species. *Fishery Bulletin US*, **77**, 521-566.

Hutchings, L., M. Barange, S. F. Bloomer, A. J. Boyd, R. J. M. Crawford, J. A. Huggett, J. Kerstan, J. L. Korrûbel, J. A. A. de Oliveira, S.J.Painting, A. J. Richardson, L. J.

# 参考文献

Shannon, F. H. Schülein, C. D. van der Lingen, and H. M. Verheye, 1998：Multiple factors affecting South African anchovy recruitment in the spawning, transport and nursery areas. *South African J Mar Sci.,* **19** (1)：211-225.

Irvine, J. R. and M. A. Fukuwaka, 2011：*ICES J. Mar. Sci.,* **68**, 1122-1130.

Ito S, T. Okunishi, MJ. Kishi, and M. Wang, 2013：Modelling ecological responses of Pacific saury (*Cololabis saira*) to future climate change and its uncertainty. *ICES Journal of Marine Science,* **70**, 980-990.

Johannesen, E., R. B. Ingvaldsen, B. Bogstad, P. Dalpadado, E. Eriksen, H. Gjøsæter, T. Knutsen, M. Skern-Mauritzen, and J. E. Stiansen, 2012：*ICES J. Mar. Sci.,* **69**, 880-889.

Juanes F., S. Gephard, and K. F. Beland, 2004：*Can. J. Fish. Aquat. Sci.,* **61**, 2392-2400.

金丸彦一郎・荒巻　裕・吉川泰久，2007：佐賀玄海水振セ研報，**4**，15-20

Kawahata, H., R. Nomura, K. Matsumoto, and H. Nishi, 2015：Linkage of rapid acidification process and extinction of benthic foraminifera in the deep sea at the Paleocene/Eocene transition. *Island Arc,* doi：10.1111/iar.12106.

Kawahata, H., H. Ohta, M. Inoue, A. Suzuki, 2004：Endocrine disrupter nonylphenol and bisphenol A contamination in Okinawa and Ishigaki Islands, Japan- within coral reefs and adjacent river mouths-. *Chemosphere,* **55**, 1519-1527.

河宮未知生・羽角博康・坂本　天・吉川知里，2007：気候モデルによる地球温暖化時の海洋環境予測．月刊海洋，**39**，285-290.

Kimura, S., Y. Kato,, T. Kitagawa, and N. Yamaoka, 2010：Impacts of environmental variability and global warming scenario on Pacific bluefin tuna (*Thunnus orientalis*) spawning grounds and recruitment habitat. *Progress in Oceanography,* **86**, 39-44.

Kishi, M. J., K. Nakajima, M. Fujii and T. Hashioka, 2009：*J. Mar. Sys.,* **78**, 278-287, doi：10.1016/j.jmarsys.2009.02.012.

気象庁，2015：海面水温の長期変化傾向（日本付近）（http://www.data.jma.go.jp/kaiyou/data/shindan/a_1/japan_warm/japan_warm.html）

Kitada, Y., H. Kawahata, A. Suzuki, and T. Oomori, 2008：Distribution of pesticides and bisphenol A in sediments collected from rivers adjacent to coral reefs. *Chemosphere,* **71**, 2082-2090.

Kitagawa, T., S. Kimura, H. Nakata, and H. Yamada, 2006：Thermal adaptation of Pacific bluefin tuna (*Thunnus orientalis*) to temperate waters. *Fisheries Science,* **72**, 149-156.

Kitagawa, T., T. Ishimura, R. Uozato, K. Shirai, Y. Amano, A. Shinoda, T. Otake, U. Tsunogai, and S. Kimura, 2013：Validity of otolith $\delta^{18}O$ of Pacific bluefin tuna (*Thunnus orientalis*) as an indicator of ambient water temperature. *Marine Ecology Progress Series,* **481**, 199-209.

清本節夫・村上恵祐・木村　量・丹羽健太郎・薄　浩則，2012：日本水産学会誌，**78**（6），1198-1201.

厚生労働省ビブリオ・バルニフィカスに関するQ&A（http://www.mhlw.go.jp/topics/bukyoku/iyaku/syoku-anzen/qa/060531-1.html 平成26年2月26日 閲覧）

Kovach, R. P., A. J. Gharrett, and D. A. Tallmon, 2012：*Proc. R. Soc. B-Biol. Sci.,* **279**, 3870-3878.

Kovach R. P., J. E. Joyce, J. D. Echave, M. S. Lindberg, and D. A. Tallmon, 2013：*PLoS One,* **8**, e53807, doi：10.1371/journal.pone.0053807.

倉島　彰・石川達也・竹内大介・岩尾豊紀・前川行幸，2014：日本水産学会誌，**80**（4），561-571.

桑原久実・綿貫　啓・青田　徹・横山　純・藤田大介，2006a：水産工学，**43**（1），99-107.

桑原久実・明田定満・小林　聡・竹下　彰・山下　洋・城戸勝利，2006b：地球環境，**11**（1），49-57

Lehodey, P., I. Senina, J. Sibert,, L. Bopp, B. Calmettes, J. Hampton, and R. Murtugudde, 2010：Preliminary forecasts of Pacific bigeye tuna population trends under the A2 IPCC scenario. *Progress in Oceanography,* **86**, 302-315.

Lima, F. P., P. A. Ribeiro, N. Queiroz, S. J. Hawkins, and A. M. Santos, 2007：*Global Change Biology,* **13**, 2592-2604, doi：10.1111/j.1365-2486.2007.01451.x

Lindegren, M., C. Möllmann, A. Nielsen, K. Brander, B. R. MacKenzie, and N. C. Stenseth, 2010：*Proc. R. Soc. B-Biol. Sci.,* **277**, 2121-2130.

Lischka, S., J. Büdenbender, T. Boxhammer, and U. Riebesell, 2011：*Biogeosciences,* **8**, 919-932.

Macias, D., D. Castilla-Espino, J. J. Garcia-del-Hoyo, G. Navarro, I. A. Catalan, L. Renault, and J. Ruiz, 2014：Consequences of a future climatic scenario for the anchovy fishery in the Alboran Sea (SW Mediterranean)：A modeling study. *J Mar Syst.,* **135**, 150-159.

Mantua, N. J. and S. R. Hare, 2002：*J. Oceanogr.,* **58**, 35-44.

Mantua, N. J., S. R. Hare, Y. Zhang, J. M. Wallace, and R. C. Francis, 1997：*Bull. Amer. Meteorol. Soc.,* **78**, 1069-1079.

Mountain, D. G. and J. Kane, 2010：*Mar. Ecol.-Prog. Ser.,* **398**, 81-91.

Melack J. M, J. Dozier, C. R. Goldman, D. Greenland, A. M. Milner and R. J. Naiman, 1997：*Hydrology Proceedings,* **11**, 971-92.

Mhlongo, N., D. Yemane, M. Hendricks, and C. D. van der Lingen, 2015：Have the spawning habitat preferences of anchovy (*Engraulis encrasicolus*) and sardine (*Sardinops sagax*) in the southern Benguela changed in recent years? *Fish Oceanogr.,* **24** (S1)：

## 参考文献

1-14.

Miller, M. W., 1998：*Oceanography and Marine Biology : an Annual Review*, **36**, 65-96

MIROC <http://ccsr.aori.u-tokyo.ac.jp/~hasumi/miroc_description.pdf> (2004) K-1 Coupled GCM (MIROC) Description. Hasumi, H., Emori, S. (Eds.), Center for Climate System Research, University of Tokyo.

Miyake, Y., S. Kimura, S. Itoh, S. Chow, K. Murakami, S. Katayama, A. Takeshige, and H. Nakata, 2015：*Mar. Ecol. Prog. Ser.*, **539**, 93-109, doi：10.3354/meps11499

Morita, K., S. H. Morita, and M. A. Fukuwaka, 2006：*Can. J. Fish. Aquat. Sci.*, **63**, 55-62.

Muhling, B.A., S-K. Lee, J.T. Lamkin, and Y. Liu, 2011：Predicting the effects of climate change on bluefin tuna (Thunnus thynnus) spawning habitat in the Gulf of Mexico. *ICES Journal of Marine Science*, **68**, 1051-1062.

中村 崇, 2012：造礁サンゴにおける温度ストレスの生理学的影響と生態学的影響. 海の研究, **21**, 131-144.

Nissling, A. 1994：*ICES Marine Science Symposia.*, **198**, 626-631.

沖 大樹・山本祥輝・奥村宏征, 2004：三重科技セ水研報, **11**, 15-21

Okunishi, T., S. Ito, T. Hashioka, T. Sakamoto, N. Yoshie, H. Sumata, Y. Yara, N. Okada, and Y. Yamanaka, 2012：Impacts of climate change on growth, migration and recruitment success of Japanese sardine (Sardinops melanostictus) in the western North Pacific. *Clim Change*, 24, 115 (3-4)：485-503, doi 10.1007/s10584-012-0484-7.

Olsen, EM, M. Heino, GR. Lilly, MJ. Morgan, J. Brattey, B. Ernande, U. Dieckmann, 2004：Maturation trends indicative of rapid evolution preceded the collapse of northern cod. *Nature*, **428**, 932-935.

Orr, J. C., V. J. Fabry, O. Aumont, L. Bopp, S. C. Doney, R. A. Feely, A. Gnanadesikan, N. Gruber, A. Ishida, F. Joos, R. M. Key, K. Lindsay, E. Maier-Reimer, R. Matear, R. Monfray, A. Mouchet, R. G. Najjar, G. K. Plattner, K. B. Rodgers, C. L. Sabine, J. L. Sarmiento, R. Schlitzer, R. D. Slater, I. J. Totterdell, M. F. Weirig, Y. Yamanaka, and A. Yool, 2005：*Nature*, **437**, 681-686.

Pandolfi, J. M., SR. Connolly, DJ. Marshall, AL. Cohen, 2011：Projecting coral reef futures under global warming and ocean acidification. *Science*, **333**, 418-22, doi：10.1126/science.1204794.

Pauly D., V. Christensen, S. Guénette, T. J. Pitcher, U. R. Sumaila, C. J. Walters, R. Watson and D. Zeller, 2002：Towards sustainability in world fisheries. *Nature*, **418**, 689-696.

Perry, A. L., P. J. Low, J. R. Ellis, and J. D. Reynolds, 2005：*Science*, **308**, 1912-1915.

Planque B. and T. Frédou, 1999：*Can. J. Fish. Aquat. Sci.*, **56**, 2069-2077.

Pörtner, H.-O., C. Bock, R. Knust, G. Lannig, M. Lucassen, F. C. Mark, and F. J. Sartoris, 2008：*Clim. Res.*, **37**, 253-270.

Quinn T. P., S. Hodson, L. Flynn, R. Hilborn, and D. E. Rogers, 2007：*Ecol. Appl.*, **17**, 731-739.

Rand P. S., S. G. Hinch, J. Morrison, M G. G. Foreman, M. J. MacNutt, J. S. MacDonald, M. C. Healey, A. P. Farrell, and D. A. Higgs, 2006：*Trans. Am. Fish. Soc.*, **135**, 655-667.

R. Rodolfo-Metalpa, F. Houlbreque, E. Tambutte, F. Boisson, C. Baggini, F. P. Patti, R. Jeffree, M. Fine, A. Foggo, J.-P. Gattuso, J.M. Hall-Spencer, 2011：Coral and mollusc resistance to ocean acidification adversely affected by warming. *Nature Climate Change*, **1**, 308-312, doi：10.1038/NCLIMATE1200.

Rosa, R. and B. A. Seibel, 2008：*Proc.Natl.Acad.Sci.USA*, **105**, 20776-20780, doi：10.1073/pnas.0806886105.

Rose, G. and R. L. O'Driscoll, 2002：*ICES J. Mar. Sci.*, **59**, 1018-1026.

桜井泰憲, 2015：イカの不思議 季節の旅人・スルメイカ, 北海道新聞社, 208pp.

Schindler D. E., D. E. Roger, M. D. Scheuerell, and C. A. Abrey, 2005：*Ecology*, **86**, 198-209.

霜村胤日人・長谷川雅俊・山田博一・相楽充紀・柳瀬良介, 2005：藻食性魚類による大型褐藻類に対する食害の実態把握に関する研究（静岡県）, 水産業関係特定研究開発促進事業 藻食性魚類による大型褐藻類に対する食害の実態解明総括報告書 平成13～16年度, 静岡県・大分県・長崎県, 長崎, 静 1-31.

Spalding, M. D., C. Ravilious, and E. P. Green, 2001：*World atlas of coral reefs*, UNEP WCMC, Cambridge, 436pp.

水産庁, 2015：改訂 磯焼け対策ガイドライン, 199pp.

Staehr, P. and T. Wernberg, 2009：*Journal of Phycology*, **45** (1), 91-99

Suzuki, A. and H. Kawahata, 2003：Carbon budget of coral reef systems：an overview of observations in fringing reefs, barrier reefs and atolls in the Indo-Pacific regions. *Tellus B*, **55**, 428-444.

鈴木 淳・川幡穂高, 2004：骨格の酸素・炭素同位体比にみるサンゴ白化現象の記録. 地球化学, **38**, 265-280.

Suzuki, A., I. Yukino, and H. Kawahata, 1999：Temperature - skeletal $\delta^{18}O$ relationship of Porites australiensis from Ishigaki Islands, the Ryukyus, Japan. *Geochemical Journal*, **33**, 419-428.

Takahashi, S., T. Nakamura, M. Sakamizu., van Woesik, R., J. Yamasaki, 2004：Repair machinery of symbiotic photosynthesis as the primary target of heat stress for reef-building corals, *Planet Cell Physiol.*, **45**, 251-255.

Takao, S., N. H. Kumagai, H. Yamano, M. Fujii, and Y. Yamanaka, 2015：*Ecology and Evolution*, **5** (1)：213-223, doi：10.1002/ece3.1358.

Takeshige, A, Y. Miyake, H. Nakata, T. Kitagawa, and S. Kimura, 2015：Simulation of the impact of climate change on the egg and larval transport of Japanese anchovy (Engraulis japonicus) off Kyushu Island, the

western coast of Japan. *Fish Oceanogr.*, **24** (5), 445-62, doi：10.1111/fog.12121.
Tanaka, K., S. Taino, H. Haraguchi, G. Prendergast, and M. Hiraoka, 2012：*Ecology and Evolution*, **2** (11), 2854-2865, doi：10.1002/ece3.391.
Taylor, C. C., 1958：*ICES J. Mar. Sci.*, **23**, 366-370.
Valdimarsson,H., O. S. Astthorsson, and J. Palsson, 2012：*ICES J. Mar. Sci.*, **69**, 816-825.
渡邊良朗, 2007：温暖化とサンマの新規加入量. 月刊海洋, **39**, 309-313.
Welch D. W., Y. Ishida, and K. Nagasawa, 1998：*Can. J. Fish. Aqua. Sci.*, **55**, 937-948.
Westin L., and Nissling, A. 1991：*Marine Biol.*, **108**, 5-9.
山口敦子・井上慶一・古満啓介・桐山隆哉・吉村　拓・小井土隆・中田英昭, 2006：日本水産学会誌, **72** (6), 1046-1056.
柳　宗悦・平江多績・村瀬拓也・仁部玄通・加塩信広・竹丸　巌, 2012：鹿児島県のカンパチ養殖における魚病発生の変遷. 鹿児島県水産技術開発センター研究報告, 3, 45-55.
Yasuda, I., and Y. Watanabe, 1994：On the relationship between the Oyashio front and saury fishing grounds in the northwestern Pacific：A forecasting method of fishing ground locations. *Fisheries Oceanography* **3**, 172-181.

## コラム2

神奈川県立生命の星・地球博物館編, 2004：企画展ワークテキスト：＋2℃の世界：縄文時代に見る地球温暖化, 神奈川県立生命の星・地球博物館, 46pp.
Senou, H., K. Matsuura, and G. Shinohara, 2006：*Mem. Natn. Sci. Mus.*, **41**：389-542.
竹内直子・瀬能　宏・青木優和, 2012：生物地理学会会報, **67**, 41-50.
田名瀬英朋・荒賀忠一・太田　満・山本泰司, 1992：瀬戸臨海実験所年報, **5**, 49-54.

## 第6章

Broecker, W.S., 2003：The oceanic $CaCO_3$ cycle, In The Oceans and Marine Geochemistry (ed. H Elderfield), *Treatise on Geochemistry* (eds. H.D. Holland and K.K. Turekian), **Vol. 6**, Elsevier, pp. 529-549.
カート・ステージャ, 2012：10万年の未来地球史, 日経BP.
Crutzen, P.J., and E.F. Stoermer, 2000：The "Anthropocene", pp.17-18, *IGBP Newsletter* **41**, 17-18.
Dansgaard, W., S.J. Johnsen, H.B. Clausen, D. Dahl-Jensen, N.S. Gundestrup, C.U. Hammer, C.S. Hvidberg, J.P. Steffensen, A.E. Sveinbjörnsdottir, J. Jouzel, and G. Bond, 1993：Evidence for general instability of past climate from a 250-kyr ice-core record. *Nature*, **364**, 218-220.
Hönisch, B., A. Ridgwell, D.N. Schmidt, E. Thomas, S.J. Gibbs, A. Sluijs, R. Zeebe, L. Kump, R.C. Martindale, S.E. Greene, W. Kiessling, J. Ries, J.C. Zachos, D.L. Royer, S. Barker, T.M. Marchitto Jr., R. Moyer, C. Pelejero, P. Ziveri, G.L. Foster, and B. Williams, 2012：The geological record of ocean acidification. *Science*, **335**, 1058-1063.
伊勢武史, 2013：「地球システム」を科学する, ベレ出版.
Lisiecki, L.E., and M.E. Raymo, 2005：A Pliocene-Pleistocene stack of 57 globally distributed benthic $\delta^{18}O$ records, *Paleoceanography*, **20**, PA1003.
Lüthi, D., M. Le Floch, B. Bereiter, T. Blunier, J.-M. Barnola, U. Siegenthaler, D. Raynaud, J. Jouzel, H. Fischer, K. Kawamura, and T.F. Stocker, 2008：High-resolution carbon dioxide concentration record 650,000-800,000 years before present. *Nature*, **453**, 379-382.
Monnin, E., A. Indermühle, A. Dällenbach, J. Flückiger, B. Stauffer, T. F. Stocker, D. Raynaud, and J. -M. Barnola, 2001：Atmospheric $CO_2$ concentrations over the last glacial termination. *Science*, **291**, 112-114.
North Greenland Ice Core Project members, 2004：High-resolution record of Northern Hemisphere climate extending into the last interglacial period. *Nature*, **431**, 147-151.
大河内直彦, 2008：チェンジング・ブルー 気候変動の謎に迫る, 岩波書店, 402 pp.
Ruddiman, W.F., 2013：*Earth's Climate Past and Future, 3rd edition*, W.H. Freeman and Company, 445 pp.
Steffen, W., A. Sanderson, P.D. Tyson, J. Jäger, P.A. Matson, B. Moore III, F. Oldfield, K. Richardson, H.J. Schellnhuber, B.L. Turner II, and R.J. Wasson, 2004：*Global Change and the Earth System：A Planet Under Pressure*, Springer-Verlag, 336 pp.
Steffen, W., W. Broadgate, L. Deutsch, O. Gaffney, and Cornelia Ludwig, 2015：The trajectory of the Anthropocene：The Great Acceleration. *The Anthropocene Review*, **2**, 81-98.
多田隆治, 2013：気候変動を理学する―古気候学が変える地球環境観, みすず書房, 312 pp.
田近英一, 2009：地球環境46億年の大変動史, 化学同人, 226 pp.
Zachos, J., M. Pagani, L. Sloan, E. Thomas, and K. Billups, 2001：Trends, rhythms, and aberrations in global climate 65 Ma to Present. *Science*, **292**, 686-693.
Zachos, J.C., U. Röhl, S.A. Schellenberg, A. Sluijs, D.A. Hodell, D.C. Kelly, E. Thomas, M. Nicolo, I Raffi, L.J. Lourens, H. McCarren, and D. Kroon, 2005：Rapid acidification of the ocean during the Paleocene-Eocene Thermal Maximum. *Science*, **308**, 1611-1615.

## 第7章

阿保勝之・阿部和雄・中川倫寿・辻野睦, 2015a：瀬戸内海ブロック浅海定線調査　観測40年成果（海況の長期変動）, 独）水産総合研究センター瀬戸内海区水産研究所, 256pp.

# 参考文献

阿保勝之・中川倫寿・阿部和雄・樽谷賢治, 2015b：海洋と生物, 274-279.

Aoyama, M., D. Tsumune, and Y. Hamajima, 2012：Distribution of $^{137}$Cs and $^{134}$Cs in the North Pacific Ocean：impacts of the TEPCO Fukushima-Daiichi NPP accident. *J. Radioanal. Nucl. Chem.*, **296**, 535-539.

Aoyama, M., M. Uematsu, D. Tsumune, and Y. Hamajima, 2013：Surface pathway of radioactive plume of TEPCO Fukushima NPP1 released $^{134}$Cs and $^{137}$Cs. *Biogeo-sciences*, **10**, 3067-3078, doi：10.5194/bg-10-3067-2013.

Aoyama, M., Y. Hamajima, M. Hult, E. Oka, D. Tsumune, and Y. Kumamoto, 2016：$^{134}$Cs and $^{137}$Cs in the North Pacific Ocean derived from the March 2011 TEPCO Fukushima Dai-ichi Nuclear Power Plant accident, Japan：Part One-Surface pathway and vertical distributions. *Journal of Oceanography*, **72**, 53-65, doi：10.1007/s10872-015-0335-z.

Bailly du Bois, P., P. Laguionie, D. Boust, I. Korsakissok, D. Didier, and B. Fievet, 2012：Estimation of marine source-term following Fukushima Dai-ichi accident. *J. Environ. Radioact.*, **114**, 2-9.

Chino, M., H. Nakayama, H. Nagai, H. Terada, G. Katata, and H. Yamazawa, 2011：Preliminary Estimation of Release Amounts of $^{131}$I and $^{137}$Cs Accidentally Discharged from the Fukushima Daiichi Nuclear Power Plant into the Atmosphere. *J. Nucl. Sci. Technol.*, **48**, 1129-1134, doi：10.1080/18811248.2011.9711799.

Eriksen, M., L. C. M. Lebreton, H. S. Carson, M. Thiel, C. J. Moore, J. C. Borerro, F. Galgani, P. G. Ryan, J. Reisser, *PLoS One*, **9**（12），e111913.

Honjo, T., M. Yamaguchi, O. Nakamura, S. Yamamoto, A. Ouchi, and K. Ohwada, 1991：*Nippon Suisan Gakkaishi*, **57**, 1679-1682.

International EMECS center, 2008：Environmental Conservation of the Seto Inland Sea, 120pp.

石井大輔・柳 哲雄・佐々倉諭, 2014：海の研究, **23**(6), 217-236.

Isobe, A., K. Uchida, T. Tokai, S. Iwasaki, *Mar. Pollut. Bull.*, **101**, 618-623.
7.4.2

Kanda, J., 2013：Continuing $^{137}$Cs release to the sea from the Fukushima Dai-ichi Nuclear Power Plant through 2012. *Biogeosciences*, **10**, 6107-6113, doi：10.5194/bg-10-6107-2013.

兼田淳史・小泉善嗣・高橋大介・福森香代子・郭 新宇・武岡英隆, 2010：水産海洋研究, **74**(3), 167-175.

小林志保・藤原建紀・多田光男・塚本秀史・豊田利彦, 2006：海の研究, **15**, 283-297.

小泉喜嗣, 1999：豊後水道東岸域における急潮と植物プランクトンの増殖機構に関する研究. 東京大学大学院農学生命科学研究科博士論文, 145pp.

Koizumi, Y., T. Uchida and T. Honjo, 1996：Diurnal vertical micgration of Gymnodinium mikimotoi during a red tide in Hoketusu Bay, Japan. *J. Plankton Res.*, **18**, 289-294.

リア, リンダ編, 2009：失われた森 レイチェル・カーソン遺稿集, 古草秀子訳, 集英社文庫.

宮村和良, 2015：海洋と生物, **37**(4), 426-431.

Miyazawa, Y., Y. Masumoto, S. M. Varlamov, T. Miyama, M. Takigawa, M. Honda, and T. Saino, 2013：Inverse estimation of source parameters of oceanic radioactivity dispersion models associated with the Fukushima accident. *Biogeosciences*, **10**, 2349-2363, doi：10.5194/bg-10-2349-2013.

Nishikawa, T., Y. Hori, S. Nagai, K. Miyahara, Y. Nakamura, K. Harada, M. Tanda, T. Manabe, and K. Tada, 2010：*Estuaries and Coast*, **33**, 417-427.

Otosaka, S., and Y. Kato, 2014：Radiocesium derived from the Fukushima Daiichi Nuclear Power Plant accident in seabed sediments：initial deposition and inventories. *Environ. Sci.：Processes Impacts*, **16**, 978-990, doi：10.1039/c4em00016a.

Stohl, A., P. Seibert, G. Wotawa, D. Arnold, J. F. Burkhart, S. Eckhardt, C. Tapia, A. Vargas, and T. J. Yasunari, 2012：Xenon-133 and caesium-137 releases into the atmosphere from the Fukushima Dai-ichi nuclear power plant：determination of the source term, atmospheric dispersion, and deposition. *Atmos. Chem. Phys.*, **12**, 2313-2343, doi：10.5194/acp-12-2313-2012.

水産庁瀬戸内海漁業調整事務所, 1971-2015：昭和46年-平成27年 瀬戸内海の赤潮, 24pp-89pp.

多田邦尚・西川哲也・樽谷賢治・山本圭吾・一見和彦・山口一岩・本城凡夫, 2014：沿岸海洋研究, **52**, 39-47.

高田秀重, 2014：地球環境, **19**, 135-145.

高田秀重・田中厚資・青木千佳子・市川馨子・山下 麗, 2014：海洋と生物, **36**, 579-597.

Takeoka, H., 2002：*J. Oceanogr.*, 58, 93-107.

武岡英隆・菊池隆展・速水祐一・榊原郁郎, 2002：月刊海洋, **34**, 406-411.

Tanaka, K., and H. Takada, 2016：*Sci. Rep.*, **6**, 34351.

綿貫 豊, 2014：海洋と生物, **36**, 596-605.

WHOI, 2015：Higher Levels of Fukushima Cesium Detected Offshore（https://www.whoi.edu/news-release/fukushima-higher-levels-offshore.）

山口峰生, 2000：有害・有毒赤潮の発生と予知・防除, 社団法人日本水産資源保護協会, 101-136.

山口峰生, 2013：瀬戸内海の気象と海象, 海洋気象学会, 101-123.

山敷庸亮・恩田裕一・五十嵐康人・若原妙子・立川康人・椎葉充晴・松浦裕樹, 2013：阿武隈川から海洋への浮遊土砂を通じた放射性物質の移行状況調査. 京都大学防災研究所年報, **第56号A**, 25-36.

山下 麗・高田秀重, 2014：海洋と生物, **36**, 606-611.

**コラム3**

Altieri, A. H., and K. B. Gedan, 2015：*Global Change Biol.*, **21**, 1395-1406.

# 参考文献

Amos, H. M., J. E. Sonke, D. Obrist, N. Robins, N. Hagan, H. M. Horowitz, R. P. Mason, M. Witt, I. M. Hedgecock, E. S. Corbett, E. M. Sunderland, 2015：*Environ. Sci. Technol.*, **49**, 4036-4047.

Hammerschmidt, C. R., and W. F. Fitzgerald, 2004：*Environ. Sci. Technol.*, **38**, 1487-1495.

Hammerschmidt, C. R., M. B. Finiguerra, R. L. Weller, and W. F. Fitzgerald, 2013：*Environ. Sci. Technol.*, **47**, 3671-3677.

Hirata, S. H., D. Hayase, A. Eguchi, T. Itai, K. Nomiyama, T. Isobe, T. Agusa, T. Ishikawa, M. Kumagai, and S. Tanabe, 2011：*Environ. Poll.*, **159**, 2789-2796.

Hsu-Kim, H., K. H. Kucharzyk, T. Zhang, and M. A. Deshusses, 2013：*Environ. Sci. Technol.*, **47**, 2441-2456.

Itai, T., D. Hayase, Y. Hyobu, S. H. Hirata, M. Kumagai, and S. Tanabe, 2012：*Environ. Sci. Technol.*, **46**, 5789-5797.

Lavoie, R. A., T. D. Jardine, M. M. Chumchal, K. A. Kidd, and L. Campbell, 2013：*Environ. Sci. Technol.*, **47**, 13385-13394.

Mason, R. P., W. F. Fitzgerald, and F. M. Morel, 1994：*Geochim. Cosmochim. Acta*, **58**, 3191-3198.

Mason, R. P., A. L. Choi, W. F. Fitzgerald, C. R. Hammerschmidt, C. H. Lamborg, A. L. Soerensen, and E. M. Sunderland, 2012：*Environ. Res.*, **119**, 101-117.

永田　俊・熊谷道夫・吉山浩平，2012：温暖化の湖沼学，京都大学学術出版会．

Parks, J. M., A. Johs, M. Podar, R. Bridou, R. A. Hurt, S. D. Smith, S. J. Tomanicek, Y. Qian, S. D. Brown, C. C. Brandt, A. V. Palumbo, J. C. Smith, J. D. Wall, D. A. Elias, and A. V. Palumbo, 2013：*Science*, **339**, 1332-1335.

Sunderland, E. M., 2007：*Environ.Health Perspect.*, **115**, 235-242.

Sunderland, E. M., D. P. Krabbenhoft, J. W. Moreau, S. A. Strode, and W. M. Landing, 2009：*Global Biogeochem. Cycles*, **23**, doi：10.1029/2008GB003425.

Yasutake, A., M. Matsumoto, M. Yamaguchi, and N. Hachiya, 2003：*Tohoku J. Experiment. Med.*, **199**, 161-169.

# 索　引

## 欧　文

AABW　27
AAIW　27
ACC　26
AMO　81
AMOC　21, 25
Anthropocene　118, 138
Argo　11
CCMs　65
CCS　74
CDW　27
$CH_3I$　57
$CHBr_3$　57
CLAW仮説　56
CMIP3　4
$CO_2$回収貯留（CCS）　74
$CO_2$フラックス　50
　　――の分布　50
$CO_2$分圧　50
　　――の季節変化　52
$CO_2$湧出　70
Dermo　97
DIN濃度　127
DMS　55
DMSP　56
DOイベント　114
GRACE　37
Great Acceleration　118
IPCC　1
IPW　136
LCDW　27
MOC　21
MSX　97
NADW　26
NMHC　57
OVOC　58
PAN　58
PBDEs　135
PCB　135
PDO　83
PETM　115
POPs　135
RCP　5, 22
SAM　27
SAMW　27
UCDW　27
WOCE　28
WPWP　103
XBT　10

## ア　行

アイゴ　94
青潮　46
赤潮　129
亜寒帯循環　17
アコヤガイ　99
アサリ　99
亜南極前線　26
亜南極モード水（SAMW）　27
亜熱帯循環　17, 18
アメリカオオアカイカ　93
アメリカガキ　97
アラゴナイト　48, 53
アラレ石　48, 53
アルカン　57
アルケン　58
アルゴ　11
アルゼンチン海盆　28
アルベド　55, 108
アワビ類　94
イカ類　91
イサザ　140
イスズミ類　94
イセエビ類　95
イソプレン　58
磯焼け　94
一次生産　69
一次生産者　42, 56
一時プランクトン　66
イワシ類　84
ウェッデル-エンダービー海盆　28
ウニ類　94
海ゴミ　132
エアロゾル　23, 55
栄養塩　59, 127
　　――異変　127
　　――循環　46
エクマン層　17
エクマン輸送　18
エルニーニョ　22, 51, 77, 102
エルニーニョ現象　35
沿岸域　69
沿岸ポリニヤ　27
沿岸陸棚域　29
塩分　13, 24
　　――低下　59
　　――分布　13
オーストラリア-南極海盆　28
オキアミ　72
オホーツク海　41, 46
温室効果　1
温室効果気体　2, 3
温室時代　108
温度　9, 22
温度上昇　11

## カ　行

カイアシ類　67
ガイア理論　56
海産白点虫病　98
塊状ハマサンゴ　70
海草　65
海藻　65, 94
海草藻場　71
海氷　30, 34, 108
　　――の生成　41
　　――の融け水　59
海氷循環　31
海氷面積　30
　　――の減少　41
海氷融解　61
海面塩分　24
海面（水位）の凹凸　18, 35
海面水位分布　39
海面水位変化　34
海面水温　22
回遊　78
海洋・海氷循環　32
海洋安定仮説　78
外洋域　69
海洋汚染　121
海洋酸性化　44, 52, 60, 63, 69
海洋生態系　68, 77
海洋生物　63
海洋底拡大速度　110

# 索　引

貝類　73, 99
化学風化　110
夏季海氷最小面積　30
各層観測プログラム　28
河口　122
河口周辺域　54
火山　23
化石水　37
化石燃料　44, 119
河川　122
　——からの流入　122
河川水　54, 59
カタクチイワシ　86
褐虫藻　101
カナダ海盆域　59
下部周極深層水（LCDW）　27
カルサイト　48
カレニア　131
カレニア赤潮　131
ガンガゼ類　95
含酸素揮発性有機化合物（OVOC）　58
岩礁域　93
岩礁資源　93
岩礁潮間帯　71
感染症　96, 100
観測データ　7
カンパチ　97

気候シミュレーションモデル　38
気候変動に関する政府間パネル（IPCC）　1
気候モデル　22
寄生虫　96, 100
北大西洋深層水（NADW）　26
北太平洋中層　41
奇網　91
暁新世-始新世境界温暖化極大事件　115
極域　26, 71
極前線　26
魚類　67, 97
魚類資源　79
「きれいすぎる海」　127
近未来予測　22

クラゲ　86
グリーンランド　38
グリーンランド氷床　114
黒潮　20
クロマグロ　89

珪藻（類）　56, 128
結合モデル相互比較計画（CMIP）　4
原虫　96, 100

高塩分水　41
光合成回路　66
降水量　6
高密度陸棚水　27
氷の融解・流出　35
ゴンドワナ大陸　110
コンピュータシミュレーション　85

## サ　行

歳差運動　112
最終退氷期　117
最終氷期　117
再分配過程　126
サケ類　83
産業革命　43, 44, 50, 53
サンゴ　54, 67, 96
　——の白化　101
サンゴ礁　70, 72, 101
酸性化　44
　——の季節変化　61
酸素極小層　45
酸素同位体　111
サンマ　87
産卵回帰　83
産卵回遊　91
産卵場　85
残留性有機汚染物質（POPs）　135

子午面循環（MOC）　21
シナリオ　22
シミュレーション　124
シミュレーションモデル　7
ジメチルスルフォニオプロピオネート（DMSP）　56
死滅回遊　78
死滅回遊魚　106
周極深層水（CDW）　26
重金属　140
終生プランクトン　66
臭素化ジフェニルエーテル（PBDEs）　135
上部周極深層水（UCDW）　27
食害　94
植物プランクトン　42, 56-58, 65, 69
深海サンゴ（宝石サンゴ）　73

進化的応答　88
真珠　99
新生代　112, 115
深層循環　21, 25

水温計　111
水塊　32
水塊分布　33
水銀　140
水産業　73
水産資源　77
水蒸気　2
数値気候モデル　5
数値シミュレーション　73
数値シミュレーションモデル　122
スーパーコンピュータ　5
スノーボールアース　109
スルメイカ　91

生活史　93
西岸境界流　17
成層構造　10
成層の強化　46
生態系サービス　72
正のフィードバック　2, 32, 108
生物ポンプ　43, 69
世界海洋循環実験計画（WOCE）　28
赤外線　1
赤外放射　2
石炭　119
赤道・熱帯循環　17
石油　119
セシウム　121
石灰化生物　67
石灰質　48
石灰藻　66
雪氷　32
雪氷アルベドフィードバック　5, 108
瀬戸内海　126
瀬戸内海環境保全臨時措置法　127
全アルカリ度　48, 69
全球凍結　109
鮮新世　116
全炭酸濃度　47
　——の季節変化　52

ソフトコーラル　70

152

## 索引

### タ 行

ターフアルジー 70
体温調節機構 90
大西洋子午面循環（AMOC） 21, 25
大西洋数十年規模振動（AMO） 81
タイセイヨウダラ 80
体内曝露 137
代表的濃度経路（RCP） 5, 22
太平洋夏季水 33
太平洋十年規模振動（PDO） 83
太平洋冬季水 33
太陽放射 5
大陸氷床量 112
脱ガス 110
脱窒 46
タラ類 79
単細胞藻類 101
炭酸カルシウム 48, 109
炭酸カルシウム飽和度 48, 60
炭酸系 48
　──の季節変化 49
炭酸物質 47
短寿命微量気体 55
淡水収支 13
ダンスガード・オシュガーイベント（DOイベント） 114
炭素循環 3, 42, 50, 55
炭素濃縮機構（CCMs） 65
（河川による）炭素輸送 54
（河川からの）炭素流入 54

地下水 35, 37, 122
地球温暖化 1, 4, 118
地球温暖化懐疑論者 7
地球史 108
窒素循環 46
中期鮮新世 116
中規模渦 25
中生代 111
貯淡水量 33

底生生物 67
適応的変化 88
デッドゾーン 46

同位体 111
冬季海氷最大面積 30
動物プランクトン 66

### ナ 行

ナノプラスチック 133
南極 38
南極周極流（ACC） 17, 25, 26, 112
南極大陸 29
南極中層水（AAIW） 27
南極低層水（AABW） 9, 27, 28
南極氷床 29, 38
軟質サンゴ（ソフトコーラル） 70
南周極流前線 26
南大洋 26, 71

二酸化炭素（$CO_2$） 2, 43, 47, 109, 115, 118
西太平洋暖水塊（WPWP） 103
二次有機エアロゾル 58

熱塩循環 21, 114
熱容量 9

濃集過程 126

### ハ 行

バイオロギング 29
排出シナリオ 5
バイポーラーシーソー 114
ハインリッヒ亜氷期1 117
ハシボソミズナギドリ 137
ハダムシ症 98
ハロカーボン 57

ヒ酸 140
非メタン炭化水素（NMHC） 57
氷河擦痕 109
氷河時代 108
氷河の融解 36
氷期-間氷期サイクル 6, 112
氷期炭素貯蔵庫 113
病原体 96, 100
氷床 2
氷床モデル 36
氷床量計 112
表層循環 17
表層貯熱量 12
ヒラメ 100
琵琶湖 140
貧酸素化 45
貧酸素水 46
貧酸素水塊 46

フィードバック 2
　──効果 57
　正の── 2, 32, 108
　負の── 55, 110
風応力 17
風成循環 16, 25, 113
富栄養化 46
福島第一原子力発電所 121
不確か（さ） 8, 74
物質循環 42
負のフィードバック 55, 110
プラスチック 132
プラスチックレジンペレット 136
プレートテクトニクス 110
ブロモホルム（$CHBr_3$） 57
フロン 57
豊後水道 131

平衡気候感度 116
ベーリング・アレレード期 117
ペルオキシアシルナイトレート（PAN） 58
ペレット 136

方解石 48
放射性物質 121
宝石サンゴ 73
ボーフォート循環 31
北極 29
北極温暖化増幅 32
北極海 59, 71
　──の一次生産 59
　──の物質循環 59
北極海陸棚海域 31
ポリ塩化ビフェニル（PCB） 135

### マ 行

マイクロプラスチック 132
マイワシ 85
マウナロア山 2
マガキ 99
マグロ属 89
マッチ・ミスマッチ仮説 78
マンガン 140

南半球環状モード（SAM）の正偏差化 27
ミナミマグロ 90
ミランコビッチサイクル 112

無機三態窒素（DIN）濃度 127

# 索引

無酸素水塊　46

メタン　60, 116
メタンハイドレート　116
メチル水銀　140
メバチ　90

モノテルペン　58

## ヤ 行

ヤンガードリアス期　117

有機物　42, 54, 60

有孔虫　111

ヨウ化メチル（$CH_3I$）　57
養殖　100
養殖魚類　97
溶存酸素　44

## ラ 行

ラニーニャ　22, 51

陸起源物質　59, 60
陸水　59
　　——の流入　61

離心率　112
硫化ジメチル（DMS）　55
臨界閾値　114
臨界期仮説　78

レジームシフト　78
連結性　78

ロス海　28

## ワ 行

ワクチン　101

### 海 の 温 暖 化
―変わりゆく海と人間活動の影響―

定価はカバーに表示

2017 年 7 月 25 日　初版第 1 刷
2021 年 4 月 25 日　　　第 4 刷

編集者　日 本 海 洋 学 会
発行者　朝 倉 誠 造
発行所　株式会社 朝 倉 書 店
　　　　東京都新宿区新小川町 6-29
　　　　郵便番号　162-8707
　　　　電話 03（3260）0141
　　　　FAX 03（3260）0180
　　　　http://www.asakura.co.jp

〈検印省略〉

Ⓒ 2017〈無断複写・転載を禁ず〉　　シナノ印刷・渡辺製本

ISBN 978-4-254-16130-4　C 3044　　Printed in Japan

JCOPY ＜出版者著作権管理機構 委託出版物＞
本書の無断複写は著作権法上での例外を除き禁じられています．複写される場合は，そのつど事前に，出版者著作権管理機構（電話 03-5244-5088, FAX 03-5244-5089, e-mail: info@jcopy.or.jp）の許諾を得てください．

## 好評の事典・辞典・ハンドブック

**火山の事典**（第2版） 下鶴大輔ほか 編 B5判 592頁

**津波の事典** 首藤伸夫ほか 編 A5判 368頁

**気象ハンドブック**（第3版） 新田 尚ほか 編 B5判 1032頁

**恐竜イラスト百科事典** 小畠郁生 監訳 A4判 260頁

**古生物学事典**（第2版） 日本古生物学会 編 B5判 584頁

**地理情報技術ハンドブック** 高阪宏行 著 A5判 512頁

**地理情報科学事典** 地理情報システム学会 編 A5判 548頁

**微生物の事典** 渡邉 信ほか 編 B5判 752頁

**植物の百科事典** 石井龍一ほか 編 B5判 560頁

**生物の事典** 石原勝敏ほか 編 B5判 560頁

**環境緑化の事典** 日本緑化工学会 編 B5判 496頁

**環境化学の事典** 指宿堯嗣ほか 編 A5判 468頁

**野生動物保護の事典** 野生生物保護学会 編 B5判 792頁

**昆虫学大事典** 三橋 淳 編 B5判 1220頁

**植物栄養・肥料の事典** 植物栄養・肥料の事典編集委員会 編 A5判 720頁

**農芸化学の事典** 鈴木昭憲ほか 編 B5判 904頁

**木の大百科**［解説編］・［写真編］ 平井信二 著 B5判 1208頁

**果実の事典** 杉浦 明ほか 編 A5判 636頁

**きのこハンドブック** 衣川堅二郎ほか 編 A5判 472頁

**森林の百科** 鈴木和夫ほか 編 A5判 756頁

**水産大百科事典** 水産総合研究センター 編 B5判 808頁

価格・概要等は小社ホームページをご覧ください.